高等学校规划教材·动力与电气工程

电工学实验

（含实验报告1册）

（第2版）

主　编　袁小庆

副主编　赵　妮　王文东

编　者　袁小庆　李志宇　张　华

　　　　张　莹　王文东　赵　妮

西北工业大学出版社

西　安

【内容简介】 本书包括33个实验和附录。实验内容分为4部分:第1部分为电工技术实验,安排8个实验;第2部分为电子技术实验,安排9个实验;这两部分涵盖了电工学课程的基本知识点,包括了电工学实验课程所需的常用实验。第3部分为电路仿真实验,安排3个实验,内容涉及电工技术和电子技术典型实验的电路仿真;第4部分为综合电路实验,安排13个实验,内容涉及电工电子实验的基本方法和技能,并引导学生综合运用知识和自主学习,培养学生利用所学知识解决实际问题的基本能力,掌握科学研究和工程实践的基本方法。

本书适用于高等学校工科非电专业电工学课程的实验教学,可作为电工学实验课程的教材,也可供相关工程技术人员阅读参考。

图书在版编目(CIP)数据

电工学实验 / 袁小庆主编. — 2版. — 西安 : 西北工业大学出版社, 2021.7

高等学校规划教材. 动力与电气工程 : 第2版

ISBN 978-7-5612-7796-6

Ⅰ.①电… Ⅱ.①袁… Ⅲ.①电工实验-高等学校-教材 Ⅳ.①TM-33

中国版本图书馆CIP数据核字(2021)第127786号

DIANGONGXUE SHIYAN

电 工 学 实 验

责任编辑:张 潼　　策划编辑:何格夫

责任校对:孙 倩　　装帧设计:李 飞

出版发行:西北工业大学出版社

通信地址:西安市友谊西路127号　　邮编:710072

电　　话:(029)88491757, 88493844

网　　址:www.nwpup.com

印 刷 者:兴平市博闻印务有限公司

开　　本:787 mm×1 092 mm　　1/16

印　　张:13.25

字　　数:348千字

版　　次:2012年7月第1版　2021年7月第2版　2021年7月第1次印刷

定　　价:45.00元

第2版前言

《电工学实验》(第2版)是高等学校非电类专业电工学实验课教材。本书根据9年来的使用情况和读者意见,结合目前的科技发展水平、实验内容的不断更新、仪器设备的升级换代以及教学方法和教学手段的革新修订而成。通过修订,实现纸质教材和网络多媒体资源的互相融合和互相补充,形成"互联网+"的新形态教材,以满足现代实验教学多样化、个性化和实用化的创新实践需求,使教材更有利于学生自主学习,同时实现新形态教学资源向全社会的开放和共享。

第2版主要针对教材结构、实验项目、实验设备以及仿真软件进行修订,同时增补网络多媒体动态教学资源。主要修订内容如下:

(1)教材结构的调整。针对计算机技术与电工电子技术进一步结合,虚拟仿真实验项目在课程中重要性的提升,将电路仿真实验项目独立出来作为第3部分。形成第1部分和第2部分为基础实验,第3部分为仿真实验,第4部分为综合应用实验的"基础实验—仿真实验—综合实验"新内容体系。

(2)实验项目的修订。删减了个别难度大的实验项目,增加了综合应用实验项目,合并了部分内容关联的实验项目。例如,删除了CPLD四人抢答器实验、步进电机环形分配器实验等,增加了一阶RC电路的脉冲响应和函数发生器设计等实验,合并了原简单正弦电路和串联频率特性实验等。

(3)实验设备的更新。将模拟和数字电子部分实验所用设备更新为实验室新研制模拟电子技术实验箱和数字电子技术实验箱,将原电子技术实验室中直流稳压电源、函数发生器和示波器更新为新购置设备。

(4)仿真软件的版本更新。将Multisim从原来的11版升级到目前最新的14版。

(5)增加了网络多媒体动态教学资源库。网上教学资源库提供各种多媒体素材和教学视频单元,内容与文字教材紧密结合,以帮助教师和学生提高教学和学习效率。多媒体素材包括主要的实验项目PPT、实验仪器与设备的基本操作视频与介绍、实验的预习报告等。

本书与西北工业大学史仪凯教授主编的多学时"电工技术""电子技术"课程和少学时"电工电子技术"课程教材配套使用,也可作为电工、电子实验独立设课的教材,供高等学校机械、能源、动力、材料、航空、航天、化工和管理等本科专业学生使用。

全书由袁小庆担任主编并统稿;赵妮和王文东担任副主编。修订的具体分工:实验1～6由袁小庆编写;实验9～13、23和24由李志宇编写;实验14～17、25和26由张华编写;实验27～29由张莹编写;实验30～33由王文东编写;实验24～27,实验7～8、18～22,附录1～3由赵妮编写。史仪凯教授主审本书,并提出许多宝贵意见,在此表示感谢。

由于水平有限,书中难免存在不妥之处,恳请读者批评指正。

编　者
2020年12月

第 1 版前言

《电工学实验》是非电类专业电工学实验课使用教材。本书根据教育部高等学校工科电工学教学基本要求，经过多年的修改和完善，在总结大量的教学改革和实验教学经验基础上编写而成。本书根据课程学习的需要，既保留了经典的实验内容，又有结合当前新技术的发展开发了新的实验内容，如可编程控制器(PLC)实验、复杂可编程逻辑器件(CPLD)实验和计算机仿真(Multisim)实验，使学生能够通过实验课程教学巩固已学基本理论知识，同时也能了解到当前科学技术的新近发展。

本实验指导书共有 27 个实验和 7 个附录。其实验内容分成 3 个部分：第 1 部分为电工技术实验，安排有 9 个实验，第 2 部分为电子技术实验，安排有 10 个实验，第 3 部分为综合电路实验，安排有 8 个实验。附录部分编写了常用电子仪器和计算机仿真软件的使用说明。本书的第 1 部分和第 2 部分为电工学实验基本内容，指导教师可以根据教学要求选择大部分或全部基本内容安排实验学时，第 3 部分的实验学时可根据学生具体情况设定，可少安排或不安排实验学时。每个实验均需 2 个小时。“实验任务”中打“*”部分为选做内容。

全书由袁小庆担任主编并统稿；赵妮担任副主编。编写的具体分工：实验 1～6 由袁小庆编写；实验 7～14 由李志宇编写；实验 15～23 由张华编写；实验 24～27，附录 1～7 由赵妮编写。史仪凯教授主审本书，并提出许多宝贵意见，在此表示感谢。

由于水平有限，加上编写时间比较仓促，书中难免存在不妥之处，希望读者指正。

编　者

2012 年 5 月

目　录

实验须知

电工、电子技术实验是应用电工、电子技术的基本理论进行基本实验技能训练的主要环节。除了介绍必要的实验理论和实验方法外，主要是学生通过自己的实践，学习基本的电量和非电量的电工测量技术，学习各种常用的电工仪器、仪表、电器和电子仪器的使用方法，培养实验动手的能力，为从事工程技术工作打下一定的基础。

实验课学生必须遵循下列规定。

一、实验预习

实验课前，每位学生必须认真预习实验指导书中本次实验的内容，掌握必要的理论知识，明确实验目的、任务、内容和实验中的注意事项，做到心中有数。**没有预习者不能参加本次实验。**

二、实验课堂

(1)学生应按时参加实验，迟到超过 10 min 者不得参加本次实验。无故不参加实验 1 次者，不得参加本课程的考试。

(2)实验前应仔细检查电源、实验仪器和设备是否完好无损。实验中，因责任事故损坏设备者，应写出事故报告，并做出相应的赔偿。

(3)接线前，应断开电源；接线后应仔细检查电路，确认无误并经指导老师检查通过后方可通电。

(4)各种仪器设备的地线(⊥)应正确连接，以防干扰。

(5)实验时应根据规定的实验步骤独立操作和测量，发生故障或发生事故时应立即切断电源，保持事故现场，请老师共同查找原因。

(6)实验中注意观察实验现象，做好必要的记录。

(7)每项实验内容完成后，应立即分析实验数据，若有异常应重新测量或请指导老师共同查找原因，获得正确结果后才能改接电路，继续实验。

(8)实验完毕后，要断开电源、整理好实验数据，并请指导老师审查。审查合格后方可拆除电路。

(9)实验室内不得高声喧哗，不得乱扔废纸杂物和随地吐痰，禁止吸烟。**注意人身及设备的安全。**

(10)离开教室前，整理好实验设备和导线，经指导老师验收后才能离开实验室。实验结束后应清洁实验室卫生。

三、实验报告

学生应认真完成实验报告，用学过的理论认真计算、分析实验数据，并对分析结果进行讨论。实验报告要书写工整，各种曲线要用方格坐标纸认真描绘。实验报告应按任课教师要求按时上交。实验报告的基本格式如下所示：

实验报告的基本格式

实验名称：________________ 实验日期：____________

一、实验目的

二、实验原理和线路

（画出实际实验线路，标明实际元件、设备和仪表的额定值、量程及种类等有关数据。）

三、实验测量及计算的数据表格

四、有关计算公式及举例

五、实验曲线（用方格坐标纸画出）

六、问题分析、讨论及总结

四、安全操作须知

(1)接线、拆线或改接电路时,必须断开电源,不得带电操作。

(2)各种仪器、仪表和设备均应严格按照规定的操作方法使用。不使用的设备不得随意乱拉乱用。

(3)兆欧表测量电压为500 V或1 000 V,因此不可用于人体电阻的测量。

(4)所有电源(包括各种信号源和信号发生器)不能短路使用,以免造成贵重仪器损毁。

(5)进行电动机实验时,注意勿使导线、长发、围巾和衣物等物品缠入电动机转轴,以免造成意外事故。

(6)在电动机加载和卸载时,电路的调节应缓缓进行,不可操之过急,以免酿成事故,但电源的接通和断开一定要迅速。

第1部分 电工技术实验

实验1 电工测量常用仪表的使用

一、实验目的

(1)了解常用电工仪表的使用常识,学习测量误差的分析方法。

(2)学习电感参数的测定方法。

(3)学习电容参数的测定方法。

二、预习要求

(1)弄清本次实验的主要任务,掌握必要的理论和方法。

(2)按照下列要求写出预习报告。

1)计算出实验任务1中直流电压源内阻的理论值。

2)选择实验任务2中的电压表和电流表的种类与量程,并估算采用何种线路连接方法会使测量更准确。

三、原理与说明

1.常用电工仪表的使用及测量结果误差分析

常用电工仪表主要指电流表、电压表和功率表(电量仪),通常可分为机械式和数字式两大类。各种仪表的构造形式、类型、准确度及放置方式等均用特定的符号标注在刻度盘上,便于识别。数字化仪表因其测量精度、响应速度等工作性能大大优于机械式仪表,因此得到越来越广泛的使用。

(1)电子仪表的使用方法。机械表与数字表的使用方法相同。**电流表**应与被测电路**串联**,**电压表**应与被测电路**并联**。为了一表多用,电流表可借助于测电流插孔和测试线(详见实验4),电压表则通过两根测试棒跨接在被测电路两端(**注意:测试棒不可固定接在被测电路上,也不允许接在电流表上**,以免引起短路事故)。

(2)仪表的选择。选择仪表应注意以下事项:

1)根据被测电路所用电源、测量对象和被测量数值范围,选择仪表的种类及量程。如欲测量直流电路中1 A以下的电流,应选用一只量程为1 A的直流(或交、直流两用)电流表,欲测量交流电路中约220 V的电压,可选用一只量程为250 V的交流(或交、直流两用)电压表。

2)根据测量要求的精度选择仪表的准确度等级。仪表的准确度取决于仪表在正常条件下(温度、湿度、外界电磁场影响等)工作时,由于本身制造的问题所产生的基本误差。最大基本绝对误差ΔA_m与量程A_m之比的百分数称为相对额定误差,用γ来表示,表征仪表的准确

度，即

$$\gamma = \frac{\pm \Delta A_m}{A_m} \times 100\%$$

仪表的准确度通常分为 0.1，0.2，0.5，1.0，1.5，2.5，4.0 等 7 个等级。其中 0.1 级及 0.2 级表常作为计量中心的标准表使用，实验室常用 0.5 级及 1.0 级表，2.5 级及 4.0 级表则作为指示式监测仪表。

同样等级的仪表相对额定误差一定，被测量愈小而选用的量程愈大，则可能产生的相对误差愈大。例如准确度为 1.0 级的电压表，选量程为 50 V，用来测量 10 V 和 40 V 的电压，可能产生的相对误差分别为

$$\gamma_{10} = \frac{\pm 1.0\% \times 50}{10} \times 100\% = \pm 5\%$$

$$\gamma_{40} = \frac{\pm 1.0\% \times 50}{40} \times 100\% = \pm 1.25\%$$

这里 $\Delta A_m = \pm 1.0\% \times 50\ \text{V} = \pm 0.5\ \text{V}$ 是仪表的最大基本绝对误差，它不受被测电压大小的影响，只取决于准确度等级和量程。

若选用准确度 1.0 级的电流表测量 0.4 A 电流，若用 1 A 和 0.5 A 两个不同量程测量，则可能产生的相对误差分别为

$$\gamma_{1.0} = \frac{\pm 1.0\% \times 1}{0.4} \times 100\% = \pm 2.5\%$$

$$\gamma_{0.5} = \frac{\pm 1.0\% \times 0.5}{0.4} \times 100\% = \pm 1.25\%$$

因此要获得准确的测量结果，不仅要选用准确度高于测量要求精度的仪表，还应选择适当的量程。如测量要求误差小于 ±5%，考虑到仪表的其他附加误差，那么应选用 1.0 级的仪表，被测量应大于量程的一半。通常选用仪表量程时，应使指针能偏转到满刻度的 1/3 以上。

3）根据被测电路输入阻抗的大小，选择适当的仪表灵敏度及相应的测量电路。仪表的灵敏度通常与仪表的内阻有关，电流表的内阻愈小，灵敏度愈高；电压表的内阻愈大，灵敏度愈高。电压表的灵敏度单位常用 Ω/V 来表示。 如一只直流电压表的内阻为 6 300 Ω，量程为 30 V，则其灵敏度为 6 300 Ω/30 V = 210 Ω/V。另一只表的灵敏度为 20 000 Ω/V，若量程为 10 V，则内阻为 200 kΩ；若量程为 50 V，则内阻为 1 MΩ。

仪表的灵敏度愈高，对被测电路影响愈小，测量愈准确。但对仪表灵敏度提出过高的要求，将增加其制造成本。在灵敏度一定的条件下，适当选择测量电路的连接方法，也能提高测量精度。例如用伏安法测量某电路的输入电阻可采用如图 1－1 所示的两种电路。

由物理学可知，图 1－1(a) 产生的相对误差为

$$\frac{\Delta R}{R} \times 100\% = \frac{R_{测} - R}{R} \times 100\% = \frac{R_A}{R} \times 100\%$$

式中，$R_{测} = U_{测} / I_{测} = R_A + R$ 为测量值，R 为理论值，R_A 为电流表内阻。

可见，影响测量准确度的是电流表的内阻，而与电压表无关。当被测电路为高阻抗时，采用此电路测量较准确。

图 1－1(b) 产生的相对误差为

$$\frac{\Delta R}{R} \times 100\% = \frac{R_{测} - R}{R} \times 100\% = -\frac{I}{1 + R_V / R} \times 100\%$$

式中，$R_{测} = U_{测} / I_{测} = R_V // R$，$R_V$ 为电压表内阻。

可见，测量误差主要取决于电压表内阻，与电流表无关。当被测电路为低阻抗时，采用此种接法测量比较准确。

在交流电路中进行测量时，仪表内阻抗应包括内电阻和内电感，并按交流电路进行分析计算。

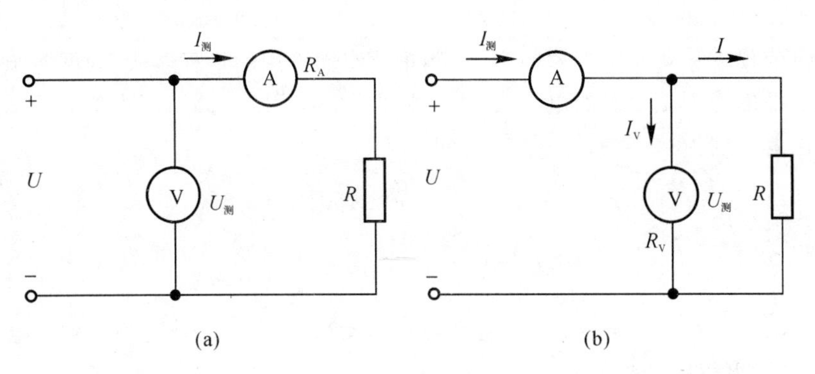

图 1-1　两种测量电路

(a) 电压表前接；(b) 电压表后接

(3) 实验数据处理及误差分析。关于实验数据处理和误差分析计算的基本知识，在物理实验课中已做过详细介绍。此处主要根据电工学实验的一些具体情况，介绍一些具体的数据处理方法。这些方法在处理某些工程实际问题时是实用的，但不一定是十分全面和严格的。

1) 有效数字的选取。一般直读式指示仪表的读数应根据仪表最小刻度再估计一位来选取。如量程为 1 A 的电流表，满刻度为 100 格，估计值最小为 0.1 格，即为 0.001 A。这样有效数字为 3 位，其中第 3 位是估计值。对于数字式仪表则可根据其显示的有效位数读取，但最后一位也是估计值，是不准确的。在分析计算中，可根据要求的精确度来选取，一般选取 3 位有效数字即可。第 4 位以后的尾数是无实际意义的，也是不准确的。

2) 误差计算及原因分析。实验误差包括系统误差和随机误差（或称偶然误差）。**系统误差**主要包括仪器、设备和测量仪表的固有误差、测量方法误差和实验外界条件产生的附加误差（如温度、压力、外界电磁场等引起的误差），还包括因人而异的而对同一个人基本不变的附加误差（如操作熟练程度、视力差异等引起的误差）。**随机误差**或偶然误差则是同一个人在相同设备条件下多次测量同一数据产生的误差（如电源电压的波动、电路接触情况不同所引起的）。对于随机误差可以通过多次测量求算术平均值加以消除，但在电工学实验中以及某些工程实际问题中往往不允许或不必要做多次测量，因此偶然误差往往不可避免，致使实验数据产生“异常点”（或称“奇异点”）。在进行实验数据处理时，应首先将这些奇异点去掉。对于系统误差一般都可以根据实验的方法和条件、设备和仪表的技术数据来加以估算，其中仪表的附加误差通常与仪表的基本误差具有相同的数量级，或与其相等。即便如此，在许多工程实际场合，这种计算仍然是很复杂和困难的。为此常采用下列处理方法：

首先，规定某些理论值或计算值为真值，求实测值的误差，分析实测值产生误差的原因。

其次，以精度较高的仪表测量结果为真值，分析其他仪表测量结果的误差和其产生的原因。

最后，以实测值为真值，分析理论值的误差和产生原因，用以验证工程设计的正确性。

在确定真值的时候，应尽可能消除系统误差，也可用多次测量消除偶然误差。

3）实验曲线的绘制。实验曲线首先应正确规定比例尺，坐标应由原点开始。曲线不应点点通过，而应根据变化趋势画出带规律性的曲线。一般可徒手或用曲线板画出平均曲线，要求严格时可采用回归法进行曲线拟合。

2. 电感线圈参数测量

一个实际线圈不仅具有电感（不包括无感线圈）而且一定还有电阻，在高频交流电路中还要考虑其电容。在通常的工频交流电路中可以忽略线圈的电容。如果线圈中有铁芯，电感量会大大增加。测量线圈电感和电阻的方法很多，如直流-交流法、交流二伏计法、交流电桥法和伏计-安计-瓦计法等等。

这里主要介绍伏计-安计-瓦计法。电感线圈是有电阻的，当电流通过线圈时会消耗能量，称之为**铜损**。这样就可以用电流表和功率表测出电感线圈的电阻（见图 1－2），即

$$r=\frac{P}{I^2}$$

式中，P 为功率表测出的功率；r 为电感线圈电阻；I 为流过电感线圈电流的有效值。

当线圈中插入铁芯时，功率表测出的功率 P 会增大，这是由于铁芯中产生了**铁损**，这时计算出的电阻应是铜损和铁损的等效电阻。另外，还可以用电流表和电压表测出电感线圈的复阻抗 Z $(Z=r+jX_L)$，这样就可以根据前面测出的电感线圈电阻 r、电压 U 及电流 I 计算出电感 L，即

$$|Z|=\frac{U}{I}$$

$$\omega L=\sqrt{|Z|^2-r^2}$$

$$L=\frac{1}{2\pi f}\sqrt{\left(\frac{U}{I}\right)^2-r^2}$$

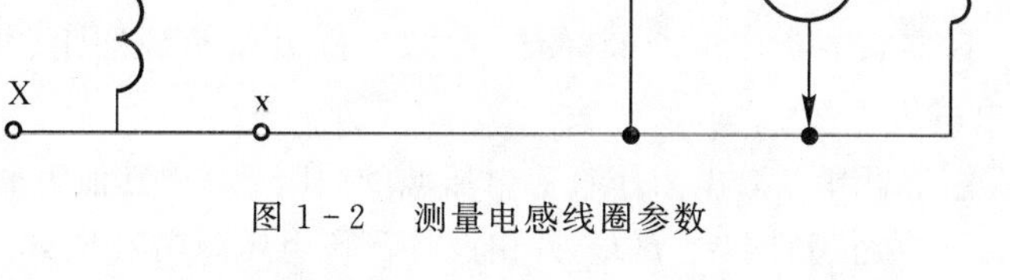

A
a
A
I^*
U^*
I
~220 V
150 V
V
r
L
X
x

图 1－2　测量电感线圈参数

3. 电容参数测量

电容器在交流电路中表现为容抗，容抗的大小和电容量及工作频率有关，即 $X_C=\frac{1}{\omega C}$。同时，当容抗不变时，电容两端所加电压越高，则通过电容的电流越大，即

$$I_C=\frac{U_C}{X_C}$$

式中，U_C 为电容两端交流电压有效值；I_C 为流过电容的交流电流有效值。

若交流电压的频率已知，则可以利用实验的方法求出电容的容量 C，即

$$\frac{U_C}{I_C}=X_C=\frac{1}{\omega C}\qquad (其中\ \omega=2\pi f\ )$$

故有

$$C=\frac{1}{\omega X_C}=\frac{1}{2\pi f\dfrac{U_C}{I_C}}$$

四、实验仪器及设备

(1)MC1046C 型电源模块。

(2)MC1126 型电压电流表模块。

(3) 调压器。

(4)MC1098 型电量仪。

(5)FLUKE17 型数字万用表。

(6) 电阻。

(7)MC1036C 型铁芯电感电容模块。

(8) 实验用 9 孔插件方板。

五、实验任务

1. 测量直流电压源的外特性

本实验以晶体管稳压电源和 150 Ω 电阻构成一电压源(见图 1－3)，测量该电压源的外特性。

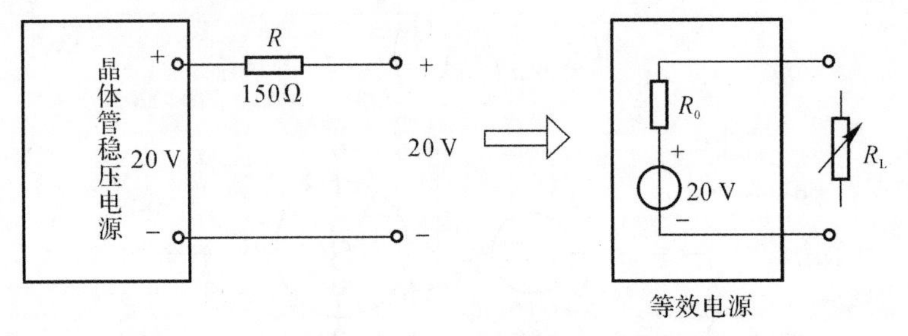

图 1－3　等效电源

操作步骤:(1) 接通直流稳压电源的开关，调节直流电压源的输出，用数字万用表的直流电压挡测量，使输出电压为 20 V。

(2) 按图 1－4 连线，用 150 Ω 电阻作直流电压源的内阻 R_0，用其他阻值电阻作负载 R_L，按表 1-1 要求测量此电压源的外特性 $U=f(I)$，并由此计算该电压源内阻 R_0，分析实验结果及误差。

表 1－1　直流电压源外特性的测量

测量值						R_0/Ω		
U/V	20				0	理论值	实验值	误差
I/A	0							
R_L/Ω	∞	220	100	51	0			

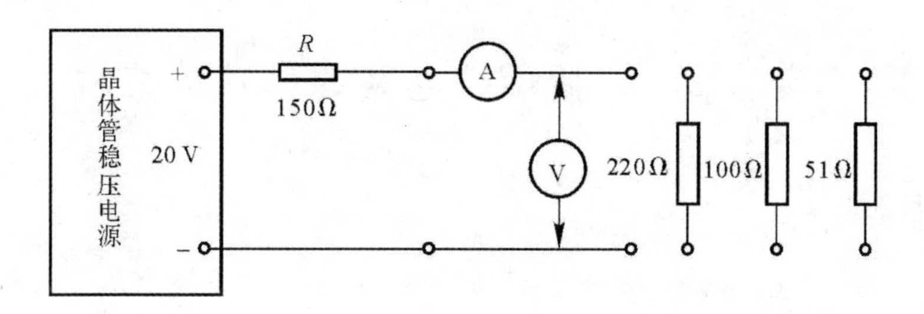

图1-4　直流电压源外特性的测量电路

要求：选取外特性中的一组数据，计算仪表的固有相对误差。

2. 测量电感线圈参数

按图1-5所示电路接线，用伏计-安计-瓦计法测量电感线圈参数r,L，按表1-2的要求测量数据。在图1-5中，测量功率使用MC1098型电量仪，该电量仪可测量频率、功率因数、无功功率、视在功率、有功功率、阻抗角、电压和电流等参数。

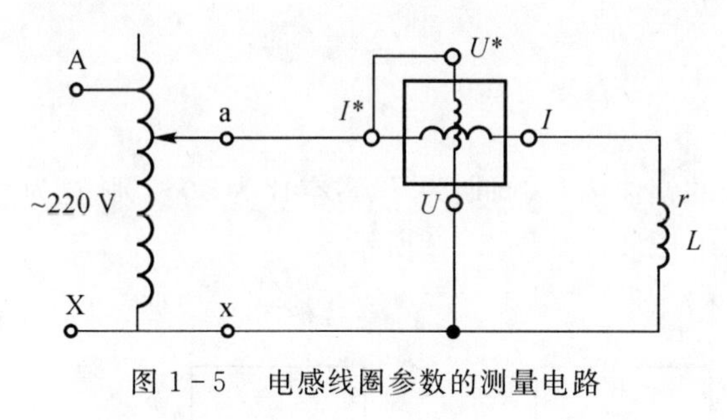

图1-5　电感线圈参数的测量电路

表1-2　电感线圈参数的测量

测量			计算		
I/A	P/W	U/V	$\|Z\|$/Ω	r/Ω	L/H
0.1					
0.2					
0.3					

3. 测量电容参数

用调压器将220 V交流电压分别调至30 V、60 V、90 V，按图1-6所示电路测量6.7 μF左右的电容器的电容参数。按表1-3的要求测量数据。

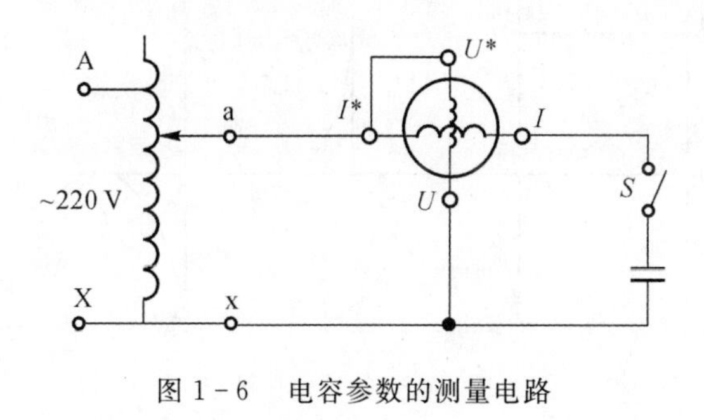

图1-6　电容参数的测量电路

表1-3　电容参数的测量

U/V	30	60	90
I/A			
X_C/Ω			
C/μF			

六、实验报告要求

根据实验任务中的要求，列出测量数据及计算结果，讨论、分析各种测量方法产生误差的原因。

实验2　一阶RC电路的脉冲响应

一、实验目的

(1)用实验方法研究一阶RC电路的矩形脉冲响应。

(2)掌握用示波器测量时间常数的方法。

(3)熟悉函数信号发生器和数字双踪示波器的使用方法。

二、预习要求

(1)查阅函数信号发生器、数字双踪示波器的使用说明。

(2)阅读各项实验内容,理解微分和积分电路原理。

(3)比较积分和微分电路中矩形波脉冲宽度与时间常数的关系。

三、原理与说明

1. RC微分电路

RC微分电路如图2-1所示,输入方波信号的幅值为U、周期为T、占空比为50%、脉宽为t_p,输出电压u_o自电阻R两端引出,输入与输出电压波形如图2-2所示。

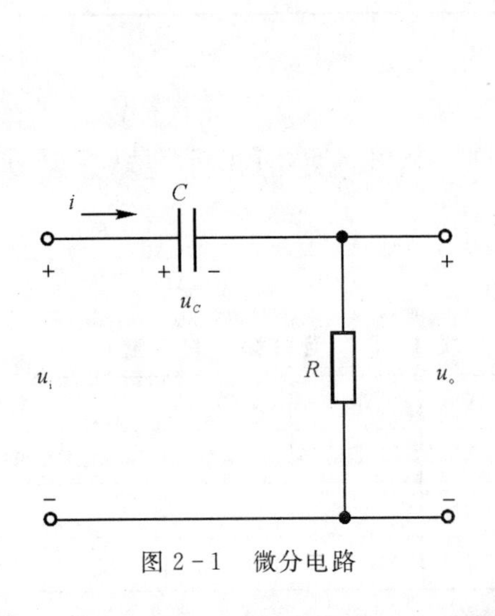

图2-1　微分电路

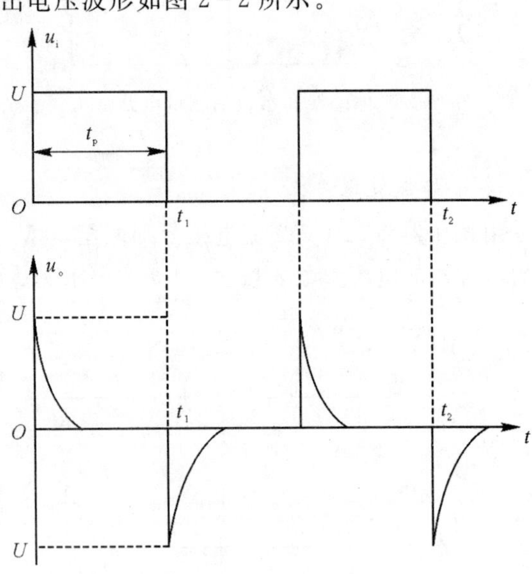

图2-2　输入、输出电压波形

假设事先没有充电,且满足$\tau \ll t_p$,输入信号作用期间电容充电很快,使得$u_R \ll u_C$。由于$u_i = u_C + u_R$,可得$u_i \approx u_C$。于是,可得关系式

$$u_o = u_R = Ri = RC\frac{du_C}{dt} \approx RC\frac{du_i}{dt}$$

可知,输出电压u_o(尖脉冲)对输入电压u_i(矩形脉冲)近似于数学中的微分关系。其中,当$t=0$时,u_o是一个幅度为U的正向尖脉冲;当$t=t_1$时,u_o是一个幅度为$-U$的负向尖脉冲。

在电子线路中，常用微分电路产生尖脉冲，作为触发信号。

2. RC 积分电路

同样是RC电路和输入电压 u_i（矩形脉冲），输出电压 u_o 取自电容C两端，如图 2-3所示。当电路的时间常数 $\tau \gg t_p$ 时，则称 RC 电路为积分电路。积分电路输入电压 u_i 和输出电压 u_o 的波形，如图 2-4 所示。

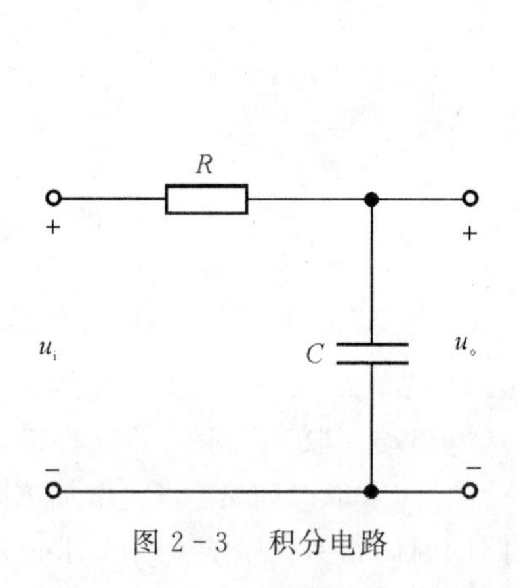

图 2-3　积分电路

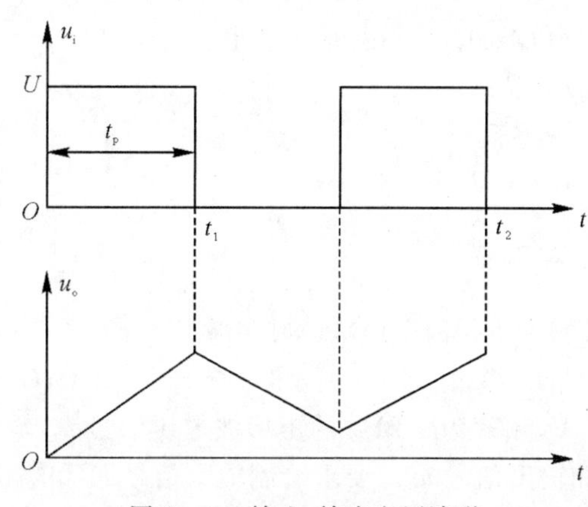

图 2-4　输入、输出电压波形

由于 $\tau \gg t_p$，电容充电比较缓慢，其端电压 u_o 在脉冲持续时间内缓慢增加，使得 $u_R \gg u_C$。由于 $u_i = u_C + u_R$，可得 $u_i \approx u_R$。当还未增长到趋近稳定值时，脉冲已终止（$t=t_1$）。此后，电容经电阻缓慢放电，电压 u_o 衰减缓慢。在输出端得到锯齿波电压。时间常数 τ 越大，充放电就越缓慢，则锯齿波电压的线性也就越好。输出电压关系式如下：

$$u_o = u_C = \frac{1}{C}\int i\mathrm{d}t = \frac{1}{C}\int \frac{u_R}{R}\mathrm{d}t \approx \frac{1}{RC}\int u_i\mathrm{d}t = \frac{1}{RC}u_i t$$

输出电压 u_o（锯齿波）对输入电压 u_i（矩形脉冲）近似于数学中的积分关系，故称此电路为积分电路。在电子线路中，常使用积分电路产生三角波形。

3. 时间常数的测量

一阶 RC 微分电路在输入电压为矩形波时，电容 C 重复出现充电和放电过程，电容充电和放电的速度取决于电路的时间常数 $\tau = RC$。τ 的数值可以从示波器观察到的波形中估算出来。

在电容充电过程中，电容电压上升到稳态值的63.2%时所对应的时间即为 τ 值，$u_C(\tau) = 63.2\% u_C(\infty)$。在电容放电过程中，电容电压下降到初始值的 36.8% 时所对应的的时间即为 τ 值，$u_C(\tau) = 36.8\% u_C(0_+)$。

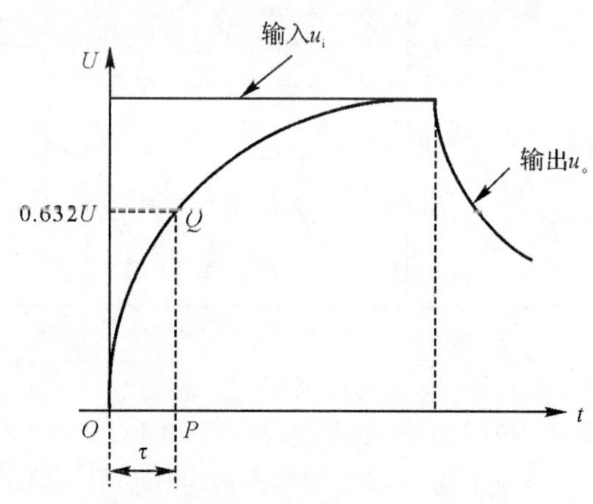

图 2-5　时间常数的测量

在图 2-1 所示电路中，用双踪示波器的 Y_1 和 Y_2 通道同时观察输入信号 u_i 和输出信号 u_o，调节示波器的扫描频率，使得显示波形清晰、稳定，并使得 u_i 和 u_o 的基线一致，幅度相同，并处于屏幕中适当位置，叠加成如图 2-5 所示的波形。在输出波形上找到 0.632U 处的 Q 点，则 Q 点在水平方向对应的距离乘以示波器的时基标尺（t/cm），即为时间常数 τ。

四、实验仪器设备

(1) MFG-3022 型函数信号发生器。

(2) TDS1002B 型双踪示波器。

(3) 电阻。

(4) 电容。

(5) 实验用 9 孔插件方板。

五、实验任务

1. 测量 RC 微分电路的时间常数

测量电路如图 2-1 所示，选择 $R=100\ \Omega$，$C=0.47\ \mu F$，调节函数信号发生器，使其输出幅值为 4 V，频率为 1 kHz 的矩形波电压信号 u_i，输出信号从电阻端获取。用示波器观察输入信号 u_i 和输出信号 u_o。要求绘制输入信号 u_i 和输出信号 u_o 波形，求取时间常数 τ。增加电阻 R 的阻值，观察电阻上电压的变化情况，再重复测量对应电路的时间常数。按表 2-1 要求记录各项数据。

表 2-1　微分电路时间常数的测量

序　号	电路参数	输入和输出波形	τ（测量值）	τ（计算值）
1	$R=100\ \Omega$，$C=0.47\ \mu F$	u_o O t		
2	$R=220\ \Omega$，$C=0.47\ \mu F$	u_o O t		
3	$R=1\ k\Omega$，$C=0.47\ \mu F$	u_o O t		

2. RC 积分电路研究

按图 2-3 接线，选择 $R=3\ k\Omega$，$C=0.022\ \mu F$，调节函数信号发生器，使其输出幅值为 4 V，频率为 1 kHz 的矩形波电压信号 u_i，输出信号从电容端获取。用示波器观察输入信号 u_i 和输出信号 u_o。要求绘制输入信号 u_i 和输出信号 u_o 波形，求取时间常数 τ。改变电容 C，观察电容上电压的变化情况，再重复测量对应电路的时间常数。按表 2-2 要求记录各项数据。

表2-2　积分电路时间常数的测量

序　号	电路参数	输入和输出波形	τ(测量值)	τ(计算值)
1	R=3 kΩ,C=0.022 μF	u_o O t		
2	R=3 kΩ,C=0.1 μF	u_o O t		
3	R=3 kΩ,C=0.47 μF	u_o O t		

六、实验报告要求

(1)用坐标纸绘制实验电路所测得的波形,标明特殊点的坐标值,并对波形进行比较分析。

(2)解释在RC积分电路测量实验中,输出波形的幅值为什么会很小。

(3)在同一输入的条件下,如果将微分电路的电容和电阻位置调换,能否组成积分电路,为什么?

(4)将实验中测得的时间常数与计算值相比较。

(5)在参数已定的RC微分电路和积分电路中,当输入频率改变时,输出信号波形是否改变?为什么?

实验3　正弦交流电路及其频率特性

一、实验目的

(1)研究单一元件的阻抗频率特性。

(2)研究RC,RL串联电路中电压、电流的基本关系。

(3)测量RLC串联电路电流响应的幅频特性。

(4)研究串联谐振现象及特点,研究元件参数改变对电路频率特性的影响。

(5)熟悉函数信号发生器、数字示波器、数字万用表的使用方法。

二、预习要求

(1)查阅有关函数信号发生器、数字双踪示波器、数字万用表的使用说明。

(2)阅读各项实验内容,理解有关原理。

(3) 在图3-1所示电路中,设$R=1\ \mathrm{k\Omega}$,$C=0.022\ \mu\mathrm{F}$,$L=18\ \mathrm{mH}$,$f=3\ \mathrm{kHz}$,$U=5\ \mathrm{V}$,试计算U_C,U_R,I及电路的阻抗角φ的数值,并画出相量图。

(4) 在图3-1所示电路中,已知:$R=1\ \mathrm{k\Omega}$,$L\approx 18\ \mathrm{mH}$,$C=0.01\ \mu\mathrm{F}$。根据所给参数估算

谐振频率 f_0。

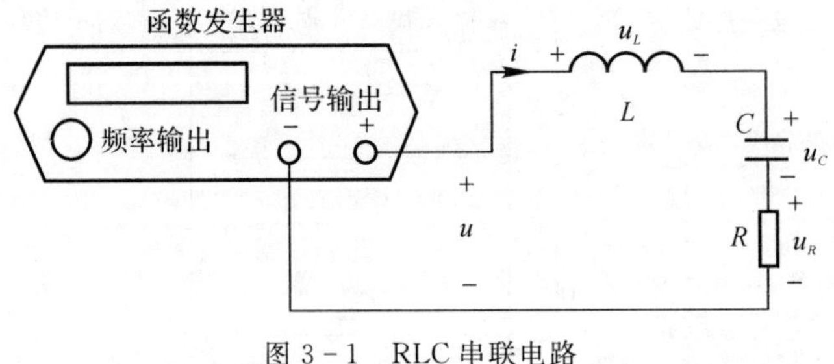

图 3-1　RLC 串联电路

三、原理与说明

1. 元件阻抗频率特性测量原理

元件的阻抗频率特性是指元件阻抗随频率变化的规律。在正弦电路中，感抗与频率成正比，容抗与频率成反比。为了减少接线和调节次数，本实验依次将 L,C,R 这 3 个元件串联起来，保持电阻 R 两端的电压不变，调节函数发生器输出正弦信号频率，同时完成电感电压、电容电压的测量及感抗、容抗的计算。

2. RLC 串联谐振测量原理

在 RLC 串联电路中，阻抗、电流与频率的关系如图 3-2 所示。其中，感抗 $X_L=\omega L=2\pi fL$，容抗 $X_C=1/(\omega C)=1/2\pi fC$，谐振频率 $f_0=1/(2\pi\sqrt{LC})$，阻抗 $|Z|=\sqrt{R^2+(X_L-X_C)^2}$，串联谐振回路的品质因数 $Q=\frac{U_{C0}}{U}=\frac{U_{L0}}{U}=\frac{1}{\omega_0 RC}=\frac{\omega_0 L}{R}$(其中 U_{C0} 和 U_{L0} 分别为谐振时电容和电感两端的电压)；谐振时，电路的阻抗 Z 最小，且 $\varphi_u=\varphi_i$，$U_{L0}=U_{C0}$。

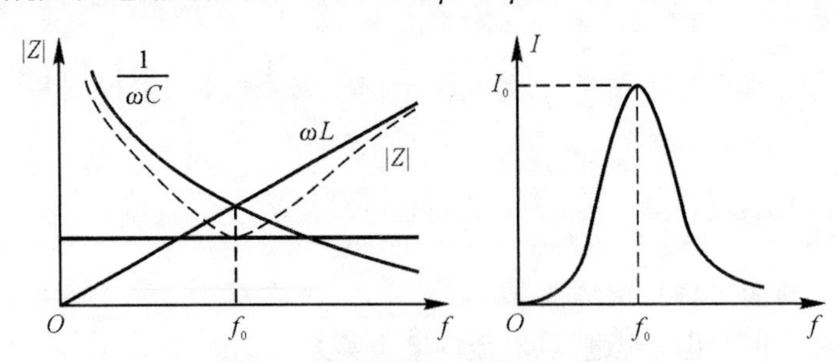

图 3-2　阻抗、电流随频率变化曲线

测量电路如图 3-3 所示。测量时，始终维持信号源总电压 U 不变(1 V)，调节函数发生器输出频率，则电路的总阻抗 Z 及电流 I 均随之变化。本测量电路中，$I=U_R/R\propto U_R$，测出 U_R-f 关系即可得到 $I-f$ 和 $Z-f$ 关系。

测量时注意先找谐振点，调节函数发生器输出频率，当电阻 R 端电压 U_R 最高时，所对应的频率即谐振频率 f_0，并且总电压 u 与电阻电压 u_R 同相。此时，从理论上讲，电容上的电压 U_{C0} 和电感上的电压 U_{L0} 应相等，但由于实际电感线圈有线圈电阻 r 存在，因此当电路谐振时，电感线圈电压略大于电容电压。

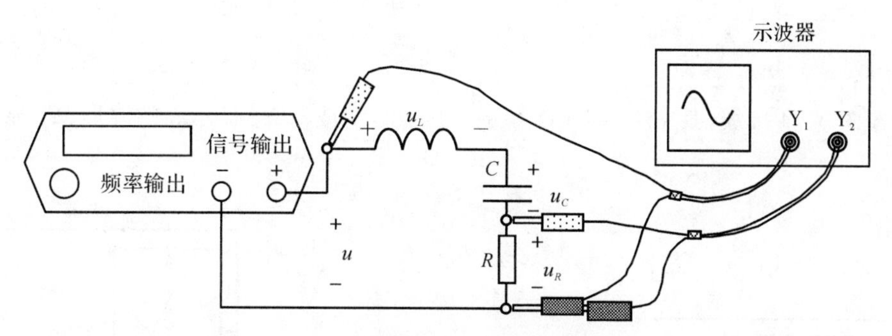

图3-3　串联谐振实验测量线路连接

3.测量仪表及接线说明

在频域分析中，涉及的交流电压、电流的频率远远超过工频50 Hz，此时测量就不能选用工作频率较低的普通交流电表或普通万用表。本实验采用的FLUKE17型数字万用表工作频率可达20 kHz。

函数发生器、示波器的红色夹子为信号线，黑色夹子为地线；接线时应使函数发生器、示波器共地，否则易引入干扰。同时为减小干扰，测量时数字万用表的地线（黑色表笔）应接在（或尽量靠近）函数发生器的地线端上（黑色夹子）。

对高频电流本实验采用先测电阻两端电压，再经过换算得到高频电流的方法。

四、实验仪器设备

（1）MFG-3022型函数信号发生器。

（2）TDS1002B型数字双踪示波器。

（3）FLUKE17型数字万用表。

（4）电阻、电容、电感。

（5）实验用9孔插件方板。

五、实验任务

1.测定 X_L-f 和 X_C-f 关系曲线

测量电路如图3-1所示，其中 $R=1\ \text{k}\Omega$，$L=18\ \text{mH}$，$C=0.022\ \mu\text{F}$。

按表3-1要求调节信号源的频率，始终保持 $U_R=1$ V（改变频率时应保持 U_R 不变，即 I 不变），测出相应的 U_L，U_C 值，计算得出 X_L，X_C 值。

注意：每改变1次频率，首先测出 $U_R=1$ V后，再分别测 U_L 和 U_C 的值。

表3-1　X_L-f 和 X_C-f 关系曲线测定

测量结果	f/kHz	2	3	4	5	6	7	8	9	10
	U_L/V									
	U_C/V									
	U_R/V	1 V								
计算结果	X_L/kΩ									
	X_C/kΩ									

2. RC 串联电路研究

(1) 按图 3-4 接线，其中 $R=1\ \mathrm{k}\Omega$，$C=0.47\ \mu\mathrm{F}$，示波器 Y_1 显示 u 的波形，Y_2 显示 u_R 的波形。

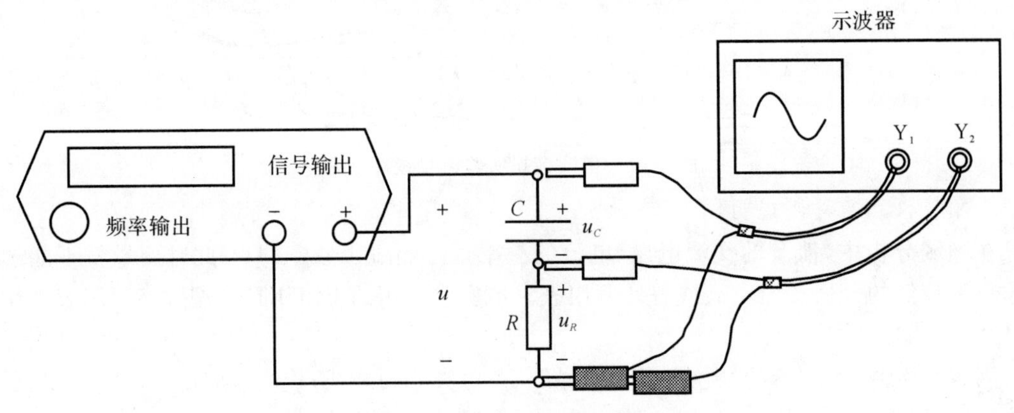

图 3-4　RC 串联电路实验测量电路

(2) 调节函数发生器输出的正弦信号频率和幅度，使 $f=600\ \mathrm{Hz}$，$U=2\ \mathrm{V}$，分别测量和记录 U、U_R、φ_{ui}(用示波器测量)，测量结果填入表 3-2。

表 3-2　RC 串联电路测量

U/V	U_C/V	U_R/V	φ_{ui}

改变函数发生器输出频率，定性观察相位差及波形幅度的变化情况。

3. RL 串联电路研究

将图 3-4 中的电容 C 换成 18 mH 的电感，调节函数发生器，使 $f=10\ \mathrm{kHz}$，$U=2\ \mathrm{V}$，重复实验任务 2 的过程，测量结果填入表 3-3。

表 3-3　RL 串联电路测量

U/V	U_L/V	U_R/V	φ_{ui}

4. 测定 RLC 串联电路幅频特性 $I-f$ 并观察串联谐振现象

按图 3-3 所示接线，其中 $R=1\ \mathrm{k}\Omega$，$L\approx 18\ \mathrm{mH}$，$C=0.01\ \mu\mathrm{F}$。

(1)根据实验的实际参数计算 f_0。

(2)示波器 Y_1 显示总电压 u 的波形，Y_2 显示 u_R 的波形。在计算 f_0 的基础上，微调函数发生器输出频率，使 Y_1，Y_2 两波形同相，电路处于谐振状态，此时函数发生器的输出频率即为 f_0，记录相应的 U_{C0}、U_{L0}、U_{C-L0} 和 U_{R0}。

(3)改变函数发生器输出频率，随时保持其输出电压 $U=1\ \mathrm{V}$，测量相应的各电压值，并将测量数据填入表 3-4。

表 3－4　RLC 串联电路幅频特性测定(1)

(记录:U= 1 V ;R= 1 kΩ ;C= 0.01 μF ;L= 18 mH ;U_{C0}= ___ ;U_{L0}= ___ ;U_{C-L0}= ___)

测量结果	f/kHz	2	5	8	10	f_0=	12	14	17	20	
	U_R/V					U_{R0}=					
计算结果	lg f										
	I/mA										
	Z/kΩ										

注意:①U_{C-L0} 是指谐振时 C 与 L 串联后的电压。② 实验中频率变化范围较大,在画频率特性曲线时应对频率 f 取对数,即画出 $I-\lg f(Z-\lg f)$ 曲线,能较好地反映电路特性。

5.改变参数观察串联谐振现象

更换电阻,使 R=510 Ω,其他实验参数同实验任务 4,重复任务 4 的实验过程,测量数据并填入表 3－5。

表 3－5　RLC 串联电路幅频特性测定(2)

(记录:U= 1 V ;R= 510 Ω ;C= 0.01 μF ;L= ___ ;U_{C0}= ___ ;U_{L0}= ___ ;U_{C-L0}= ___)

测量结果	f/kHz	2	5	8	10	f_0=	12	14	17	20	
	U_R/V					U_{R0}=					
计算结果	lg f										
	I/mA										
	Z/kΩ										

六、实验报告要求

(1) 利用实验数据,画出 X_L-f,X_C-f 曲线,并说明各自特点。

(2) 用实验数据证明 RC 和 RL 串联电路的电压三角形关系。

(3) 用实验数据验证电容是否为 18 mH,C 是否为 0.022 μF。

(4) 试分析 RC 串联电路的 φ_{ui} 及 U_C 波形幅度随频率变化的原因。

(5) 在同一坐标上画出实验 4,5 的 $I-f$ 曲线,比较其异同点。

(6) 总结 RLC 串联电路发生谐振时的特点,结合实验数据说明为什么 $U_{C-L0}\neq 0$。

(7) 结合实验数据,计算串联谐振时品质因数 Q 值。

实验4　三相交流电的使用与测量

一、实验目的

(1)掌握三相四线制电源的构成和使用方法。

(2)学习三相负载电路正确的连接方式。

(3)掌握对称三相负载的线电压与相电压、线电流与相电流的关系。

(4)了解中线在供电系统中的作用。

(5)学习三相交流电路的电流、电压及功率的测量方法。

(6)了解安全用电常识。

二、预习要求

(1)阅读各项实验内容,理解有关原理,明确实验目的。

(2)图4-1所示电路为Y形不对称有中线电路图。图中电源线电压$U_L=380$ V,A相为两个40 W的灯泡串联,B相为两个40 W灯泡串联支路再并联,C相为三个40 W灯泡串联。根据该电路提供的参数请分析:

1)若不接中线,$U_{NN'}$及各相负载电压及电流。

2)若接中线,各相负载电流及中线电流。

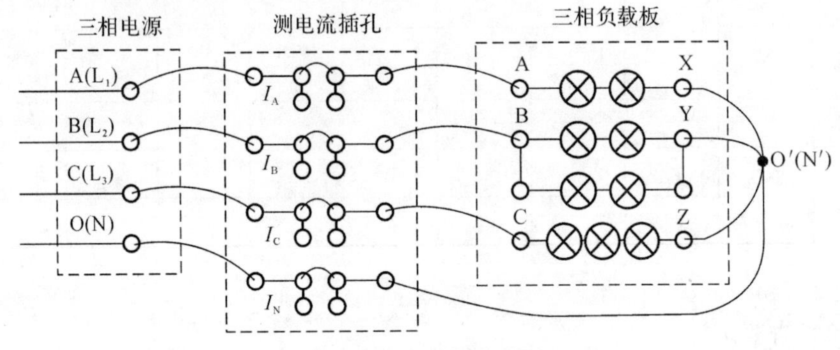

图4-1　Y形电路接法负载接线图

三、原理与说明

1.电压的测量

在三相四线制电路中,不论负载对称与否,各相相电压和线电压都是对称的,只要测量其中一相电压即可。当负载不对称且中线断线时,尽管线电压对称,但各相负载相电压不对称,某相电压可能超过负载额定电压而造成设备损坏,这是一种故障状态。此时应测量三个相的负载相电压,以判断故障所在。中线的作用是保证不对称负载各相电压对称,使设备正常工作。

在三相三线制电路中(三角形负载),各相电压总是对称的,等于电源线电压,原则上只要测量其中一相即可。当存在线路故障时,也可能有缺相或不对称的情况,应对其余两相进行检查性测量。

2. 电流的测量

不论三线制还是四线制电路，若负载对称，则各相电流相等，只要测量其中一相电流即可；若负载不对称，则三相相电流和线电流都不对称，必须分别测量各相，对三角形负载要测量6个电流。

为了能方便地用一块电流表测量多个电流，线路中预先串入多个"测电流插孔"。不测电流时用短路桥短接"测电路插孔"；测电流时插上电流测试线串入电流表，然后拔下短路桥。

3. 三相平均功率的测量

三相平均功率(有功功率)为三个单相平均功率之和。当负载对称时，只要用一块功率表测量其中一相功率 P_Φ 再乘以3即可，称为一瓦计法，即

$$P = 3P_\Phi = 3U_\Phi I_\Phi \cos\varphi$$

由上式可知，一瓦计法测量电路中的电流线圈应与一相负载串联，反映相电流 I_Φ；电压线圈应与一相负载并联，反映相电压 U_Φ。

当负载为三相四线制不对称时，必须分别测量三相的功率再求和，称为三瓦计法，即

$$P = P_A + P_B + P_C = U_A I_A \cos\varphi_A + U_B I_B \cos\varphi_B + U_C I_C \cos\varphi_C$$

由上式可知，三瓦计法与一瓦计法的测量电路接法相同，只是在三相中重复进行而已。

对三相三线制负载(对称或不对称)，可采用两瓦计法测量。由 $p = u_A i_A + u_B i_B + u_C i_C$ 可导出

$$P = U_{AC} I_A \cos\alpha + U_{BC} I_B \cos\beta = P_1 + P_2$$

式中，α 为 i_A 与 u_{AC} 的相位差；β 为 i_B 与 u_{BC} 的相位差。由此可知，两瓦计法的测量电路接法应如图4-2所示。

两瓦计法使用的条件是必须满足 $i_A + i_B + i_C = 0$ 的关系，因此只能用于三相三线制电路中功率的测量。三相四线制不对称负载不满足 $i_A + i_B + i_C = 0$ 的条件，因此不能用两瓦计法测量三相功率。

四、实验仪器及设备

本实验使用的设备为插板式、模块化结构，所有的实验板和仪表均插在实验架上，实验板可以因所做实验不同而任意组合。**注意：做实验的学生不得自行将实验板卸下！不要动实验中不使用的设备！如果实验设备有问题，请先关闭总电源，然后向指导老师说明情况，由指导老师更换实验板。**

实验插板如图4-3所示。其中图4-3(a)为测电流插孔；图4-3(b)为单相电量仪。

五、安全用电规则

本实验所用电压较高(线电压为380 V)，为确保人身安全，要求学生应遵守以下规则：

(1) 实验时不得接触任何金属部件。为了安全，使用了全封闭导线，不得用手或任何物品接触导线内部的金属线。

(2) 严禁带电拆、接线。接线时，要先接线，后闭合电源；拆线时，应先断电，后拆线。**改接线路必须在断电的情况下进行。**

(3) 单手操作。两名学生一组，实验时一名学生负责监督，发生问题时应立即关闭总电源。

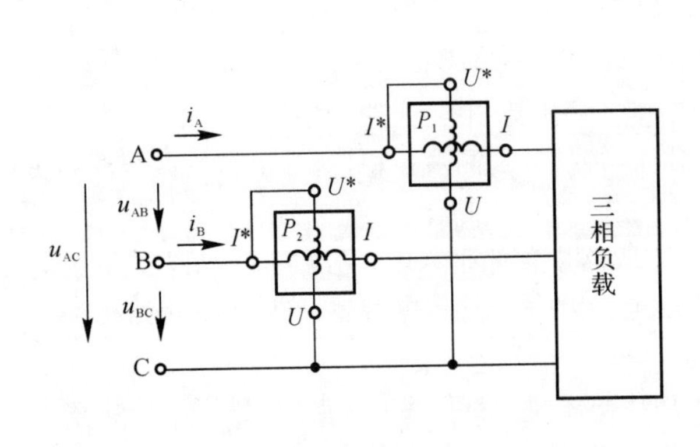

图 4-2 两瓦计法测量电路

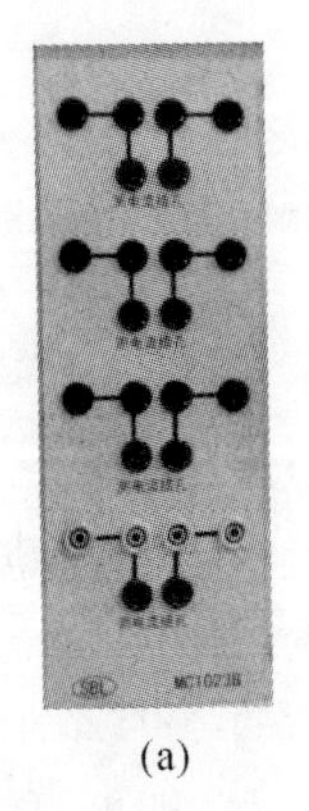
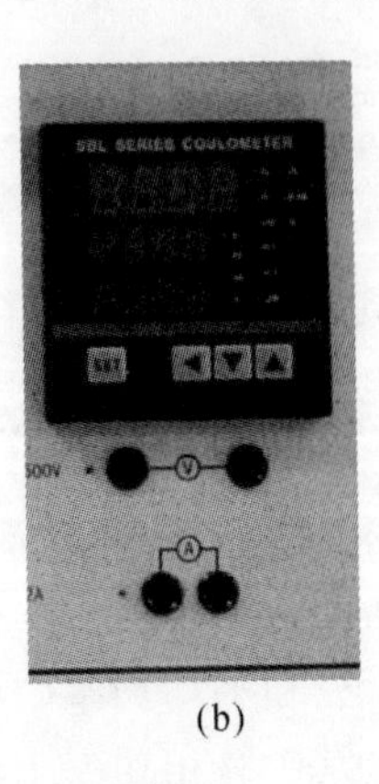

(a) (b)

图 4-3 实验插板

六、实验任务

1. Y 形对称有中线实验

按图 4-4 所示电路接线，每相负载均为额定值 220 V，40 W 的两只灯泡串联，接成三相四线制对称电路，且在各相及中线上接入电流插孔，以便测量电流。按表 4-1 要求测量数据，并比较各相和各线电压大小及相值与线值的关系。

表 4-1 Y 形对称有中线实验的测量

U_{AB}/V	U_{BC}/V	U_{CA}/V	$U_{AN'}$/V	$U_{BN'}$/V	$U_{CN'}$/V	I_A/A	I_B/A	I_C/A	I_N/A	P_A/W	$P_总 = 3P_A$/W

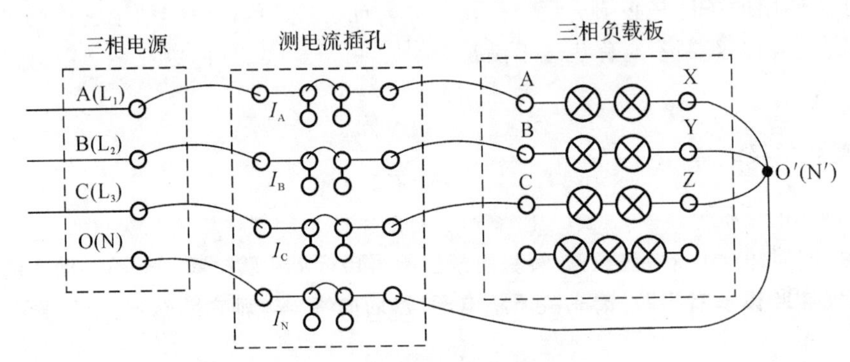

图 4-4 Y 形对称有中线接线图

2. Y 形不对称有中线实验

按图 4-1 所示电路将三相负载接成 A 相为两个 40 W 的灯泡串联，B 相为两个 40 W 灯泡串联支路再并联，C 相为三个 40 W 灯泡串联，构成三相四线制不对称电路。按表 4-2 要求测量数据。

表 4-2 Y 形不对称有中线实验的测量

U_{AB}/V	$U_{AN'}$/V	$U_{BN'}$/V	$U_{CN'}$/V	I_A/A	I_B/A	I_C/A	I_N/A	P_A/W	P_B/W	P_C/W	$P_总$/W

3. Y形不对称无中线实验

断开Y形不对称有中线电路(见图4-1)的中线，构成星形无中线不对称三相负载电路，将测量数据填入表4-3中。

(1) 测量各相负载相电压、相电流及中线电压 $U_{NN'}$，与有中线实验结果做比较，说明中线的作用。

(2) 分别用三瓦计法和两瓦计法测量三相功率，并比较测量结果。

(3) 观察有中线和无中线时各灯的亮度变化，分析原因。

表4-3　Y形不对称无中线实验的测量

线电压/V	相电压/V			中性点间电压/V	线、相电流/A			三瓦计法/W				二瓦计法/W		
U_{AB}	$U_{AN'}$	$U_{BN'}$	$U_{CN'}$	$U_{NN'}$	I_A	I_B	I_C	P_A	P_B	P_C	$P_{总}$	P_1	P_2	$P_{总}$

4. △形对称负载实验

按图4-5所示接线，按表4-4要求测量数据。

(1) 测量一相线电压、相电压、相电流和线电流，并比较其大小关系。

(2) 用两瓦计法测量三相功率，并与公式 $P=\sqrt{3}U_L I_L\cos\varphi$ 计算结果相比较。

表4-4　△形对称负载实验的测量

U_{AB}/V	U_{AX}/V	I_A/A	I_{CA}/A	P_1/W	P_2/W	$P_{总}=P_1+P_2$/W

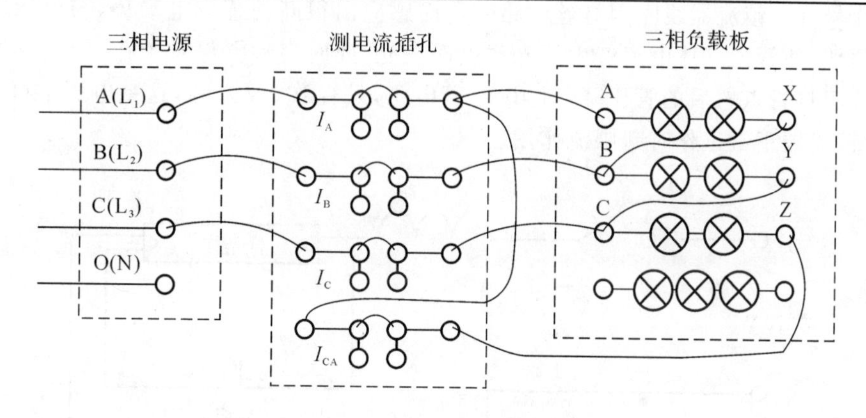

图4-5　△形对称负载接线图

七、实验报告要求

(1) 总结Y形接法和△形接法的三相对称负载中线电压与相电压、线电流与相电流的关系。

(2) 用实验数据绘制对称负载两种接法下的三相电压和电流之间相量图。

(3) 电源中线有什么作用？照明负载为什么必须有中线？中线上能否接熔断器？

(4) 总结三相功率的测量方法。试画出测量三角形负载每相功率的电路图。

实验 5　感性负载电路功率因数的提高

一、实验目的

(1) 进一步理解交流电路中电压、电流的相量关系。

(2) 学习感性负载电路提高功率因数的方法。

(3) 掌握日光灯电路的接法与工作原理。

二、预习要求

(1) 熟悉 RL 串联电路中电压与电流的关系。

(2) 在感性负载与 C 并联的电路中，如何求 $\cos\varphi$ 值？

(3) 熟悉日光灯的工作原理及启动过程。

三、原理与说明

本实验中感性负载为日光灯电路，可等效为 RL 串联电路，日光灯的工作原理电路如图 5-1 所示。

灯管工作时，可以认为是一电阻负载。镇流器是一个铁芯线圈，可以认为是一个电感量较大的感性负载，两者串联构成一个 RL 串联电路。日光灯启辉过程如下：在接通电源后，启动器内双金属片动片与定片间的气隙被击穿，连续发生火花，双金属片受热伸长，使动片与定片接触。灯管灯丝接通，灯丝预热而发射电子，此时，启动器两端电压下降，双金属片冷却，因而动片与定片分开。镇流器线圈因灯丝电路断电而感应出很高的感应电动势，与电源电压串联加到灯管两端，使管内气体电离产生弧光放电而发光，此时启动器停止工作(因启动器两端所加电压值等于灯管点燃后的管压降，对 40 W 管电压，只有 100 V 左右，这个电压不再使双金属片打火)。镇流器正常工作时起限流作用。

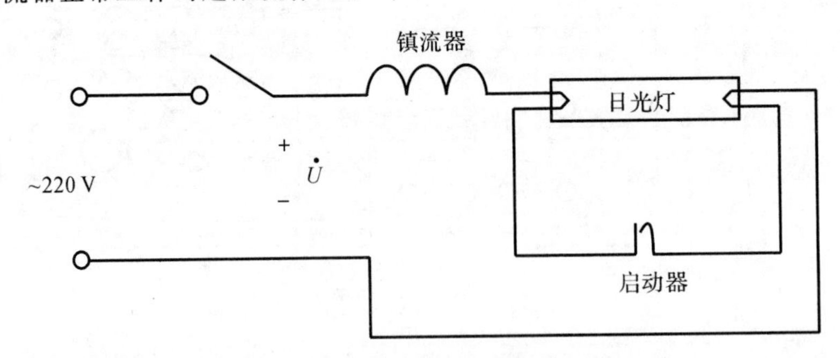

图 5-1　日光灯工作原理图

日光灯工作时整个电路可用图 5-2 所示等效串联电路来表示。

日光灯是一种感性负载，功率因数 $\cos\varphi$ 通常较低；它们的功率因数 $\cos\varphi$ 对电源的利用率影响很大。为了提高感性负载的 $\cos\varphi$ 值，通常采用并联电容器的方法，这种电容是一种无极性的大容量电力电容器。本实验可通过实际测量说明提高 $\cos\varphi$ 的方法。

四、实验仪器及设备

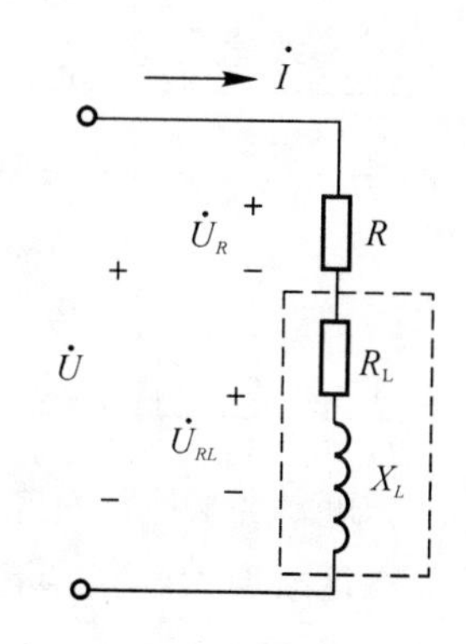

图5-2　日光灯工作等效电路

(1) 日光灯电路板。

(2) 补偿电容板。

(3) 交流电压、电流板(或单相电量仪)。

(4) 单相功率表(或单相电量仪)。

(5) 单相熔断器板。

五、实验任务

1. 观察日光灯的启动

按图5-3所示接好线路，接通电源，观察日光灯的启动过程。

2. 日光灯电路的测量

测量日光灯电路的端电压U，灯管两端电压U_R，镇流器两端电压U_{RL}，电路电流I以及总功率P，并将数据填入表5-1中。

表5-1　日光灯电路的测量

U	U_R	U_{RL}	I	P	$\cos\varphi$(测量值)	$\cos\varphi$(计算值)

3. 日光灯并联电容电路的测量

在日光灯电路两端并联电容，接线如图5-3所示。逐渐加大电容量，每改变一次电容量，都要测量端电压U、总电流I、日光灯电流I_{RL}、电容电流I_C、总功率P以及功率因数$\cos\varphi$，并将数据填入表5-2中。

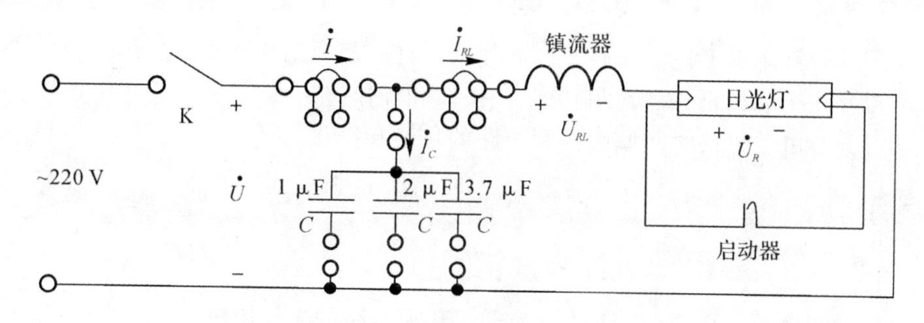

图5-3　日光灯并联电容电路

表5-2　日光灯并联电容电路的测量

C/μF	U/V	I/A	P/W	$\cos\varphi$(测量值)	$\cos\varphi$(计算值)
1					
2					
3					
3.7					

续表

C/μF	U/V	I/A	P/W	cosφ(测量值)	cosφ(计算值)
4.7					
5.7					
6.7					

4.观察并联谐振现象

在逐渐加大电容容量的过程中,注意观察并联谐振现象。

六、实验报告要求

(1) 根据实验任务中的要求,列出测量数据及计算结果,讨论和分析测量误差产生的原因。

(2) 并联电容提高 cosφ 时,电容的选择应考虑哪些原则?

(3) 并联电容后,哪些电量数值没有发生变化,哪些电量数值发生变化,如何变化。

(4) 根据实验数据,绘制日光灯实验电路的电压相量图和电流相量图,依据基尔霍夫定律解释支路电流大于总电流,部分电压大于总电压的实验现象。

(5) 讨论改善日光灯电路功率因数的意义。

实验 6 三相异步电动机的继电接触控制

一、实验目的

(1) 了解几种常用继电接触控制元件和保护元件的基本结构和工作原理。

(2) 学习异步电动机正、反转控制电路的接线和操作。

(3) 学习异步电动机按时间原则控制电路的接线和操作。

二、预习要求

(1) 分析自锁、联锁、失压、短路和过载保护环节的工作原理。

(2) 分析异步电动机正、反转控制及 Y-△ 转换电路的工作原理。

(3) 了解电动机星形和三角形接法。

三、原理与说明

1.所用电器说明

本实验所用主要电器是按钮、接触器、热继电器、时间继电器、闸刀开关以及熔断器等。其中各电器的线圈和触点已引出在实验板相应接线柱上。

连接继电控制电路时,要特别注意同一元件的不同部分(如接触器的线圈、常开触点、常闭触点)将分别出现在原理电路的不同处,但文字符号相同,连线时切勿张冠李戴。

2. 检查控制电路

(1) 断开电源，用万用表的电阻挡测量控制电路中各触点和线圈的电阻值，判别常开和常闭触点及线圈是否损坏。

(2) 实验电路接好以后，必须经任课老师检查后方可通电。如果电路不正常，应在断开电源的情况下，用万用表欧姆挡检查，排除其故障。故障排除后还必须经任课老师检查后方可接通电源开关，并观察整个电路工作是否正常。如果按下启动按钮后，电动机不转动或发出嗡嗡叫声，则应立即切断电源。然后断开三相异步电动机定子三绕组间的连接导线，但保留三个始端 U_1，V_1，W_1 与电源的连线，再闭合电源开关，按启动按钮，用电压表检查电动机上三相电源电压是否正常，以查出故障所在。

四、实验仪器及设备

(1) 三相交流电源(线电压 380 V)。

(2) 三相异步电动机。

(3) 电接触控制实验板。

五、实验任务

1. 点动控制

按图 6-1 所示电路接线。实验电路接好以后，必须经任课老师检查后方可通电。启动电动机后，观察各电器动作情况。本实验为了减小启动电流，应将电机定子绕组接成星形(降压运行)。

在点动控制的基础上，增加自锁实现直接连续运行的功能，或者同时实现点动和连续运行的功能，画出控制电路，并通过实验验证所设计控制电路能够达到要求。

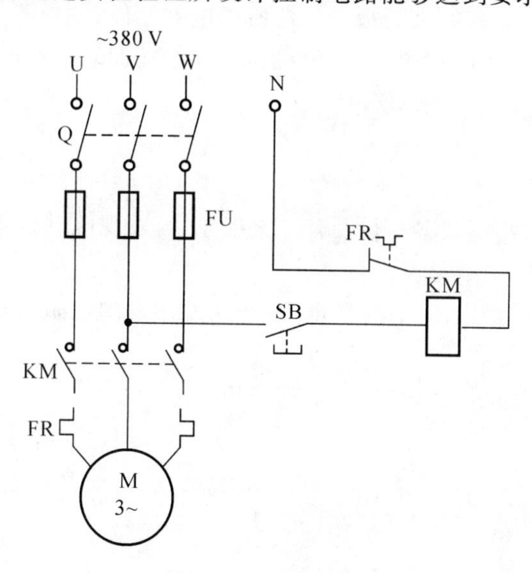

图 6-1　点动控制电路

2. 电动机正、反转控制

按图 6-2 所示电路接线。实验电路接好以后，必须经任课老师检查后方可通电。接通电源后，进行正转、停车、反转操作，观察电机的转向有何变化，并观察控制回路中自锁、联锁及失压保护的作用。**注意：反转操作应等电机减速后才允许进行！否则电流过大，损坏电机。**

为实现工业生产中频繁正反转控制功能，需要去掉停止操作，利用复合按钮设计满足此功能控制电路，绘制控制电路，并通过实验验证。

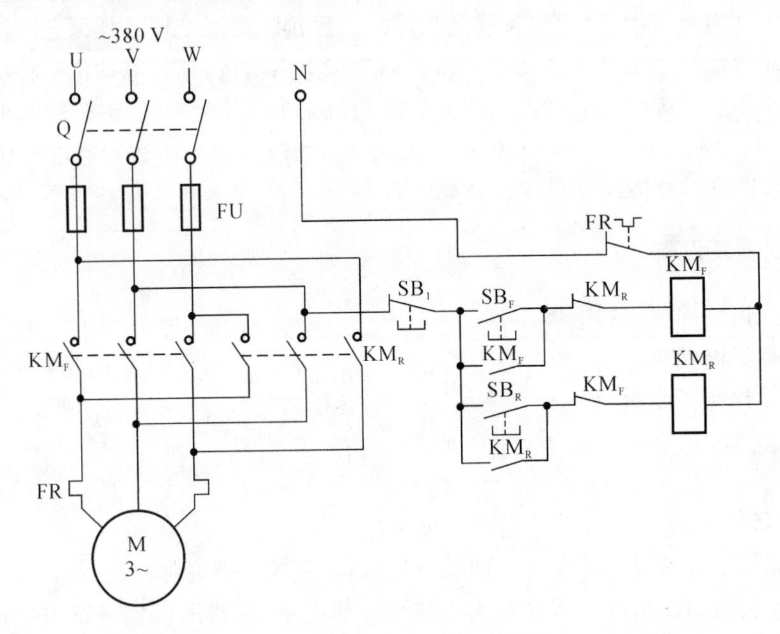

图 6-2　电动机正、反转控制电路

3. 实现电动机 Y-△ 变换延时启动

按图6-3所示电路接线。在实验板上认清所用电器元件，并弄清主电路和控制电路联线，将延迟时间调节到 3～5 s。实验电路接好以后，必须经任课老师检查后方可通电。启动电动机，观察动作顺序是否满足控制要求。

六、注意事项

(1) 启动电动机时要密切观察其是否有异常现象，若发现电动机不转或转动缓慢，发出嗡嗡声等情况，则应立即切断电源。

(2) 检查电路时，有时测电压，有时测电阻，在用万用表测电阻后，切记及时将转换开关置电压挡，否则会烧坏万用表。

(3) **接线、拆线及改接电路时，均应先切断电源。**

七、实验报告要求

(1) 简要说明电气互锁与机械互锁在控制功能上的区别。

(2) 绘制出设计的控制电路。

(3) 实验中遇到哪些故障？简述查找并排除故障的方法。

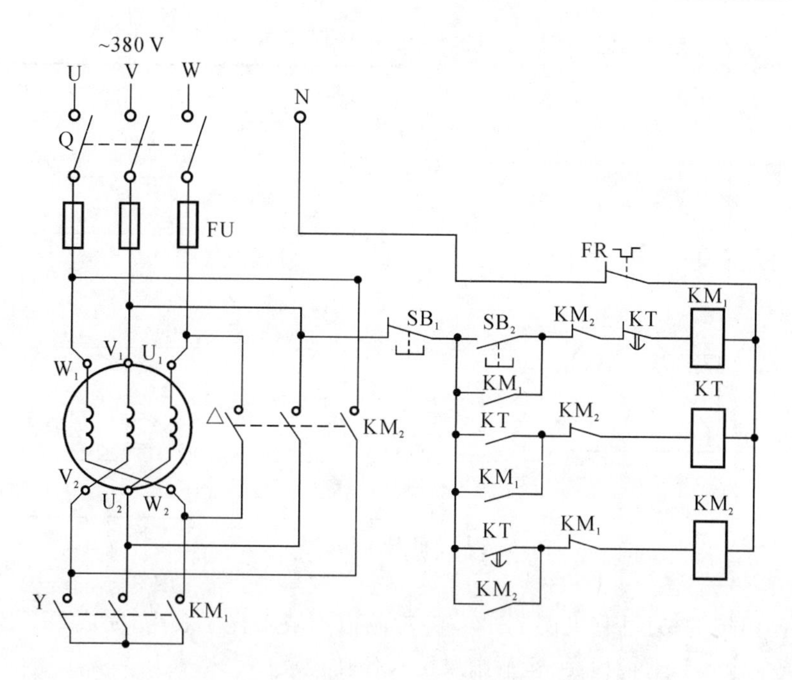

图6-3　电动机Y-△变换延时启动电路

实验7　PLC基本控制实验

一、实验目的

(1)学习和掌握可编程控制器编程器的键盘操作。

(2)学习可编程控制器编程器基本指令的编程,加深主要逻辑指令的理解。

(3)熟悉可编程控制器的使用。

二、预习要求

(1)学习可编程控制器编程器基本指令的编程方法(操作说明见附录1)。

(2)了解西门子PLC实验箱的结构和连接方法(参照附录2)。

三、实验仪器及设备

(1)西门子公司S7-200系列可编程控制器编程器实验箱。

(2)PC/PPI线缆。

(3)安装STEM7-Micro/WIN软件的电脑。

四、实验任务

(1)熟悉软件操作:将图7-1所示梯形图的对应指令填入程序表中,把指令通过编程器输入可编程控制器中,并熟悉插入和删除指令操作。

梯形图：

I0.0 T37 Q0.0
Q0.0
Q0.0 T37 IN TON
10 PT 100 ms

程序表：

地 址	指 令	操作数

图 7－1 梯形图和程序表(一)

(2)根据已给定的梯形图(见图 7－2)，将对应指令填入程序表中，完成 PLC 输入、输出端的连线。将指令输入后运行程序，运行结果填入各功能表中。

(a)梯形图：

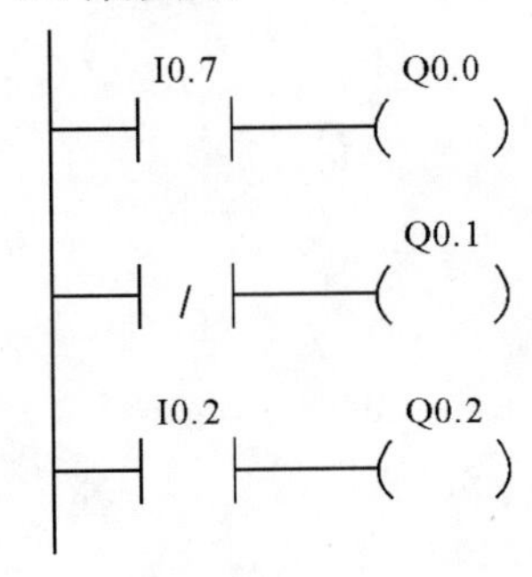

(b)梯形图：

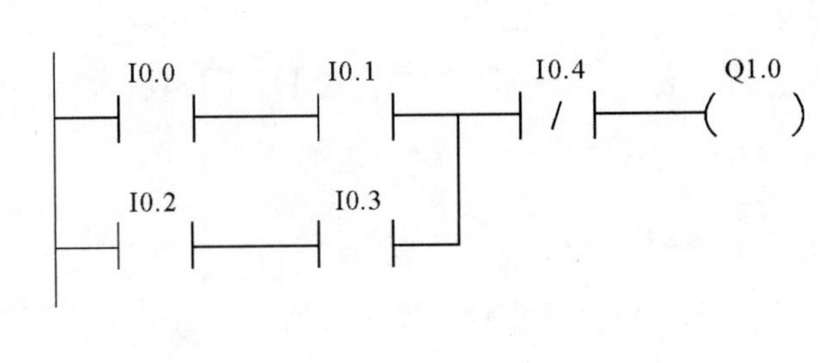

(a)程序表：

地 址	指 令	操作数

(b)程序表：

地 址	指 令	操作数

图 7－2 梯形图的程序表(二)

(a)功能表：

地　址	指　令	操作数
I0.7	ON	OFF
Q0.0		
I0.2	ON	OFF
Q0.1		
Q0.2		

(b)功能表：

I0.0	ON	ON	OFF	ON	X
I0.1	ON	OFF	OFF	OFF	X
I0.2	OFF	ON	ON	OFF	X
I0.3	OFF	OFF	OFF	ON	X
I0.4	OFF	OFF	ON	OFF	ON
Q1.0					

续图7-2　梯形图和程序表(二)

(3)输入如下程序(见图7-3)，观察运行结果，监视各定时器或计数器的内容及状况，画出对应的输入输出波形。

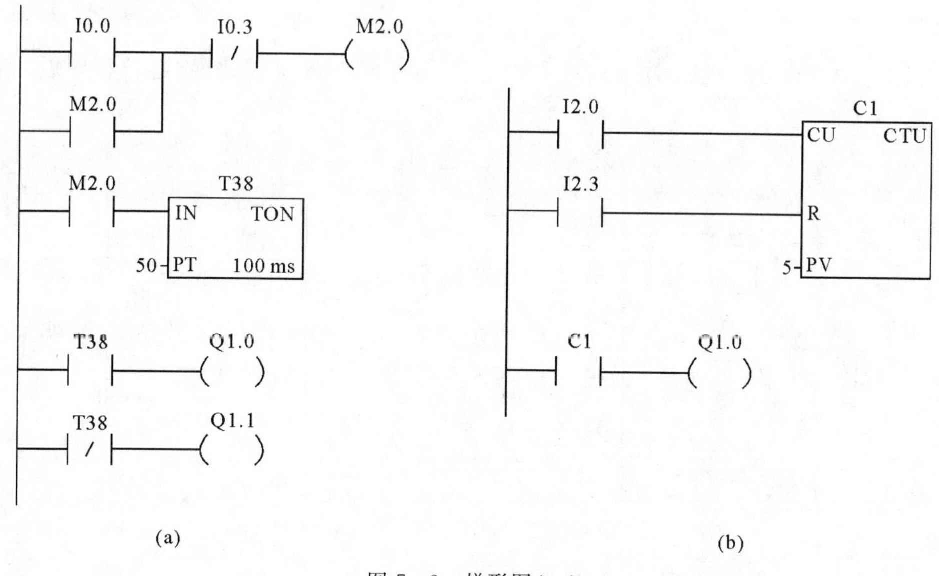

图7-3　梯形图(一)

画出输入、输出的时序图：

I0.0 ________________

I0.3 ________________

T38 ________________

Q1.0 ________________

Q1.1 ________________

画出输入、输出的时序图：

I2.0 ________________

I2.3 ________________

C1 ________________

Q1.0 ________________

(4)按梯形图 7-4 输入程序，运行后，指出该电路的功能。

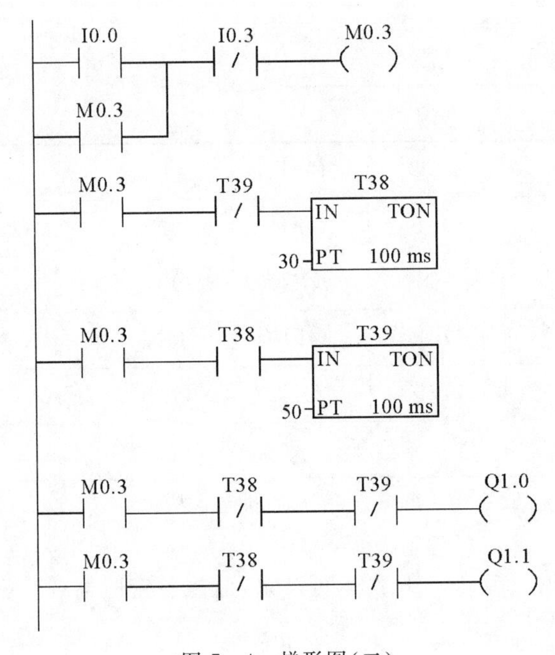

图 7-4　梯形图(二)

(5)以下 3 个梯形图(见图 7-5)，可完成定时器/计数器的扩展，分别运行程序后，指出延时时间或计数值。

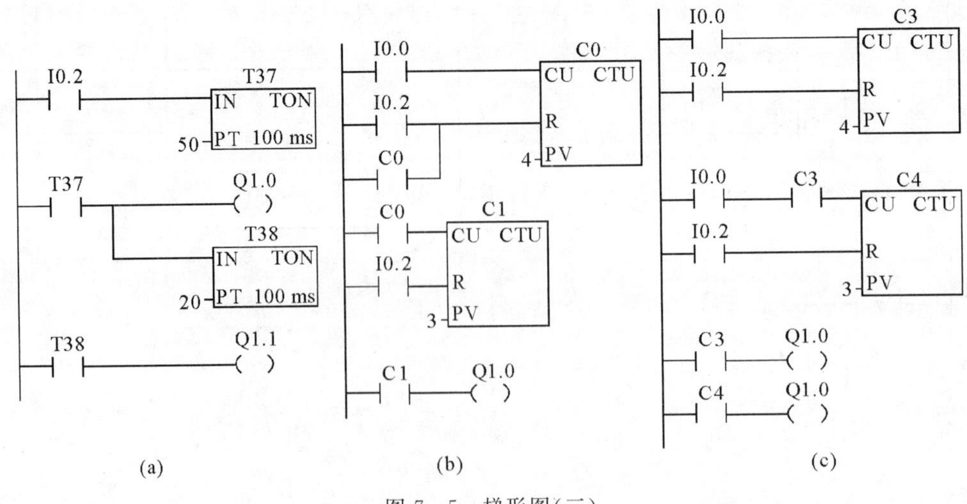

图 7-5　梯形图(三)

*(6)已知输入、输出时序图如图 7-6 所示,试用定时器设计一梯形图,完成图示逻辑功能。

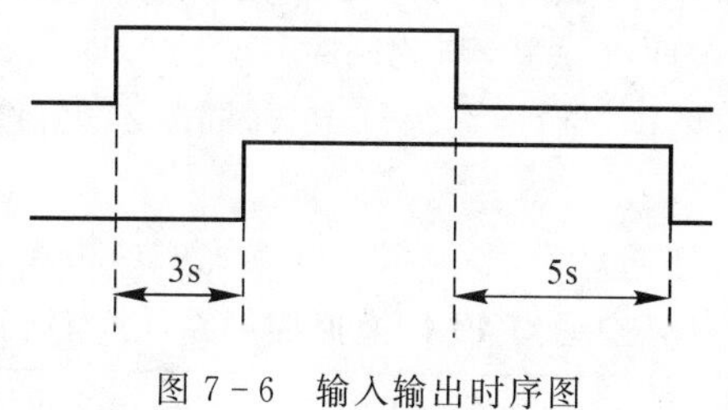

图 7-6　输入输出时序图

五、实验报告要求

按照实验项目要求,写出对应的指令表、功能表,画出相应的工作波形图以及梯形图。

实验8　PLC典型控制实验

一、实验目的

(1)熟悉 STEM7 - Micro/WIN 软件的使用

(2)学习可编程控制器编程器基本指令的编程,加深主要逻辑指令的理解。

(3)熟悉可编程控制器的使用。

二、预习要求

(1)学习可编程控制器编程器基本指令的编程方法(操作说明请见附录1)。

(2)了解天塔之光、交通灯控制、装配流水线控制、舞台灯光等模拟电路结构及系统的输入、输出,了解它们的控制逻辑。

三、实验仪器及设备

(1)西门子公司 S7-200 系列可编程控制器编程器实验箱。

(2)PC/PPI 线缆。

(3)安装了 STEM7 - Micro/WIN 软件的电脑。

四、实验任务

1. 交通灯的模拟控制(见图 8-1)

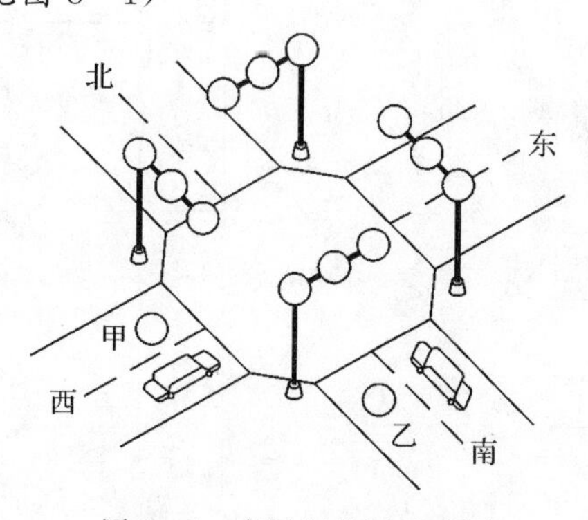

图 8-1　交通灯控制示意图

(1)控制要求:启动后,南北红灯亮并维持 25 s。在南北红灯亮的同时,东西绿灯也亮;1 s 后,东西车灯(即甲)亮;到 20 s 时,东西绿灯闪亮;3 s 后熄灭,在东西绿灯熄灭后东西黄灯亮,同时甲灭;黄灯亮 2 s 后灭,东西红灯亮,与此同时,南北红灯灭,绿灯亮;1 s 后,南北车灯(即乙)亮;南北绿灯亮 25 s 后闪亮;3 s 后南北绿灯熄灭,同时乙灭;黄灯亮 2 s 后熄灭,南北红灯亮,东西绿灯亮,循环。

(2)I/O 分配:表 8-1 为交通灯 PLC 模拟控制系统 I/O 分配表。

表 8-1 交通灯 PLC 模拟控制系统 I/O 分配表

输 入	输 出
起动按钮:I0.0	南北红灯: Q0.0
	南北黄灯: Q0.1
	南北绿灯: Q0.2
	东西红灯: Q0.3
	东西黄灯: Q0.4
	东西绿灯: Q0.5
	南北车灯(乙):Q0.6
	东西车灯(甲):Q0.7

(3)按图 8-2 所示梯形图输入程序,并运行程序检测控制逻辑。

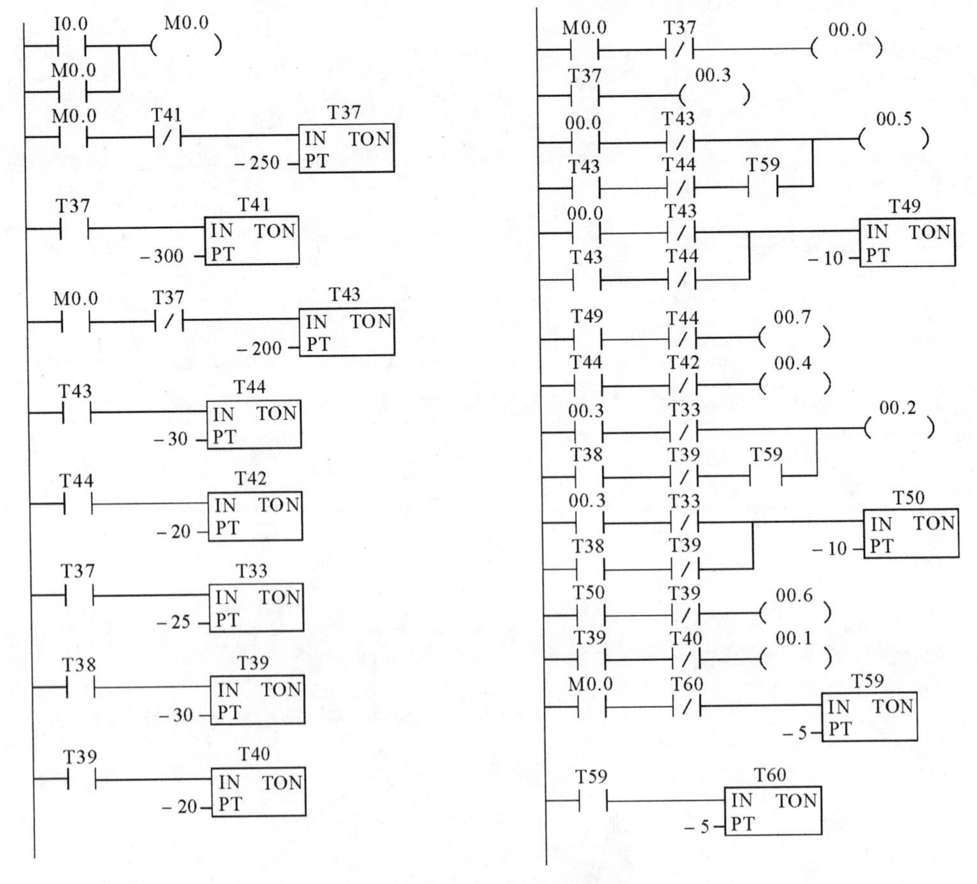

图 8-2 交通灯控制梯形图

2. 液体混合的模拟控制

(1)控制要求:按下启动按钮,电磁阀 Y1 闭合,开始注入液体 A,按 L2,表示当液体到了 L2 的高度时,停止注入液体 A。同时电磁阀 Y2 闭合,注入液体 B,按 L1,表示当液体到了 L1 的高度时,停止注入液体 B。开启搅拌机 M,搅拌 4 s 后停止。同时 Y3 闭合,开始放出液体,按 L3 至液体高度为 L3 时,再经 2 s 停止放出液体,随后再注入液体 A。开始循环。当按停止按扭,所有操作都停止,需重新启动(见图 8 - 3)。

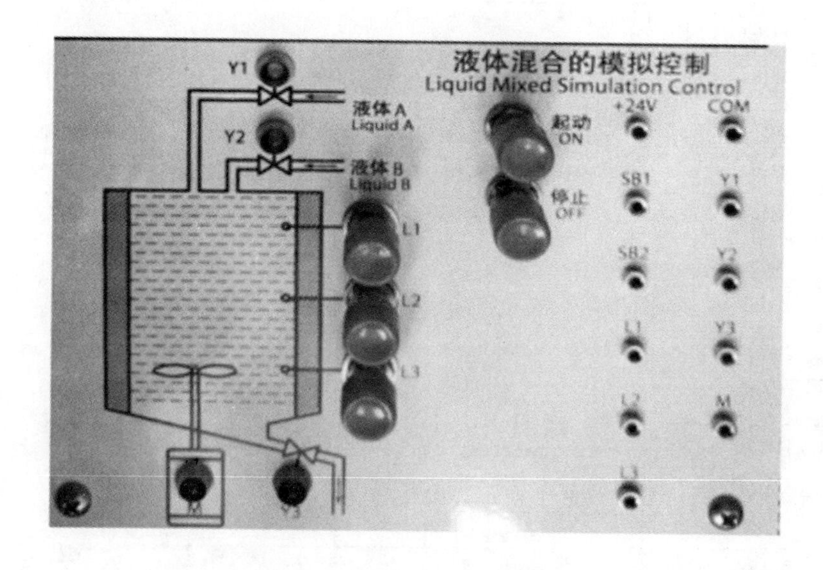

图 8 - 3　液体混合控制示意图

(2)I/O 分配。表 8 - 2 为液位混合控制系统 I/O 分配表。

表 8 - 2　液位混合控制系统 I/O 分配表

输　入	输　出
起动按钮:I0.0	Y1:Q0.1
停止按钮:I0.4	Y2:Q0.2
L1 按钮: I0.1	Y3:Q0.3
L2 按钮: I0.2	M:Q0.4
L3 按钮: I0.3	

(3)按图 8 - 4 所示的梯形图输入程序,调试并运行程序。

3. 五相步进电机的模拟控制

(1)控制要求:按下启动按钮 SB1,A 相通电(A 亮)→B 相通电(B 亮)→C 相通电(C 亮)→D 相通电(D 亮)→E 相通电(E 亮)→A→AB→B→BC→C→CD→D→DE→E→EA→A→B……循环下去。按下停止按扭 SB2,所有操作都停止,需重新启动(见图 8 - 5)。

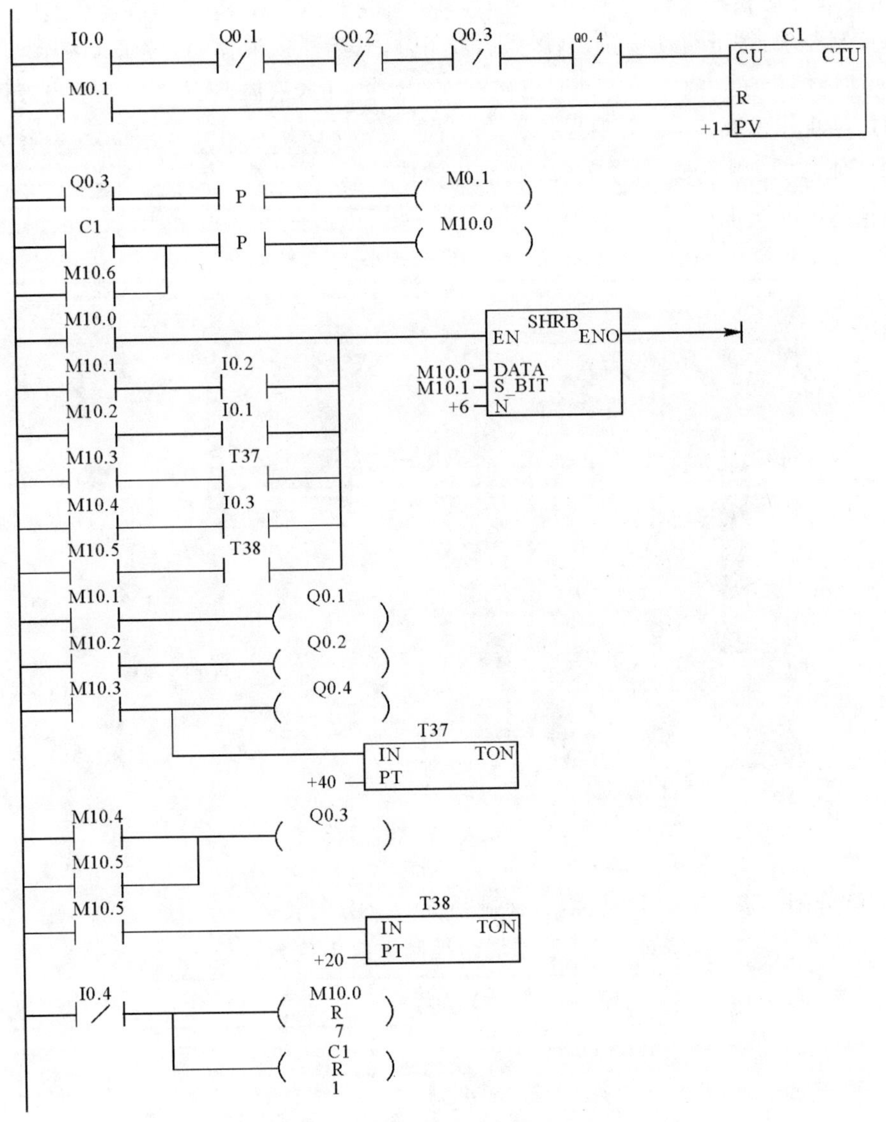

图 8-4 液体混合控制梯形图

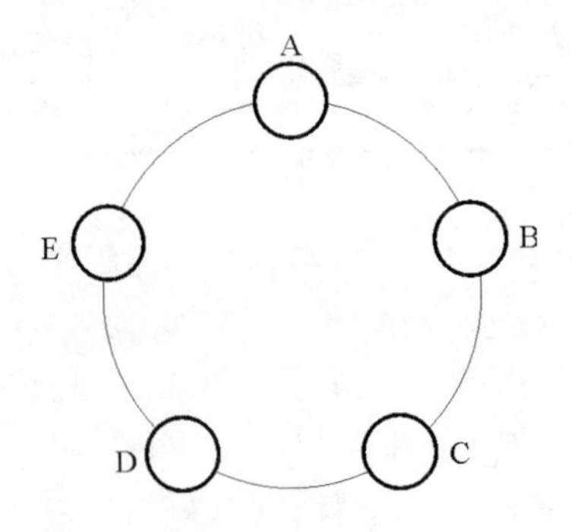

图 8-5 五相步进电机控制示意图

(2)I/O 分配。表 8-3 为五相步进电机 PLC 模拟控制系统 I/O 分配表。

表 8-3 五相步进电机 PLC 模拟控制系统 I/O 分配表

输 入	输 出
起动按钮:I0.0	A:Q0.1
停止按钮:I0.1	B:Q0.2
	C:Q0.3
	D:Q0.4
	E:Q0.5

(3)按图 8-6 所示的梯形图输入程序,调试并运行程序。

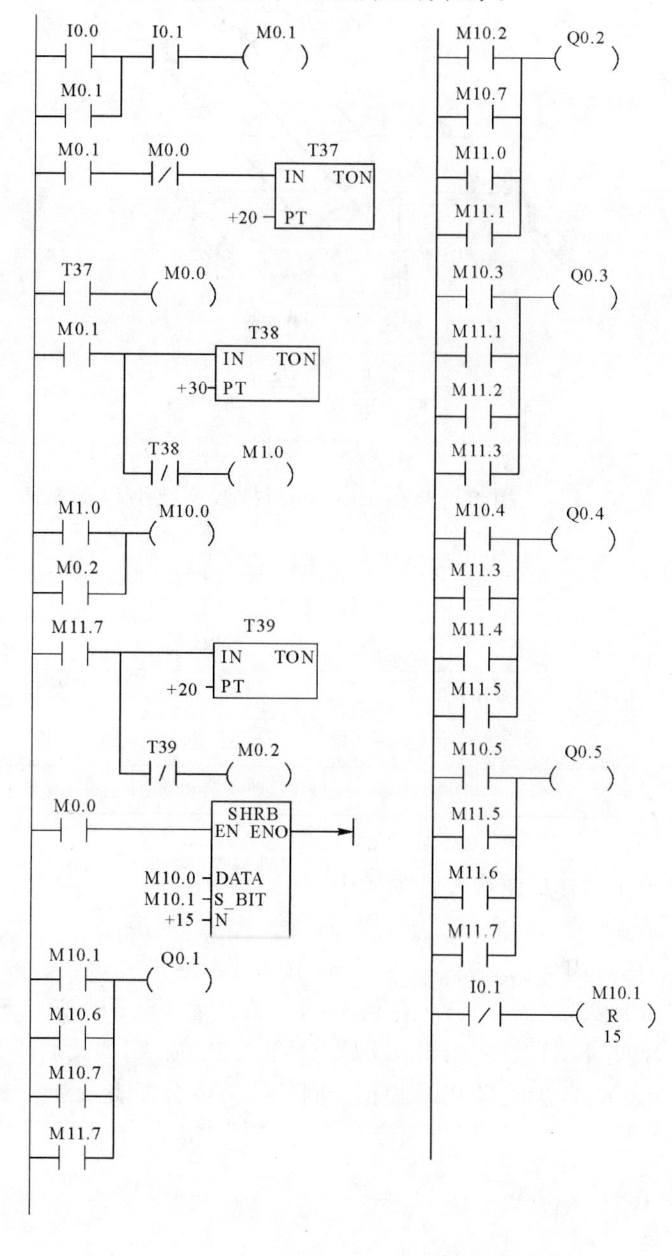

图 8-6 五相步进电机控制梯形图

4. 轧钢机的模拟控制

(1)控制要求:当启动按扭按下,电动机 M1,M2 开始运行,按 S1 表示检测到物件,电动机 M3 正转,即 M3F 亮。再按 S2,电动机 M3 反转,即 M3R 亮,同时电磁阀 Y1 动作。再按 S1,电动机 M3 正转。重复经过三次循环,再按 S2 时,则停机一段时间(3s),取出成品后,继续运行,不需要按启动按钮。在按下停止按钮后,必须按启动按钮后方可运行。必须注意不先按 S1,而直接按 S2 将不会有动作,图 8-7 所示为轧钢机控制示意图。

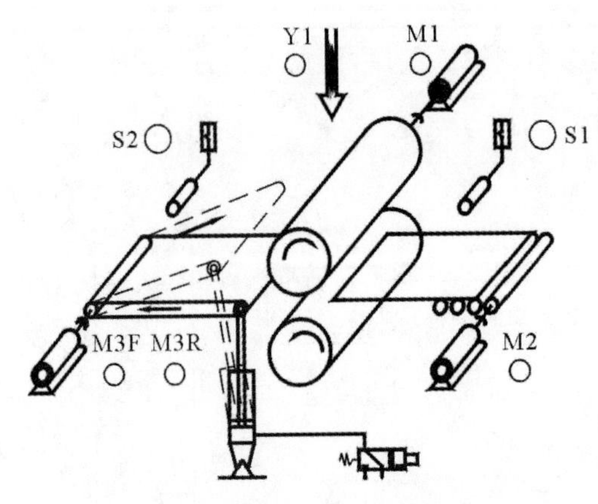

图 8-7　轧钢机控制示意图

(2)I/O 分配。表 8-4 为五相步进电机 PLC 模拟控制系统 I/O 分配表。

表 8-4　五相步进电机 PLC 模拟控制系统 I/O 分配表

输　入	输　出
起动按钮:I0.0	M1:Q0.0
停止按钮:I0.3	M2:Q0.1
S1 按钮:I0.1	M3F:Q0.2
S2 按钮:I0.2	M3R:Q0.3
	Y 1:Q0.4

(3)按图 8-8 所示的梯形图输入程序,调试并运行程序。

5. 喷泉的模拟控制

(1)控制要求。隔灯闪烁:L1 亮 0.5 s 后灭,接着 L2 亮 0.5 s 后灭,接着 L3 亮 0.5 s 后灭,接着 L4 亮 0.5 s 后灭,接着 L5、L9 亮 0.5 s 后灭,接着 L6、L10 亮 0.5 s 后灭,接着 L7、L11 亮 0.5 s 后灭,接着 L8、L12 亮 0.5 s 后灭,L1 亮 0.5 s 后灭,如此循环下去(见图 8-9)。

(2)I/O 分配。表 8-5 为喷泉 PLC 模拟控制系统 I/O 分配表。

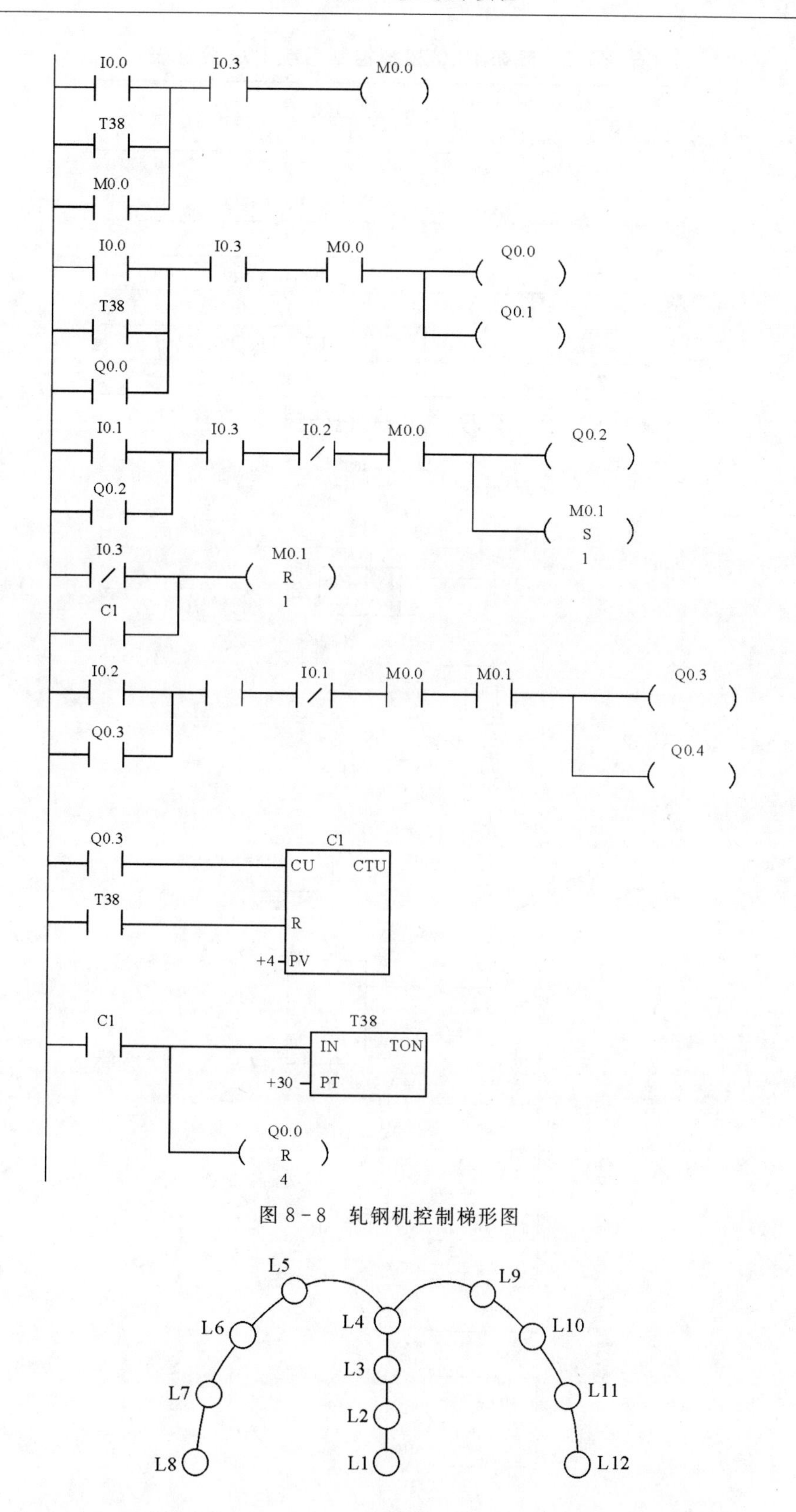

图8-8　轧钢机控制梯形图

图8-9　喷泉控制示意图

表 8－5　喷泉 PLC 模拟控制系统 I/O 分配表

输　入	输　出
起动按钮：I0.0	L1：Q0.0
停止按钮：I0.1	L2：Q0.1
	L3：Q0.2
	L4：Q0.3
	L5、L9：Q0.4
	L6、L10：Q0.5
	L7、L11：Q0.6
	L8、L12：Q0.7

(3)按图 8－10 所示的梯形图输入程序，调试并运行程序。

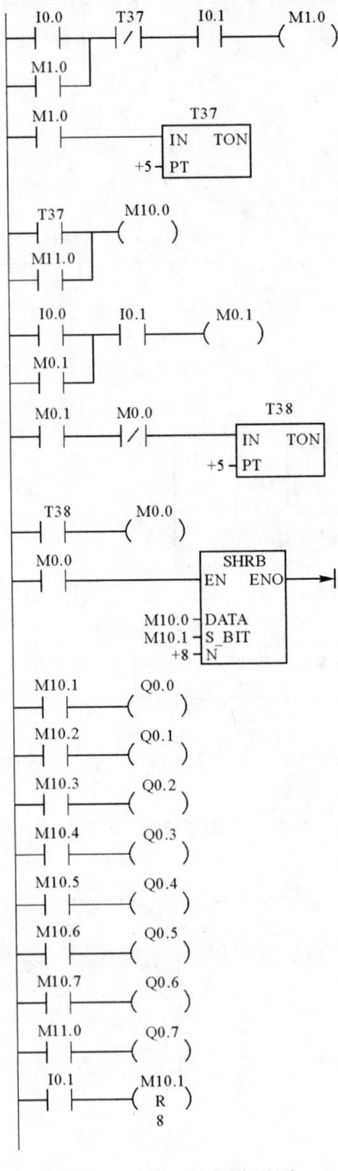

图 8－10　喷泉梯形图

五、实验报告要求

按照实验项目要求，写出对应的指令表、功能表，画出相应的工作波形图以及梯形图，用文字描述控制过程。

第2部分　电子技术实验

实验9　直流稳压电源实验

一、实验目的

(1)熟悉用半导体器件构成直流稳压电源的电路组成及各器件的作用。

(2)学习使用示波器观察电路各部分工作波形,并掌握测量波形参数的方法。

(3)了解二极管、稳压管、集成稳压器的用途、性能指标和使用方法。

二、预习要求

(1)了解整流、滤波及稳压电路的工作原理。

(2)了解稳压电源输出电压由何种因素决定。

(3)了解利用万用表对二极管进行极性判断和质量判别。

(4)了解二极管稳压电路工作原理,并简述稳压二极管和限流电阻的选择依据。

三、原理与说明

电子设备一般都需要直流电源供电,除少数直接利用干电池和直流发电机外,大多采用把交流电(市电)转换成直流电的直流稳压电源。直流稳压电源由电源变压器、整流、滤波和稳压电路四部分组成,其原理框图如图9-1所示。电网提供的交流电压(220 V,50 Hz)经电源变压器降压后,得到符合电路要求的交流电压 u_1,u_1 由整流电路变换成方向不变、大小随时间变化的脉动直流电压 u_2,u_2经滤波器滤去其交流分量,就可得到比较平直的直流电压 u_3,但 u_3 还会随交流电网电压的波动或负载的变化而变化。在对直流供电要求较高的场合,还需要稳压电路对 u_3 进行稳压,以保证输出的直流电压 U_o 稳定。

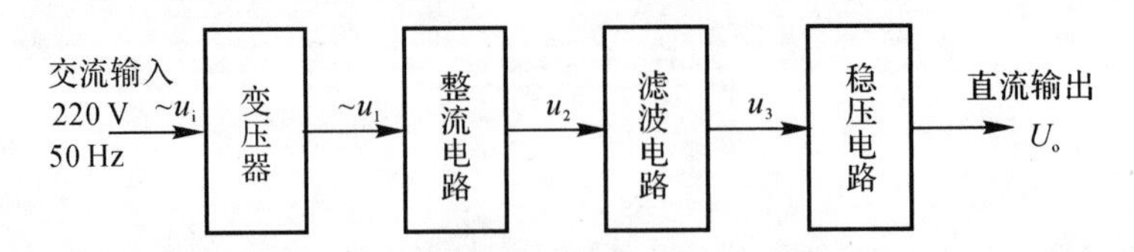

图9-1　直流稳压电源原理框图

在桥式全波整流、桥式全波滤波及稳压电路中,整流桥是集成电路,其内部由4个二极管组成桥式全波整流电路,对外引出的4个管脚上分别标注有交流电压输入端、整流后的直流输出端。实际使用时要注意整流桥的耐压和工作电流的大小是否满足电路要求。

7805为三端式集成稳压器,这种集成稳压器的输出电压是固定的,在使用中不能进行调整。W78 系列三端稳压器输出正极性电压，一般有 5 V，6 V，8 V，9 V，10 V，12 V，15 V，18 V，24 V，输出电流最大可达 1.5 A（加散热片）。若要求输出负电压，可选用 W79 系列稳压器。图 9-2 所示是 7805 的外形和 3 个引出端，其中：1 为输入端（不稳定直流电压输入端）；2 为输出端（稳定直流电压输出端）；3 为公共端。

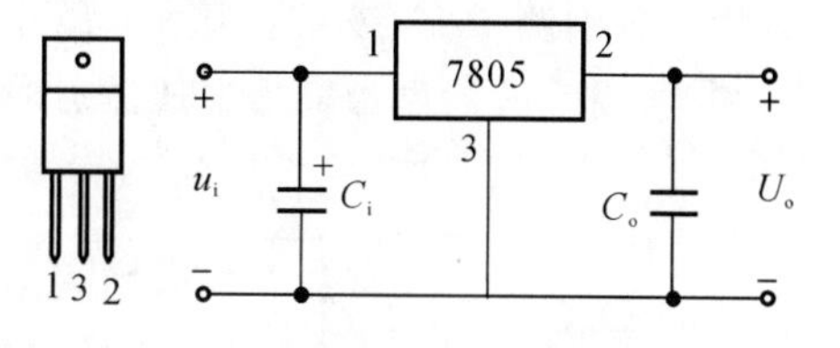

图 9-2　7805 外形及其 3 个引出端

它的主要参数有：输出直流电压 $U_o=5\ V\pm5\%$；输入电压 $U_i=10$ V；最小输入电压 $U_{imin}=7.5$ V；最大输入电压 $U_{imax}=35$ V；电压最大调整率 $S_u=50$ mV；静态工作电流 $I_o=6$ mA；最大输出电流 $I_{omax}=1.5$ A；输出电压温漂 $S_T=0.6$ mV/℃。

四、实验仪器及设备

（1）DS1052D 型双踪示波器。

（2）FLUKE17 型数字万用表。

（3）模拟电路实验箱。

五、实验任务

1. 半波整流、滤波电路测量

分别按图 9-3 和图 9-4 所示电路接线，用数字万用表分别测量 u_1（交流电压）和 R_L 两端电压（直流电压），用示波器观测负载电阻 R_L 两端电压波形，并将测量结果填入表 9-1，其中要求至少按比例画出两个周期电压波形。

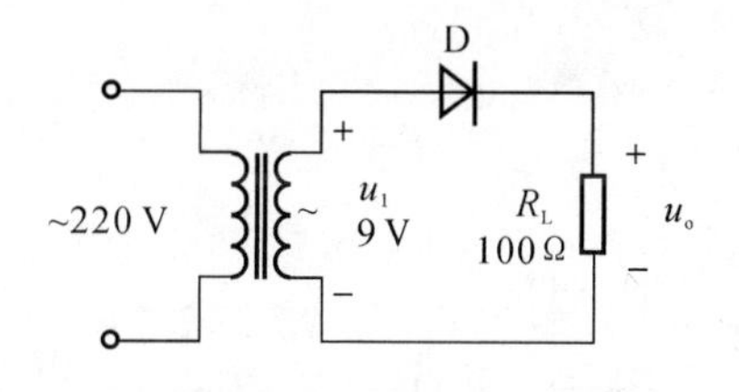

图 9-3　半波整流电路

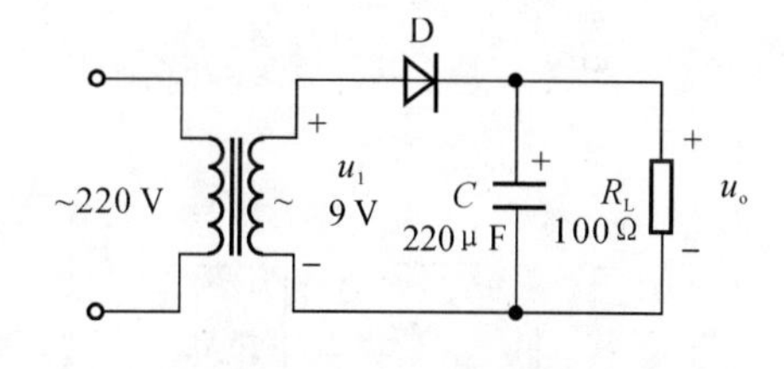

图 9-4　半波滤波电路

表 9-1　半波整流、滤波电路测量

电路形式	U_1	输出电压 U_o	输出电压 U_o 波形
图 9-3			u_o O t
图 9-4			u_o O t

2. 桥式全波整流、滤波电路测量

分别按图 9－5 和图 9－6 所示电路接线，用示波器观测负载电阻 R_L 两端电压波形，用数字万用表分别测量 u_1（交流电压）和 R_L 两端电压（直流电压），并将测量结果填入表 9－2 中。

注意：用示波器测量输出电压波形时，请勿同时测量输入电压波形。

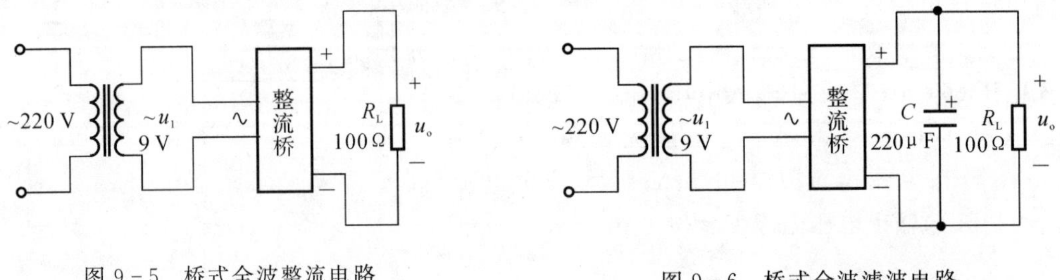

图 9－5　桥式全波整流电路

图 9－6　桥式全波滤波电路

3. 稳压二极管稳压与集成稳压器稳压电路测量

分别按图 9－7 和图 9－8 所示电路接线，按要求改变图中负载电阻 R_L 的阻值，比较当负载 R_L 发生变化时，D_Z 和 7805 的稳压效果，并将测量结果填入表 9－2 中。

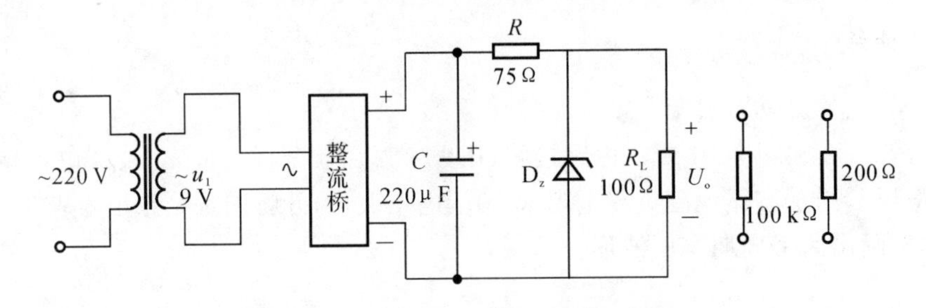

图 9－7　稳压二极管稳压电路

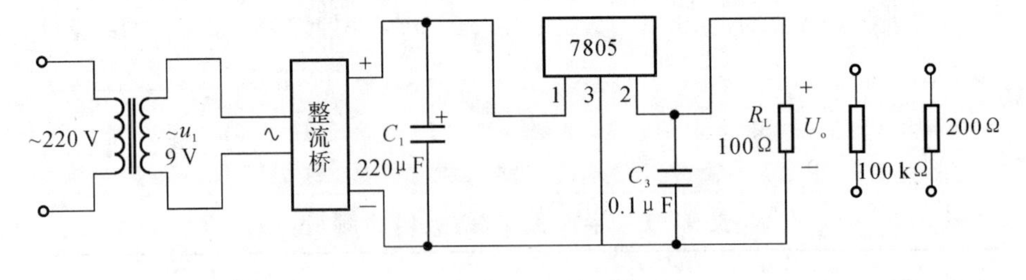

图 9－8　集成稳压器稳压电路

表 9－2　桥式全波整流、滤波及稳压电路测量

电路形式	输出电压 U_o	输出电压 U_o 波形
图 9－5		u_o ↑ O → t

续 表

电路形式		输出电压 U_o	输出电压 U_o 波形
图 9 - 6			
图 9 - 7	$R_L=100\ \Omega$		
	$R_L=200\ \Omega$		
	$R_L=100\ k\Omega$		
图 9 - 8	$R_L=100\ \Omega$		
	$R_L=200\ \Omega$		
	$R_L=100\ k\Omega$		

六、实验报告要求

(1)整理实验记录的数据和波形图。

(2)计算图 9 - 3～图 9 - 6 中的输出电压 U_o 与变压器副边电压有效值 U_1 的比值，比较其与理论值是否相同，并说明原因。

(3)试比较两种稳压电路的稳压效果。

实验 10　单管交流电压放大器

一、实验目的

(1)学习放大器静态工作点的测量方法。

(2)学习放大器电压放大倍数、输入和输出电阻的测量方法。

(3)了解静态工作点对放大器性能的影响。

(4)熟悉常用电子仪器的使用。

二、预习要求

(1)估算本实验单管交流电压放大电路的静态工作点。

(2)分析哪些参数会影响放大器静态工作点。

(3)分析实验电路中负反馈的类型。

三、原理与说明

1. 单管交流电压放大电路的构成

图 10－1 所示为共发射极单管交流电压放大电路。其中 R_{B1} 和 R_{B2} 构成分压式偏置电路，R_E 只对发射极电流中的直流分量起负反馈的作用，以稳定放大器的静态工作点。C_1，C_2 为耦合电容，其作用为：①阻断信号源与放大器、放大器与负载之间的直流通路，从而不影响放大器的静态工作点；②实现信号源与放大器、放大器与负载之间的交流耦合。C_E 为交流旁路电容，它旁路发射极电流中的交流分量，从而不对交流信号提供反馈。当放大器工作时，输入端输入交流信号 u_i 后，在放大器的输出端即可测得一个与 u_i 相位相反、幅值被放大的输出信号 u_o。该电路的理论分析如下：

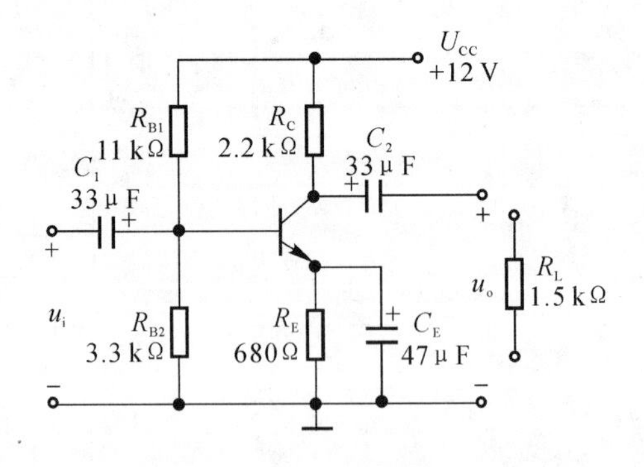

图 10－1　共发射极单管交流电压放大电路

(1)静态工作点估算：

$$V_B \approx \frac{R_{B2}}{R_{B1}+R_{B2}} U_{CC} \qquad (10-1)$$

$$I_E=\frac{V_B-U_{BE}}{R_E}\approx I_C \tag{10-2}$$

$$U_{CE}=U_{CC}-I_CR_C-I_ER_E \tag{11-3}$$

(2)动态参数计算：

$$r_{be}=200+(1+\beta)\frac{26(\mathrm{mV})}{I_E(\mathrm{mA})}=200+\frac{26}{I_B} \tag{10-4}$$

$$r_i=R_{B1}/\!/R_{B2}/\!/r_{be} \tag{10-5}$$

$$r_o=R_C \tag{10-6}$$

$$A_u=-\beta\frac{R_L'}{r_{be}} \tag{10-7}$$

式中，$R_L'=R_L/\!/R_C$。

2.静态工作点分析

图 10－2 所示为放大器负载线、工作点及失真波形示意图。图中实线为直流负载线，虚线为交流负载线。放大器正常工作时，工作点应选在直流负载线的中点附近（见图中点 Q），若点 Q 偏高（见图中点 Q_1），当放大器有交流输入信号 u_i 时，易使输出信号 u_o 产生饱和失真（如图 10－2 所示）；若点 Q 偏低（见图中点 Q_2），当放大器有交流输入信号 u_i 时，易使输出信号 u_o 产生截止失真（如图 10－2 所示）。但当放大器静态工作点偏离交流负载线中点时，输出信号是否失真还和输入信号的幅度有关。一般情况下，输入信号的幅值越大越易产生波形失真。影响静态工作点的参数有 U_{CC}，R_C，R_E，R_B（R_{B1} 和 R_{B2}）。

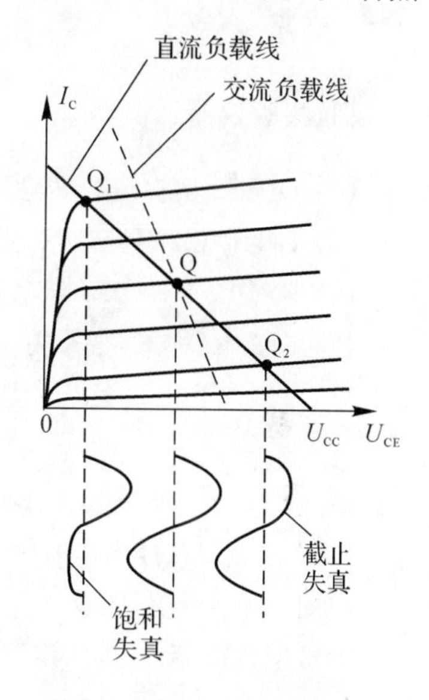

图 10－2　放大器负载线、工作点及失真波形示意图

3.放大电路各参数的测量

(1)静态参数的测量：

1)用万用表直流电压挡测出晶体管基极(B)、发射极(E)和集电极(C)各点的电位 V_B，V_E 和 V_C。

2)静态值用如下公式求出：

$$I_C=(U_{CC}-V_C)/R_C \tag{10-8}$$

$$I_E=V_E/R_E \tag{10-9}$$

$$U_{CE}=V_C-V_E \tag{10-10}$$

$$I_B=I_C/\beta \tag{10-11}$$

测量时为了减小误差，应选电压挡内阻比较高的万用表。

(2)动态参数的测量(A_u，r_i 和 r_o)：

1)电压放大倍数 A_u：调整放大器到合适的静态工作点，然后在输入端加入交流信号 u_i，在输出信号 u_o 不失真的情况下，测出 u_i 和 u_o 的有效值 U_i 和 U_o，则电压放大倍数为

$$A_u=-\frac{U_o}{U_i} \tag{10-12}$$

2)输入电阻 r_i：为了测出放大器的输入电阻，在信号源与放大器输入端之间串入一个已知电阻 R，如图 10－3 所示。测量时，应使放大器工作在放大区，并用交流电压表测出 U_s 和 U_i。根据输入电阻的定义有

$$r_i=\frac{U_i}{I_i}=\frac{U_i}{U_s-U_i}R \tag{10-13}$$

3)输出电阻 r_o:如图 10-4 所示,在输入 U_i 不变的条件下,分别测出放大器输出端开路电压 U_o 和接入负载 R_L 后的输出电压 U_L,则

$$r_o=\frac{U_o-U_L}{U_L}R_L \tag{10-14}$$

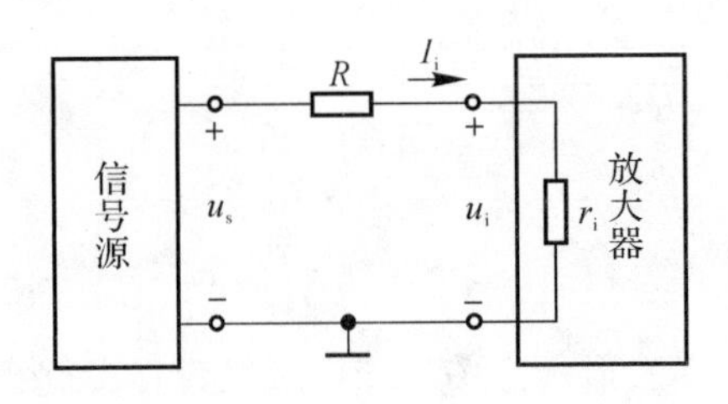

图 10-3　输入电阻测量电路

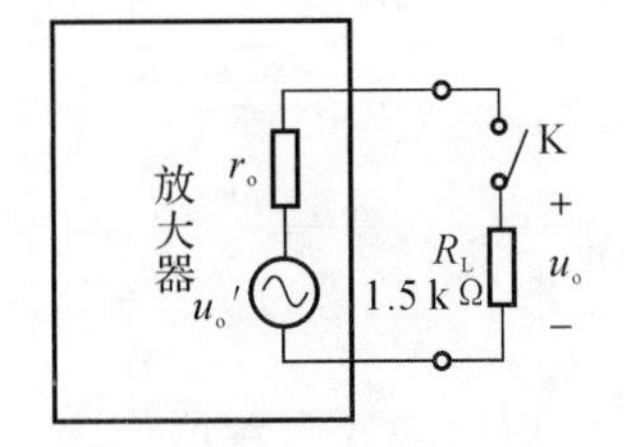

图 10-4　输出电阻测量电路

四、实验仪器及设备

(1) DP832 型直流稳压电源。

(2) DG1022Z 型函数信号发生器。

(3) DS1052D 型双踪示波器。

(4) FLUKE17 型数字万用表。

(5)自制单管交流放大器实验板。

五、实验任务

1. 测量放大器静态工作点

按图 10-1 所示参数,在实验板上接好电路,接通+12 V 直流电源,用数字万用表直流电压挡测量 V_B,V_E 和 V_C,并将测量值填入表 10-1 中根据式(10-8)～式(10-11)可计算出 I_B,I_C 和 U_{CE}。

表 10-1　放大器静态工作点的测量

实验板编号:________

测量值				计算值		
V_B/V	V_E/V	V_C/V	β	I_B/μA	I_C/mA	U_{CE}/V

2. 测量放大器电压放大倍数 A_u

将函数发生器输出信号接入放大器的输入端,打开函数发生器电源开关,选择正弦波输出,调节信号源使输出电压的 $f=3$ kHz,有效值为 10 mV。如果输入信号调整不到 10 mV,可采用电阻分压的方式。分别测量放大器空载和带负载时的输出电压 U_o 和 U_L,并用示波器观测其波形,结果填入表 10-2 中。

表 10－2　放大器电压放大倍数的测量

负载 R_L	输入电压 U_i	输出电压	波形	放大倍数 A_u
∞	10 mV	U_o＝______ mV	u_o O t	
1.5 kΩ	10 mV	U_L＝______ mV	u_o O t	

3. 观测静态工作点对输出电压 U_o 的影响

(1)改变 R_{B1}，按表 10－3 要求测量数据。

表 10－3　改变 R_{B1} 对输出电压的影响实验测量

R_C＝2.2 kΩ，$R_L\to\infty$				计　算	
R_{B1}	V_C(静态值)	V_E(静态值)	波　形	I_C	$U_{CE}=V_C-V_E$
36 kΩ	______ V	______ V	u_o O t	______ mA	______ V
8.2 kΩ	______ V	______ V	u_o O t	______ mA	______ V

(2)改变 R_C，按表 10－4 要求测量数据。

表 10－4　改变 R_C 对输出电压的影响实验测量

R_{B1}＝11 kΩ，$R_L\to\infty$				计　算	
R_C	V_C(静态值)	V_E(静态值)	波形	I_C	$U_{CE}=V_C-V_E$
2.7 kΩ	______ V	______ V	u_o O t	______ mA	______ V
1 kΩ	______ V	______ V	u_o O t	______ mA	______ V

4. 测量放大器输入电阻 r_i

电路如图 10－3 所示。测量时在放大器输入端串入 R＝1 kΩ 的电阻，按表 10－5 要求测量数据。

表 10－5　放大器输入电阻的测量

$R_{B1}=11\ k\Omega, R_C=2.2\ k\Omega, R_L\to\infty$		
信号源电压 U_s	放大器输入电压 U_i	$r_i=(U_i/(U_s-U_i))R$
10 mV	________ mV	________ Ω

5. 测量放大器输出电阻 r_o

将表 10－2 所测的 U_o 和 U_L 填入表 10－6 中，计算放大器的输出电阻 r_o。

表 10－6　放大器输出电阻的测量

放大器输入电压 U_i	$U_o(R_L\to\infty)$	$U_L(R_L=1.5\ k\Omega)$	$r_o=((U_o-U_L)/U_L)R_L$
10 mV	________ mV	________ mV	________ Ω

六、实验报告要求

(1)整理实验数据和波形，分析静态值 I_C 和 U_{CE} 对波形失真的影响，并分析波形失真的性质。

(2)根据测量值计算放大器静态值 I_B，I_C 和 U_{CE}，并和理论值进行比较，分析误差产生的原因。

(3)根据实验板上给出的 β 值和实验电路的参数，计算出电压放大倍数 A_u、输入电阻 r_i 和输出电阻 r_o，并和实测值进行比较，分析误差原因。

(4)总结 R_{B1}，R_C 和静态工作点对放大器工作状态的影响。

实验 11　集成运算放大器的基本运算电路

一、实验目的

(1)学习用运算放大器作反相、同相、差动输入运算及构成反相加法器、同相跟随器时的基本接线和运算关系。

(2)学习用运算放大器构成积分器、微分器时的接线、运算关系。

(3)了解常用集成运算放大器的引脚及基本使用方法。

二、预习要求

(1)写出反相比例、同相比例、反相加法、减法、微分和积分运算电路的关系式。

(2)根据实验电路，定量画出积分器输入输出波形。

三、实验原理

集成运算放大器是一种具有高电压放大倍数的直接耦合多级放大电路。当外部接入不同的线性或非线性元件组成输入和反馈电路时，可以灵活地实现各种特定的函数关系。集成运算放大器按照输入方式可分为反相、同相、差动3种接法，按照运算关系可分为比例、加法、减法、积分、微分等，利用输入方式与运算关系的组合，可接成各种模拟运算电路。

1. 反相比例运算电路

电路如图11－1所示，输入信号加在反相输入端。设图中的集成运算放大器为理想元件，则此电路中输出与输入电压之间的关系为

$$\frac{u_o}{u_i}=-\frac{R_F}{R_1}u_i=A_f$$

为了减小输入级偏置电流引起的运算误差，在同相端接入平衡电阻 $R_2=R_1 /\!/ R_F$。

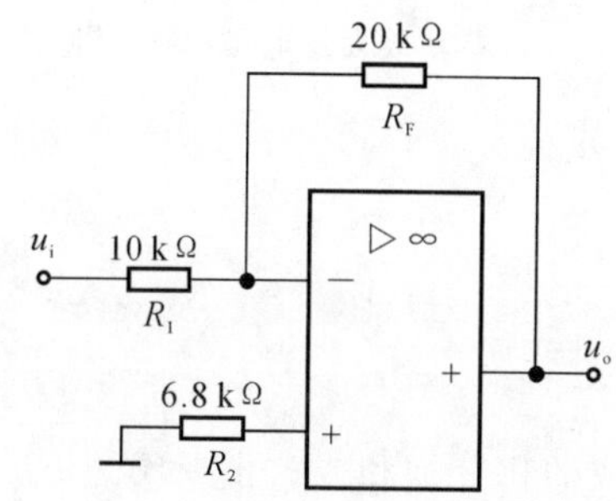

图11－1　反相比例运算电路

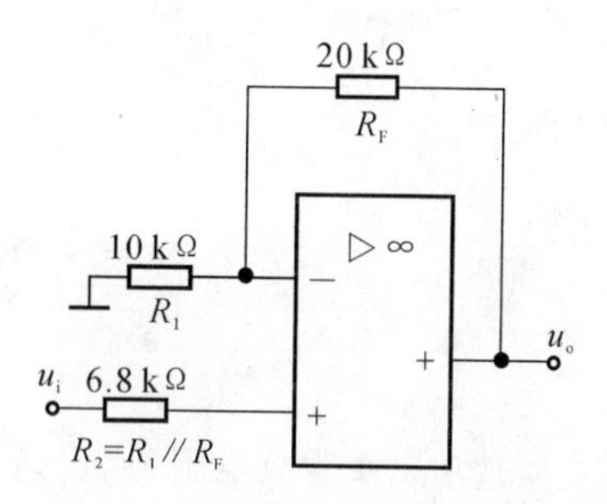

图11－2　同相比例运算电路

2. 同相比例运算电路

电路如图11－2所示，输入信号加在同相输入端。输出与输入电压之间的关系为

$$\frac{u_o}{u_i}=1+\frac{R_F}{R_1}=A_f$$

平衡电阻 $R_2=R_1 /\!/ R_F$。

3. 反相加法运算电路

电路如图11－3所示，输出电压为

$$u_o=-\left(\frac{R_F}{R_{11}}u_{i1}+\frac{R_F}{R_{12}}u_{i2}\right)$$

当 $R_{11}=R_{12}=R_F$ 时，$u_o=-(u_{i1}+u_{i2})$。

4. 差动放大器电路和减法器

电路如图11－4所示，输出电压为

$$u_o=\left(1+\frac{R_F}{R_1}\right)\frac{R_3}{R_2+R_3}u_{i2}-\frac{R_F}{R_1}u_{i1}$$

当 $R_1=R_2$ 且 $R_F=R_3$ 时，则

$$u_o=\frac{R_F}{R_1}(u_{i2}-u_{i1})$$

当 $R_1=R_F$ 时，$u_o=u_{i2}-u_{i1}$，即为减法器。

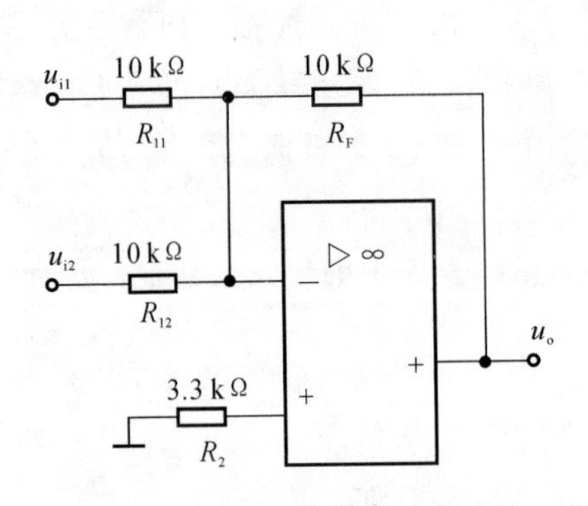

图 11-3　反相加法运算电路

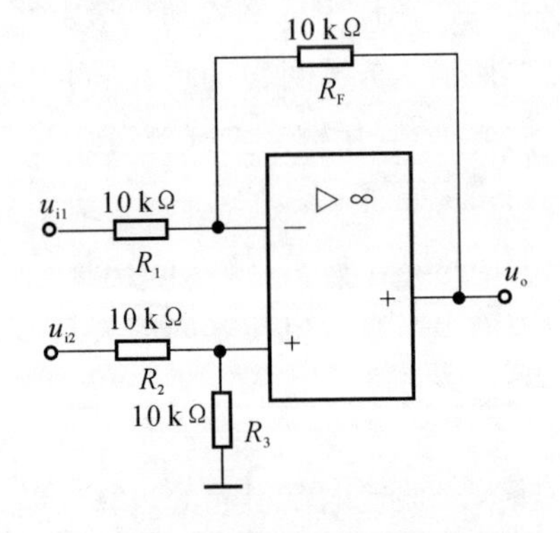

图 11-4　差动放大器电路和减法器

5. 反相积分运算电路

电路如图 11-5 所示，输出电压为

$$u_o = -\frac{1}{R_1 C}\int u_i \mathrm{d}t + C$$

图中 R_2 为积分漂移泄放电阻，用以防止漂移电压所造成的积分饱和或截止现象。

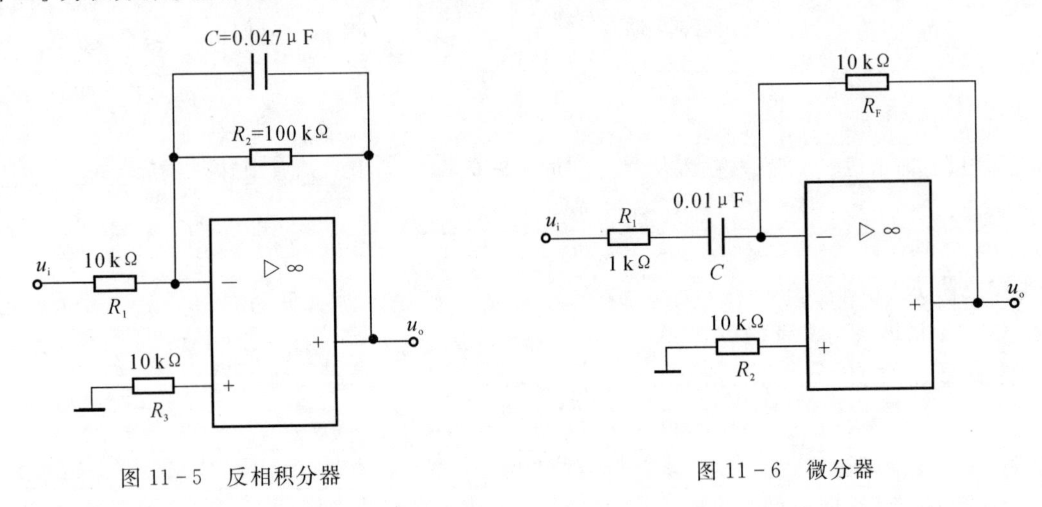

图 11-5　反相积分器

图 11-6　微分器

6. 微分运算电路

电路如图 11-6 所示，输出电压为

$$u_o = -R_F C\frac{\mathrm{d}u_i}{\mathrm{d}t}$$

为了限制高频增益，在输入电容处串联了一个电阻 R_1，使高频增益降为$\frac{R_F}{R_1}$。

四、实验仪器及设备

(1)DP832 型直流稳压电源。

(2)DG1022Z 型函数信号发生器。

(3)DS1052D型双踪数字示波器。

(4)FLUKE17型数字万用表。

(5)自制集成运算放大器实验板。

本实验采用的集成运算放大器的型号为LM741、双列直插式，其外引脚排列如图11-7所示。其中：1为失调调零端；2为反相输入端；3为同相输入端；4为负电源端；5为失调调零端；6为输出端；7为正电源端；8为空脚。使用时，引脚7接+12 V电源，引脚4接−12 V电源。

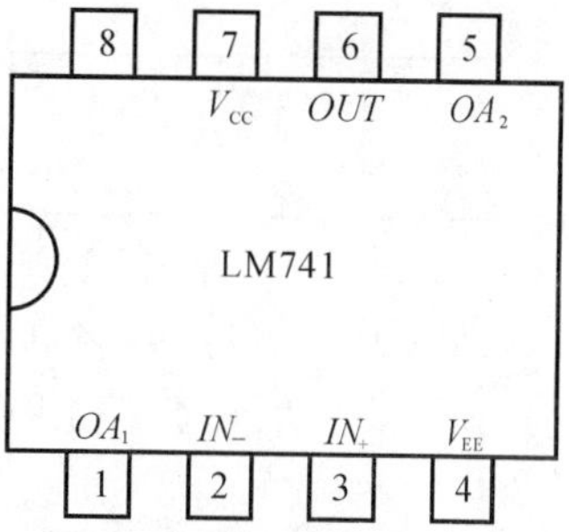

图11-7 集成运算放大器外引脚排列

五、实验任务

1.反相直流比例运算电路

按图11-1所示电路接线。接通电源，按表11-1要求测量数据。

表11-1 反相直流比例运算电路的测量

u_i/V	+0.5	+1.5	−0.5	−1.5
u_o/V				
$A_{uf}=u_o/u_i$				

2.同相直流比例运算电路

按图11-2所示电路接线。接通电源，按表11-2要求测量数据。

表11-2 同相直流比例运算电路的测量

u_i/V	+0.5	+1.5	−0.5	−1.5
u_o/V				
$A_{uf}=u_o/u_i$				

3.反相加法运算电路

按图11-3所示电路接线。接通电源，按表11-3要求测量数据。

表11-3 反相加法运算电路的测量

u_{i1}/V	u_{i2}/V	u_o/V	计算值u_o/V
+0.5	+1		
−2	+1		
−2	−0.5		

4.差动放大器电路和减法器

按图11-4所示电路接线。接通电源，按表11-4要求测量数据。

表11-4 差动放大器电路和减法器的测量

u_{i1}/V	u_{i2}/V	R_1/kΩ	R_2/kΩ	R_3/kΩ	R_F/kΩ	u_o/V	计算值u_o/V
+1	+0.5	10	10	10	10		

续表

u_{i1}/V	u_{i2}/V	R_1/kΩ	R_2/kΩ	R_3/kΩ	R_F/kΩ	u_o/V	计算值 u_o/V
−1	+0.5	10	10	20	20		

5.反相积分运算电路

按图 11－5 所示电路接线，调节函数发生器，使其输出为 $f=500$ Hz，$U_{i(p-p)}=1$ V 的方波信号，作为反相积分器的输入信号 u_i，接通电源，用示波器的两个通道同时观测 u_i 和 u_o 的波形，测量 u_o 的峰峰值，并注意观察 u_i 和 u_o 之间的相位关系，将结果画在图 11－8 中。

6.微分电路

按图 11－6 所示电路接线，调节函数发生器，使其输出为 $f=500$ Hz，$U_{i(p-p)}=1$ V 的方波信号，作为微分器的输入信号 u_i，接通电源，用示波器的两个通道同时观测 u_i 和 u_o 的波形，并注意观察 u_i 和 u_o 之间的相位关系，将结果画在图 11－9 中。

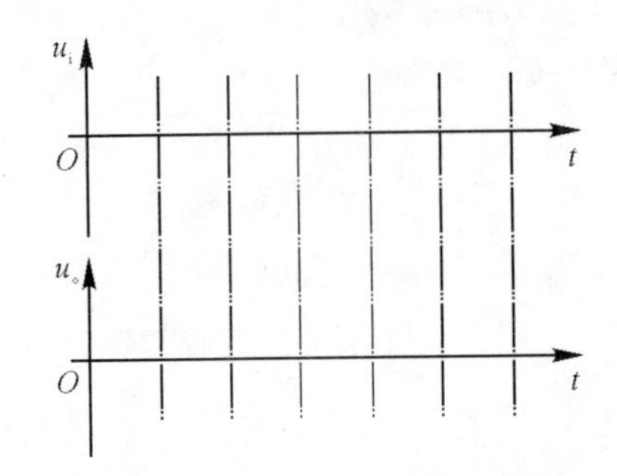

图 11－8　反相积分运算的测量

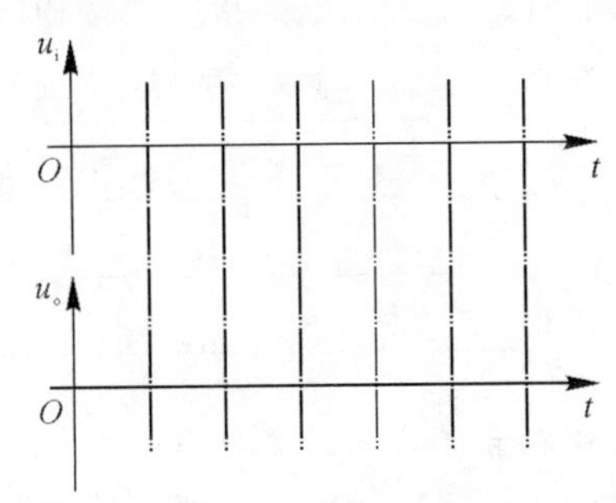

图 11－9　微分电路的测量

六、实验报告要求

(1)列表整理各运算电路的测量数据，画出相应的电路图，并将测量结果与理论值进行比较。

(2)用坐标纸分别画出积分、微分电路的输入、输出信号的波形及相位关系，并标出峰峰值。

实验 12　集成运算放大器的综合应用

一、实验目的

(1)学习用集成运放构成正弦波、方波、三角波发生器。

(2)学习波形产生器的调整和波形峰峰值、周期、频率的测量。

(3)学习由集成运放构成的有源滤波器。

(4)掌握低通滤波器和高通滤波器的工作原理。

二、预习要求

(1)了解 RC 正弦波振荡器的工作原理，写出振荡频率 f_0 的表达式。

(2)分析方波-三角波产生器工作原理。

(3)写出有源二阶低通和高通滤波电路的增益表达式,计算截止频率,并分析幅频特性。

三、实验原理

利用集成运放的优良特性,外接少量的元件,即可方便地构成性能良好的正弦波振荡器和各种波形产生器电路。由于集成运放受自身高频特性的限制,一般只能构成频率较低的RC振荡器。把滞回比较器和积分器首尾相接即可构成方波-三角波发生器。

1. RC桥式正弦波振荡器(文氏电桥振荡器)

电路如图12-1所示。其中RC串、并联电路构成正反馈支路,同时兼作选频网络。一般取$R_1=R_2=R$,$C_1=C_2=C$时,RC串并联电路有对称的选频特性曲线。

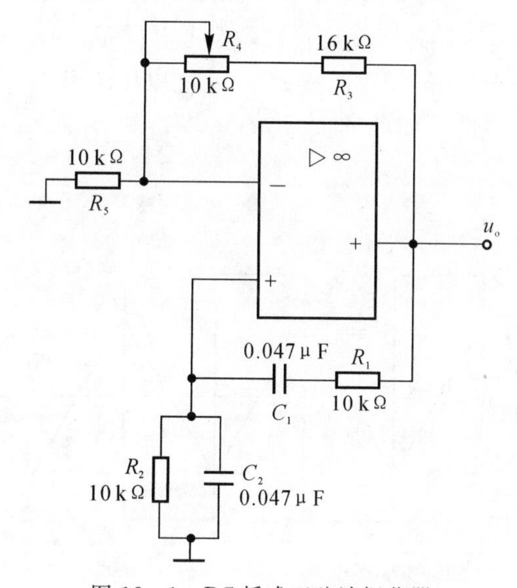

图12-1　RC桥式正弦波振荡器

当振荡频率$f_0=1/(2\pi RC)$时,可在RC并联的两端得到最大的正反馈电压$u_{f+}=(1/3)u_o$,此电压为运放同相端输入电压;调节R_4可改变负反馈信号u_{f-}的大小。当$|u_{f-}|\approx|u_{f+}|$但又略小于$|u_{f+}|$时,电路满足振荡的幅值和相位条件,且输出波形失真最小;当$|u_{f-}|\ll|u_{f+}|$时,电路满足振荡条件,但因正反馈过强,将使输出波形严重失真;当$|u_{f-}|\gg|u_{f+}|$时,电路不满足振荡条件,故不能起振。因RC串并联电路在振荡频率f_0时的输出电压$|u_{f+}|=(1/3)u_o$,所以为了得到不失真的振荡波形,应使$u_{f-}=\dfrac{R_5}{R_3+R_4+R_5}u_o=\dfrac{1}{3}u_o$,要始终精确保持$|u_{f-}|\geqslant|u_{f+}|$是困难的,为此可在$R_3$两端正反向并联两个二极管$D_1$和$D_2$,它们在$u_o$的正、负半周内分别导通。当输出$u_o$幅度增大时,$D_1$或$D_2$两端的电压也增大,使二极管的导通电阻减小,负反馈增强,阻止u_o幅值的增加;当u_o幅度减小时,负反馈减弱,使u_o幅值增大,这样就起到了稳定u_o幅度的作用。除了二极管,常用的稳幅元件还有热敏电阻等。

2. 方波-三角波产生器

电路如图12-2所示。滞回比较器和积分器首尾相接构成了正反馈闭环系统。

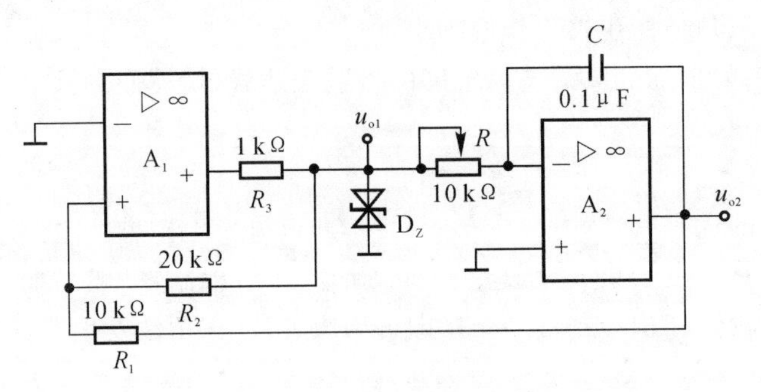

图 12-2　方波-三角波产生器

当滞回比较器 A_1 的输出经限流电阻 R_3 被双向稳压管 D_Z 箝位在 $+U_Z$ 时，即 $u_{o1}=+U_Z$ 时，积分器 A_2 反向积分。当 u_{o2} 电压下降至比较器的参考电压 $U_R=-(R_1/R_2)U_Z$ 时，A_1 的输出电压 u_{o1} 翻转到 $-U_Z$，这时积分器 A_2 又正向积分。当 u_{o2} 电压上升至 $+(R_1/R_2)U_Z$ 时，A_1 的输出又翻转到 $+U_Z$，完成一个周期。如此周而复始，可以得到方波 u_{o1} 和三角波 u_{o2}，如图 12-3 所示。

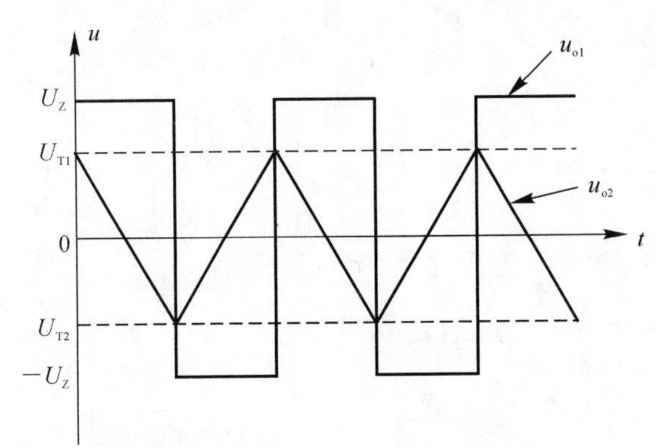

图 12-3　方波-三角波产生器输出波形

电路振荡频率为

$$f_0=\frac{R_2}{4R_1RC}$$

输出方波的幅值为

$$u_{o1m}=\pm U_Z$$

输出三角波的幅值为

$$u_{o2m}=(R_1/R_2)U_Z$$

调节 R 可以改变振荡频率，改变 R_1/R_2 的比值即可调节三角波的幅值。

3. 二阶 RC 有源滤波器

滤波器是一种能使有用频率的信号通过，同时能对无用频率的信号进行抑制或衰减的电子装置。在工程上，滤波器常被用在信号的处理、数据的传送和干扰的抑制等方面。滤波器按照组成的元件，可分为有源滤波器和无源滤波器两大类。凡是只由电阻、电容、电感等无源元件组成的滤波器称为无源滤波器。凡是由放大器等有源元件和无源元件组成的滤波器称为有源滤波器。由运算放大器和电阻、电容(不含电感)组成的滤波器称为 RC 有源滤波器。本实验只研究 RC 有源滤波器的特性及其之间的关系。

RC 有源滤波器按照它所实现的传递函数的次数分，可分为一阶、二阶和高阶 RC 有源滤波器。从电路结构上看，一阶 RC 有源滤波器含有 1 个电阻和 1 个电容；二阶 RC 有源滤波器含有 2 个电阻和 2 个电容；一般的高阶 RC 有源滤波器可以由一阶和二阶滤波器通过级联来实现。本实验重点研究二阶 RC 有源滤波器。

滤波器按照所允许通过的信号的频率范围可分为低通滤波器、高通滤波器、带通滤波器、带阻滤波器等。其中，低通滤波器只允许低于某一频率的信号通过，而不允许高于该频率的信号通过。高通滤波器只允许高于某一频率的信号通过，而不允许低于该频率的信号通过。带通滤波器只允许某一频率范围内的信号通过，而不允许该频率范围以外的信号通过。带阻滤波器不允许（阻止）某一频率范围（频带）内的信号通过，而只允许该频率范围以外的信号通过。本实验重点研究 RC 有源低通滤波器和高通滤波器。

（1）二阶低通滤波器。二阶低通滤波器比一阶滤波器具有更好的滤波效果。图 12－4 所示是一个二阶 RC 低通滤波器。它是由两级一阶低通滤波器电路组成的。

在图 12－4 中，令两级 RC 电路的电阻值相等、电容值相等。放大器闭环放大倍数 $A_o=1$ 为通频带内的电压放大倍数。由此可求出图 12－4 所示电路的电压传递函数为

$$\frac{\dot{U}_o}{\dot{U}_i}=\frac{1}{1-(RC\omega)^2+j2RC\omega}$$

令 $\omega_0=1/RC$，则有

$$\frac{\dot{U}_o}{\dot{U}_i}=\frac{1}{1-\left(\frac{\omega}{\omega_0}\right)^2+j2\left(\frac{\omega}{\omega_0}\right)}$$

对该电压传递函数取其模和角，则可得到该滤波器的幅频特性曲线和相频特性曲线。当滤波器输入角频率 ω 等于上限角频率 ω_0 时，可得到输出电压为 $0.707U_o$。

（2）二阶高通滤波器。图 12－5 所示是一个二阶高通滤波器。为了提高它的滤波性能和带负载的能力，将该无源网络接入由运放组成的放大电路中，组成二阶有源 RC 高通滤波器。

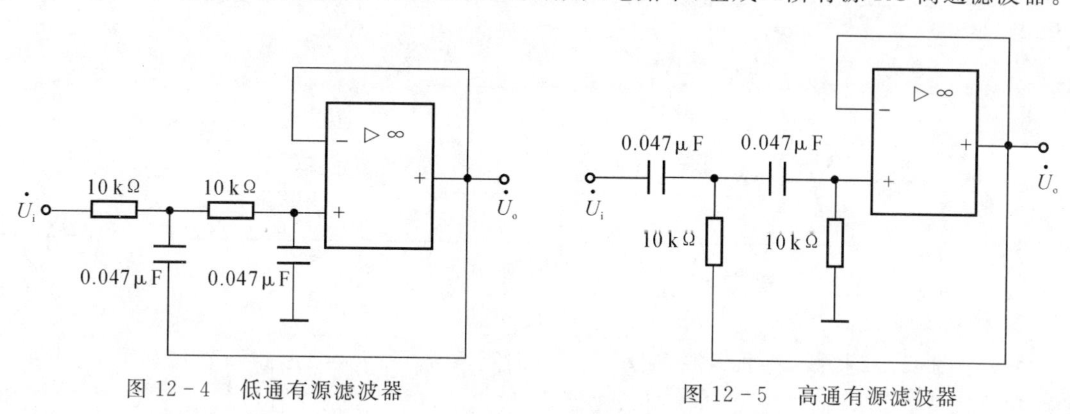

图 12－4　低通有源滤波器

图 12－5　高通有源滤波器

采用与低通滤波电路相同的分析方法，可求出图 12－5 所示电路的电压传递函数为

$$\frac{\dot{U}_o}{\dot{U}_i}=\frac{(j\omega CR)^2}{1+2j\omega CR+(j\omega CR)^2}$$

令 $\omega_0 = 1/RC$，则有

$$\frac{\dot{U}_o}{\dot{U}_i} = -\frac{\left(\frac{\omega}{\omega_0}\right)^2}{1-\left(\frac{\omega}{\omega_0}\right)^2 + j2\frac{\omega}{\omega_0}}$$

由该传递函数可以得到高通滤波器的幅频特性曲线和相频特性曲线。当滤波器输入角频率 ω 等于下限角频率 ω_0 时，可得到输出电压为 $0.707U_o$。

四、实验仪器及设备

(1)DP832 型直流稳压电源。

(2)DG1022Z 型函数信号发生器。

(3)FLUKE17 型数字万用表。

(4)DS1052D 型双踪数字示波器。

(5)自制集成运算放大器实验板。

五、实验任务

1. RC 桥式正弦波振荡器

按图 12－1 接线，输出端接示波器，接通电源。调节 R_4 使输出波形从无到有，从正弦波到波形上、下半波产生饱和(平顶) 失真。再调节 R_4 使平顶失真刚好消失，得到最大不失真的正弦波信号。记录失真和不失真时 u_o 的波形，用示波器测量此时 u_o 波形的峰-峰值 $U_{o(p-p)}$、周期 T、有效值 U_o 和频率 f，填入表 12－1 中。

表 12－1　RC 桥式正弦波振荡器的测量

不失真波形	
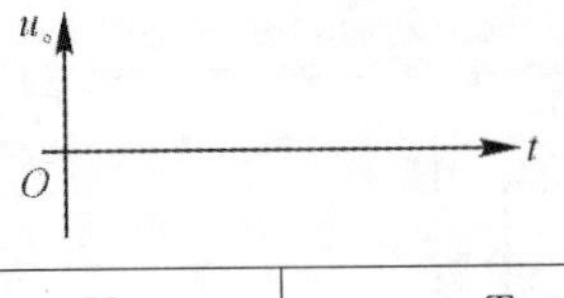	
$U_{o(p-p)} =$　　V	$T =$　　ms
$U_o =$　　V	$f =$　　Hz

2. 方波-三角波产生器

(1) 按图 12－2 接线，接通电源，用示波器同时观察 u_{o1} 和 u_{o2} 波形。调节 R 观察 u_{o1} 和 u_{o2} 的变化。调节 $R=10\ \text{k}\Omega$(最大) 时，用示波器测量出 u_{o1}，u_{o2} 的峰-峰值 $U_{o1(p-p)}$ 和 $U_{o2(p-p)}$ 及周期 T 和振荡频率 f_0，填入表 12－2 中并与理论值进行比较。

(2) 改变 $R_1=20\ \text{k}\Omega$，$C=0.047\ \mu\text{F}$，观察 u_{o1}，u_{o2} 的变化，并将结果填入表 12－2 中。

表 12－2　方波-三角波产生器的测量

$R=10\ \text{k}\Omega, R_1=10\ \text{k}\Omega, R_2=20\ \text{k}\Omega, C=0.1\ \mu\text{F}$		$R=10\ \text{k}\Omega, R_1=20\ \text{k}\Omega, R_2=20\ \text{k}\Omega, C=0.047\ \mu\text{F}$	
u_{o1} ／ O ／ t u_{o2} ／ O ／ t		u_{o1} ／ O ／ t u_{o2} ／ O ／ t	
$U_{o1(p-p)}=$　　V	$T=$　　ms	$U_{o1(p-p)}=$　　V	$T=$　　ms
$U_{o2(p-p)}=$　　V	$f=$　　Hz	$U_{o2(p-p)}=$　　V	$f=$　　Hz
计算值 $f=$　　Hz		计算值 $f=$　　Hz	

3. *有源低通滤波器实验*

首先按图 12－4 接好电路，给实验板提供 ±15 V 电源，然后将函数发生器输出电压调为 1 V(有效值)，作为低通滤波器的输入信号，并按表 12－3 分别调出对应频率，同时测量放大器输出电压，并填入表中。在测量上限频率时，调整滤波器的输入频率，使输出端 $U_o=0.707$ V，此时对应的输入频率即为低通滤波器截止频率。

表 12－3　低通滤波器的测量

U_i/V	1	1	1	1	1	1	1	1
f/Hz	20	50	70	150		300	800	1 200
U_o/V					0.707			
$\lg f$								

4. *有源高通滤波器实验*

首先按图 12－5 接好电路，给实验板提供 ±15 V 电源，然后将函数发生器输出电压调为 1 V(有效值)，作为低通滤波器的输入信号，并按表 12－4 分别调出对应频率，同时测量放大器输出电压，并填入表中。在测量下限频率时，调整滤波器的输入频率，使输出端 $U_o=0.707$ V，此时对应的输入频率即为高通滤波器截止频率。

表 12－4　高通滤波器的测量

U_i/V	1	1	1	1	1	1	1	1
f/Hz	300	450	500		600	800	2 000	5 000
U_o/V				0.707				
$\lg f$								

六、实验报告要求

(1) 在坐标纸上画出 RC 桥式振荡器的最大不失真波形，标明峰-峰值、周期、频率，并与理论计算值进行比较,根据实验分析 RC 桥式振荡器的振幅条件。

(2) 在坐标纸上画出方波－三角波产生器的输出 u_{o1} 及 u_{o2} 的波形,标明峰-峰值、周期、频率,并与理论计算值进行比较。分析方波-三角波产生器电路中 R_1,R,C 等参数值的改变对输出 u_{o1},u_{o2} 波形及峰-峰值、频率的影响。

(3) 使用测量数据画出低通滤波器和高通滤波器的幅频特性曲线(横坐标使用对数坐标),分析理论曲线和实际测量曲线误差产生的原因。

实验 13　功率放大器

一、实验目的

(1)了解和熟悉功率放大器的工作原理。

(2) 熟悉集成功率放大器 LM386 的工作原理与使用。

(3)掌握功放电路主要性能指标的测试方法。

二、预习要求

(1)复习有关功率放大器的基本内容。

(2)了解 LM386 的内部电路原理。

(3)熟悉并掌握由 LM386 构成的功放电路,并分析其外部元件的功能。

三、原理与说明

在许多电子仪器和设备中,经常要求放大电路的输出级能够带动某种负载,例如驱动仪表,使其指针偏转;驱动扬声器,发出声音;驱动继电器,使之闭合或断开等。在这些场合下,就要求放大电路有足够大的输出功率,这种电路统称为功率放大器。

一般对功率放大电路的要求如下:

(1)根据负载要求,提供足够的输出功率。

(2)具有较高的效率。

(3)非线性失真要小。

(4)带负载的能力要强。

基于上述要求,一般多选用工作在甲乙类的射极输出器构成互补对称功率放大电路。功率放大电路的主要指标如下:

(1)功率放大器的最大不失真输出功率为

$$P_{max}=\frac{U_{om}^2}{R_L}$$

式中,U_{om} 为最大不失真输出电压有效值。

(2) 直流电源提供的功率为

$$P_E=U_{CC}I_E$$

(3) 电路的效率为

$$\eta=\frac{P_{om}}{P_E}$$

本实验选用的集成功率放大器LM386是一种低电压通用型音频功率放大器，也可用作直流功率放大电路。

LM386的引脚排列如图13-1所示。

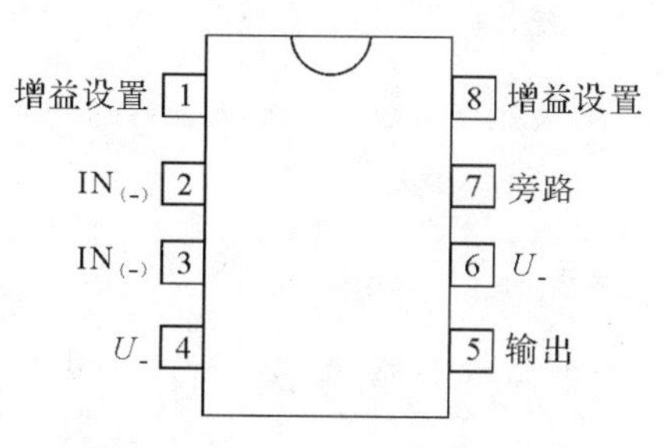

图13-1　LM386的引脚排列

LM386集成功率放大器的电源电压为4～12 V。当电源电压为12 V时，额定音频输出功率为0.5 W，输出阻抗为8 Ω，典型输入阻抗为50 kΩ，消耗静态电流为4 mA。

LM386加上外围电路构成的单端输入OTL功率放大实验电路如图13-2所示。

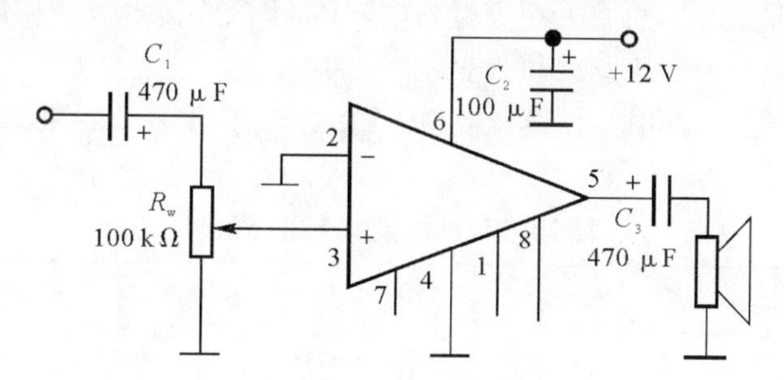

图13-2　单端输入OTL功率放大实验电路

功率放大实验电路为单端输入方式，输入信号通过电容C_1接入同相输入端，反相输入端接地。5脚的外接电容C_3构成OTL功率放大电路。6脚的外接电容C_2是电源的去耦电容。7脚也可接去耦滤波电容。

LM386集成功率放大器的1、8脚开路时，整个电路的电压放大倍数为20。1、8脚之间接电容时，电路的电压放大倍数可提高到200，做直流放大电路时不能接电容。如果1、8脚之间接串联电容和可调电阻，电容取值为10 μF，可调电阻在0～20 kΩ范围内取值，改变电阻值，可使集成功放的电压放大倍数在20～200之间变化。

四、实验仪器及设备

(1)DS1052D型双踪数字示波器。

(2)DG1022Z型函数信号发生器。

(3)FLUKE17型数字万用表。

(4)喇叭。

(5)收音机(自备)耳机插头。

(6)模拟电路实验箱。

(7)功率放大器LM386。

(8)8 Ω 扬声器。

(9)10 μF 电容。

(10)100 μF 电容。

(11)470 μF 电容。

(12)100 kΩ 电位器。

五、实验任务

1.连接实验电路

在实验箱上连接图 13-2 所示电路,经检查无误后接上电源。注意:电解电容的极性不能接反。

2.测量性能指标

(1) 从信号发生器输入 $f=1$ kHz,具有一定幅度的正弦信号。

(2) 用示波器观察输出信号,通过调节正弦波幅度或调节电位器 R_W,使得示波器上出现最大不失真正弦波电压。

(3) 用万用表测量 U_{omax},再将万用表打到电流挡,串入直流电源主回路,测出直流电源提供的直流电流 I_E,将数据及计算结果填入表 13-1 中。

(4) 将图 13-2 所示电路中的扬声器换为 1 kΩ 的电阻,重复 2 的测试过程,将数据及计算结果填入表 13-1 中。

表 13-1　性能指标的测量

测试负载	U_{omax}/V	P_{omax}/W	U_{cc}/V	I_E/mA	P_E/W	η
8 Ω						
1 kΩ						

3.测试外围元件的功能

(1) 从收音机的耳机插孔处收取广播信号作为功放电路的输入信号,若电路正常,则扬声器应发出清楚的声音。

(2) 调节电位器 R_W,声音有什么变化?由此总结 R_W 的作用。

(3) 将 $C_1=470$ μF 换为 $C_1=10$ μF,声音有什么变化?将 C_1 短路,这时用万用表测量电源供电电流 I_E,与前面测出的 I_E 作比较,并说明 C_1 的作用。

(4)C_1 仍为 470 μF,断开 C_2,声音有什么变化?说明 C_2 的作用。

(5) 在 1、8 脚之间接一个 10 μF 的电容,声音有什么变化?说明该电容的作用。

(6) 在 1 脚接一个 10 μF 的电容,声音有什么变化?说明该电容的作用。

六、实验报告要求

(1)分析实验数据,说明两组测量数据的区别,并说明各电路的特点。

(2)说明功率放大器对负载的要求。

(3)总结说明各外围元件的作用。

(4)为什么在 1、8 脚之间接入电容后,音量变大,但音质变差了一些?

实验 14　集成逻辑门与组合逻辑电路

一、实验目的

(1)熟悉集成门电路的性能、引脚。

(2)学习组合逻辑电路的设计和实现方法。

(3)了解组合逻辑电路的其他运用实例。

二、预习要求

(1)熟悉 74LS00,74LS10,74LS20,74LS86 各管脚的功能。

(2)复习组合逻辑电路的分析与综合方法。

三、原理与说明

门电路是组成逻辑电路的最基本单元。常用的有与非门、与门、或门、或非门、与或非门、异或门和三态门等。在这些门电路中,与非门是组成这些门电路的最基本的环节,而其他各种类型的门电路都是在与非门的基础上派生而得的。

与非门的逻辑功能是:当输入端有一个或一个以上的低电平时,输出端为高电平;只有输入端全部为高电平时,输出端才是低电平。在本次实验中,输入端由实验箱数据开关提供,ON 时为输入高电平“1”,OFF 时为输入低电平“0”;输出端逻辑电平测试由实验箱电平指示端发光二极管点亮与否来判断,点亮为高电平,反之为低电平。

本实验所用 74LS00、74LS10、74LS20 和 74LS86 的引脚如图 14－1 所示。

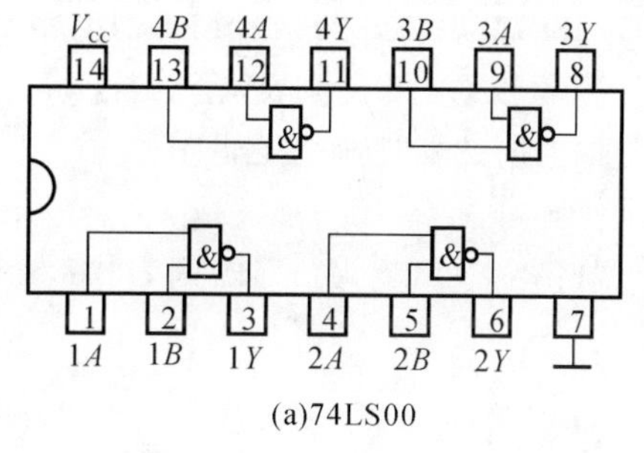

(a)74LS00

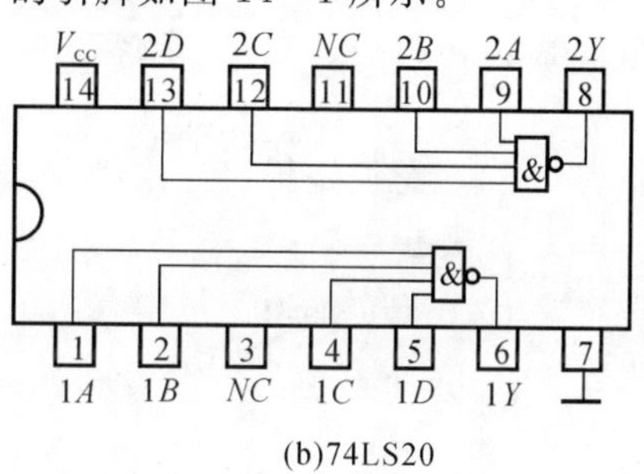

(b)74LS20

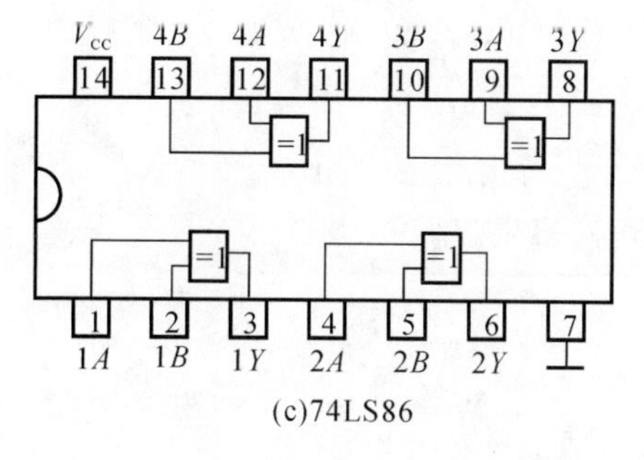

(c)74LS86

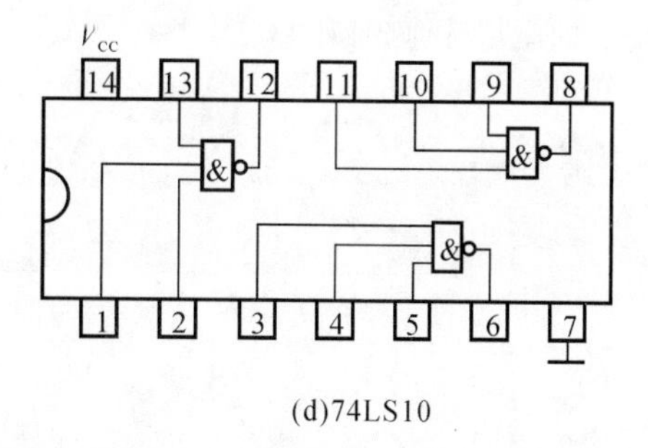

(d)74LS10

图 14－1　各种门电路的引脚

实验前，应首先检查所有逻辑门功能是否正确，以验证逻辑门的好坏，这样才能保证实验结果的可靠性。检查的步骤如下：

(1)将实验箱数据开关连接到逻辑门的输入端，将电平指示端连接到逻辑门的输出端。

(2)按表14－1验证实验中所使用逻辑门(74LS00、74LS10、74LS20、74LS86)功能是否正确。

表14－1　各种逻辑门功能表

74LS00		
输入		输出
0	1	1
1	0	1
1	1	0

74LS10			
输入			输出
0	1	1	1
1	0	1	1
1	1	0	1
1	1	1	0

74LS86		
输入		输出
1	0	1
0	1	1
0	0	0
1	1	0

74LS20				
输入				输出
0	1	1	1	1
1	0	1	1	1
1	1	0	1	1
1	1	1	0	1
1	1	1	1	0

组合电路的特点：任意时刻的输出状态取决于该时刻的输入状态，与信号输入前电路原来所处的状态无关。设计组合电路的一般步骤：①根据逻辑要求，列出真值表；②根据真值表写出逻辑表达式；③化简逻辑表达式，选用适当的器件；④根据所选器件画出逻辑图。

1. 三变量表决电路

逻辑要求：在三个输入变量中有两个或两个以上为“1”者，输出就为“1”，否则为“0”。其真值表见表14－2。由真值表可得逻辑表达式为

$$Y=AB\overline{C}+A\overline{B}C+\overline{A}BC+ABC$$

化简得

$$Y=AB+BC+AC$$

选用与非门实现时，则有

$$Y=\overline{\overline{AB+BC+AC}}=\overline{\overline{AB}\cdot\overline{BC}\cdot\overline{AC}}$$

其逻辑图如图14－2所示。

表14－2　三变量表决电路真值表

输　入	理论输出	实验输出
C　B　A	Y	Y
0　0　0	0	

续表

输　入	理论输出	实验输出
C　B　A	Y	Y
0　0　1	0	
0　1　0	0	
0　1　1	1	
1　0　0	0	
1　0　1	1	
1　1　0	1	
1　1　1	1	

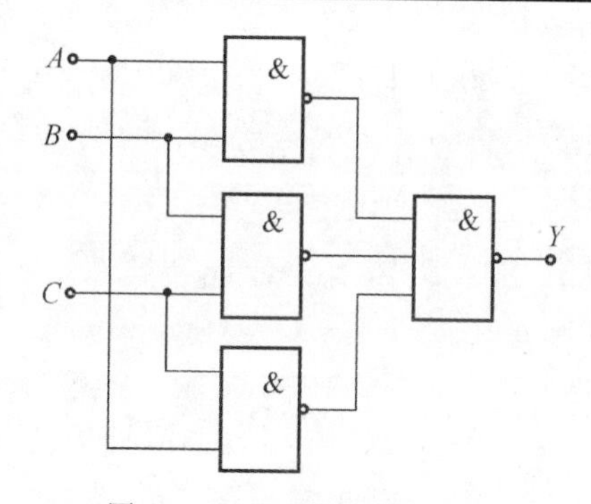

图 14-2　三变量表决电路

2. 半加器

在加法运算中，只有两个加数本身相加，不考虑从低位来的进位，这种加法器称为半加器。其真值表见表 14-3。由真值表可得逻辑表达式为

$$S=A\overline{B}+\overline{A}B=A\oplus B$$
$$C=AB$$

选用与非门实现时，则有

$$S=\overline{\overline{A\overline{B}+\overline{A}B}}=\overline{\overline{(A\overline{B}+A\overline{A})\cdot(\overline{A}B+B\overline{B})}}=\overline{\overline{A(\overline{A}+\overline{B})}\cdot\overline{B(\overline{A}+\overline{B})}}=\overline{\overline{A\cdot\overline{AB}}\cdot\overline{B\cdot\overline{AB}}}$$
$$C=\overline{\overline{AB}}$$

其逻辑图如图 14-3 所示。如选用异或门和与非门实现半加器，则逻辑图如图 14-4 所示。

表 14-3　半加器真值表

输　入		理论输出		实验输出	
A	B	C	S	C	S
0	0	0	0		
0	1	0	1		
1	0	0	1		
1	1	1	0		

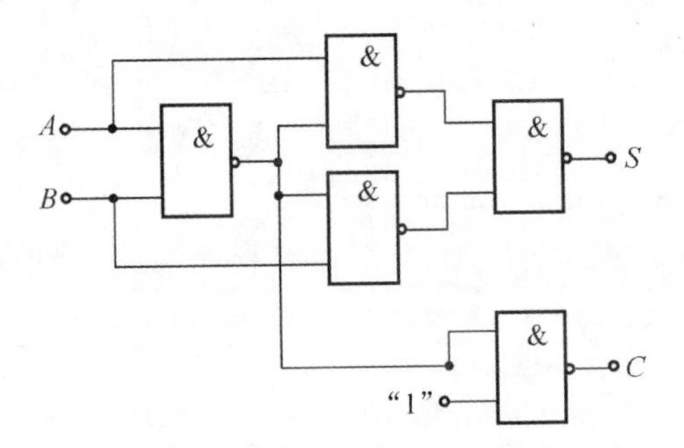

图 14－3　用与非门实现半加器

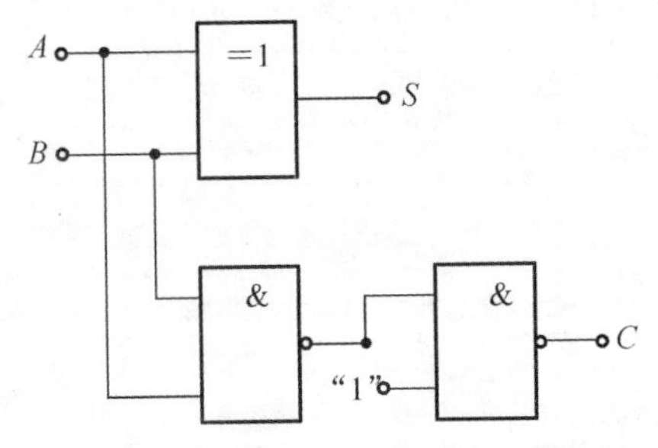

图 14－4　用异或门和与非门实现半加器

3. 全加器

在加法运算中，不仅是两个数本身相加，还要考虑从低位来的进位，这种加法器称为全加器。其真值表见表 14－4。由真值表可得逻辑表达式为

$$S_i = \overline{A}_i\overline{B}_iC_{i-1} + \overline{A}_iB_i\overline{C}_{i-1} + A_i\overline{B}_i\overline{C}_{i-1} + A_iB_iC_{i-1} =$$

$$\overline{A_i \oplus B_i} \cdot C_{i-1} + (A_i \oplus B_i)C_{i-1} = A_i \oplus B_i \oplus C_{i-1}$$

$$C_i = \overline{A}_iB_iC_{i-1} + A_i\overline{B}_iC_{i-1} + A_iB_i\overline{C}_{i-1} + A_iB_iC_{i-1} =$$

$$(\overline{A}_iB_i + A_i\overline{B}_i)C_{i-1} + A_iB_i = S'_iC_{i-1} + A_iB_i,\quad S'_i = A_i \oplus B_i$$

选用异或门和与非门实现时，则有

$$C_{i+1} = \overline{\overline{S'_iC_{i-1}} \cdot \overline{A_iB_i}}$$

其逻辑图如图 14－5 所示。

表 14－4　全加器真值表

输　入			理论输出		实验输出	
加数		低位来的进位	和	向高位进位	和	向高位进位
B_i	A_i	C_{i-1}	S_i	C_i	S_i	C_i
0	0	0	0	0		
0	0	1	1	0		
B_i	A_i	C_{i-1}	S_i	C_i	S_i	C_i
0	1	0	1	0		
0	1	1	0	1		
1	0	0	1	0		
1	0	1	0	1		
1	1	0	0	1		
1	1	1	1	1		

4. 抢答显示器电路

输入变量 A、B、C 分别代表三组竞赛者，输出 Y_1、Y_2、Y_3 分别表示 A、B、C 三组的抢答显示灯。开始抢答时，首先按下开关者所对应的显示灯亮，其后按下开关者无效，因而 A、B、C 只有三种状态，即 100、010、001。首先按下开关的抢答者的输出同时去切断另两组的输出，因而每组的输入信号中还须有另两组的输出信号。其抢答状态真值表见表 14－5。由真值表可得逻辑表达式为

$$Y_1 = A\overline{Y}_2\overline{Y}_3,\quad Y_2 = B\overline{Y}_1\overline{Y}_3,\quad Y_3 = C\overline{Y}_1\overline{Y}_2$$

选用与非门实现时，其逻辑图如图 14－6 所示。

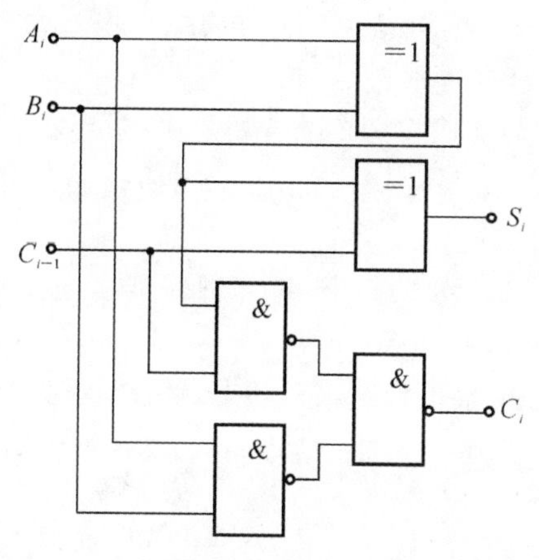

图 14－5　用异或门和与非门实现全加器

表 14－5　抢答状态真值表

输入			理论输出			实验输出		
A	B	C	Y_1	Y_2	Y_3	Y_1	Y_2	Y_3
1	0	0	1	0	0			
0	1	0	0	1	0			
0	0	1	0	0	1			

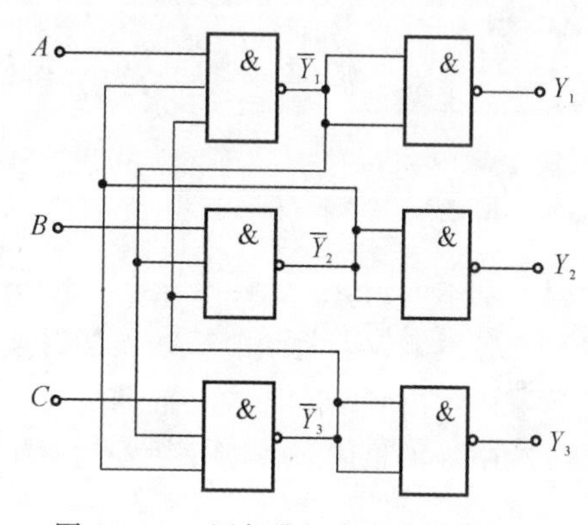

图 14－6　用与非门实现抢答显示器

四、实验仪器及设备

(1)数字电路实验箱。

(2)74LS00。

(3)74LS10。

(4)74LS20。

(5)74LS86。

五、实验任务

1. 三变量表决电路逻辑功能测试

(1)用与非门按图 14－2 所示电路接线。

(2)按表 14－2 所列状态验证其逻辑功能，并将结果填入表 14－2。

2. 半加器

(1)用与非门 74LS00 和 74LS20 组成半加器，按图 14－3 所示电路接线。

(2)用异或门74LS86和与非门按图14-4所示电路接线。74LS86的引脚如图14-1(c)所示。

(3)按表14-3所列状态验证其逻辑功能,并将结果填入表中。

3.全加器

(1)用异或门74LS86和与非门按图14-5所示电路接线。

(2)按表14-4所列状态验证其逻辑功能,并将结果填入表中

4.抢答显示器

(1)用与非门74LS00和74LS10按图14-6所示电路接线。74LS10的引脚如图14-1(d)所示。

(2)按表14-5所列状态观察抢答器工作状态。实验时注意:每次抢答结束时,A,B,C必须回到"0"。

六、实验报告要求

按实验内容画出逻辑图,填写表格。

实验15　集成触发器与时序逻辑电路

一、实验目的

(1)验证基本RS、D、JK触发器的逻辑功能。

(2)了解各类触发器之间逻辑功能的转换方法及移位寄存器原理。

(3)学习用集成触发器构成计数器的方法。

(4)了解中规模集成十进制计数器的逻辑功能及使用方法。

二、预习要求

(1)学习RS、D、JK触发器的工作原理。

(2)了解移位寄存器的工作原理。

(3)熟悉十进制计数器74LS192的功能表,了解其基本功能。

三、原理与说明

数字电路包括组合电路和时序电路。组合电路没有记忆功能,而时序电路具有记忆功能。触发器具有记忆二进制信息的功能,是组成时序电路中存储部分的基本单元。触发器有两个输出端Q和$\bar{Q}$。当$Q=0,\bar{Q}=1$时,称为"0"状态,当$Q=1,\bar{Q}=0$时,称为"1"状态。当触发器输入端无输入信号时,即能保持其原来状态不变。触发器按逻辑功能可分为RS、D、JK、T触发器;按触发方式可分为主从型和边沿型触发器两大类。

1.基本RS触发器

将两个与非门的输出交叉构成的基本RS触发器如图15-1所示。基本RS触发器没有时钟信号控制端,低电平直接触发,因而具有直接置位、复位功能,是组成各种功能触发器的最基本单元,其状态表见表15-1。

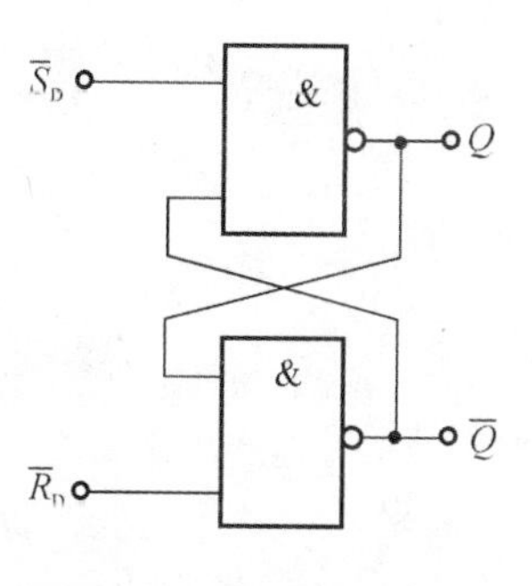

图 15-1　基本 RS 触发器

表 15-1　基本 RS 触发器状态表

$\overline{S}_D$	$\overline{R}_D$	Q	实验 Q
1	0	0	
0	1	1	
1	1	不变	
0	0	不定	

2. JK 触发器

JK 触发器在结构上分为主从型和边沿型。在产品中应用较多的是主从型下降沿触发的边沿 JK 触发器。其逻辑符号如图 15-2 所示，状态表如表 15-2 所示。JK 触发器的状态方程为

$$Q_{n+1} = J_n\overline{Q}_n + \overline{K}_nQ_n$$

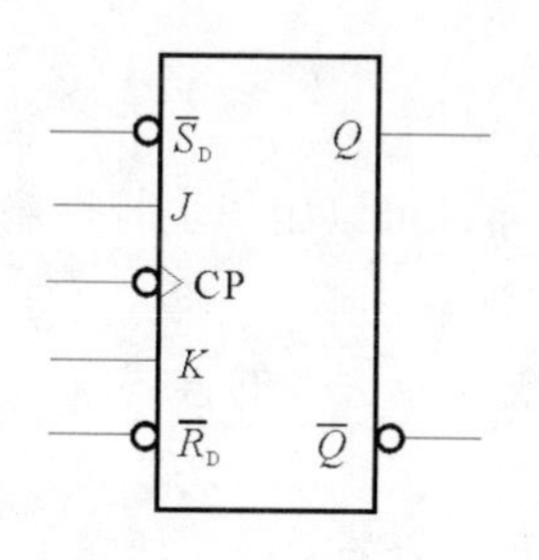

图 15-2　JK 触发器

表 15-2　JK 触发器状态表

J_n	K_n	Q_{n+1}
0	0	Q_n
0	1	0
1	0	1
1	1	$\overline{Q}_n$

3. D 触发器

在产品中应用较多的是维持阻塞型上升沿触发的 D 触发器。其逻辑符号如图 15-3 所示，状态表见表 15-3。D 触发器的状态方程为

$$Q_{n+1} = D_n$$

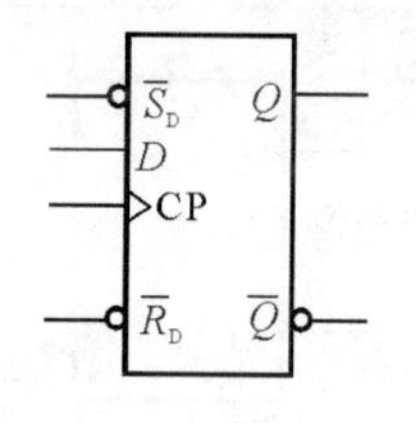

图 15-3　D 触发器

表 15-3　D 触发器状态表

D_n	Q_{n+1}
0	0
1	1

4. JK 触发器转换为 D 触发器

由

$$J_n\overline{Q}_n + \overline{K}_nQ_n = D_n = D_nQ_n + D_n\overline{Q}_n$$

可得

$$J_n = Q_n,\quad K_n = \overline{Q}_n$$

其逻辑图如图 15-4 所示。

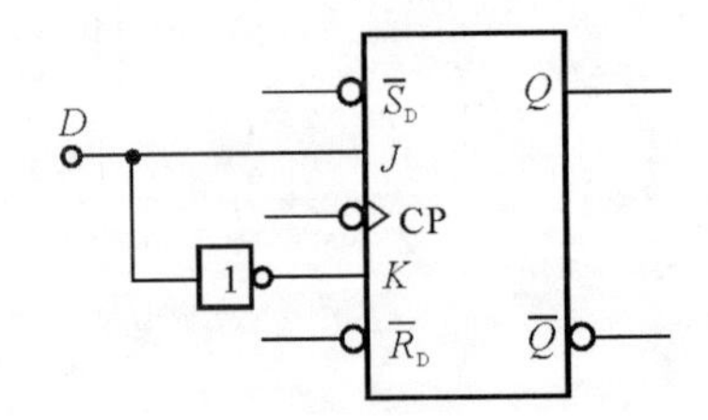

图 15-4　JK 触发器转换为 D 触发器

5. 移位寄存器

在数字系统中，能寄存二进制信息并能进行移位的逻辑部件被称为移位寄存器。移位寄存器存、取信息的方式有串行输入/串行输出、串行输入/并行输出、并行输入/并行输出和并行输入/串行输出 4 种，移位方式有左移和右移 2 种。

用移位寄存器可构成移位寄存器型计数器、顺序脉冲发生器、串行累加器等。它还可用于数据转换，如把串行数据转换为并行数据或把并行数据转换为串行数据。把移位寄存器的输出端与它的串行输入端相接，便可进行循环移位。中规模集成移位寄存器较多为四位，当需要的位数多于四位时，可把几个移位寄存器级联来扩展位数。

6. 计数器

计数器是一种重要的时序逻辑电路，它不仅可以计数，而且可以用于定时控制及数字运算等。计数器按计数功能可分为加法、减法和可逆计数器；按计数体制可分为二进制和 N 进制计数器，而 N 进制计数器中常用的是十进制计数器；按计数脉冲引入的方式又有同步和异步计数器之分。

(1)用 D 触发器构成异步二进制加法计数器和减法计数器。图 15-5 所示是用四个 D 触发器构成的四位二进制异步加法计数器。它的连接特点是将每个 D 触发器接成 T′触发器形式，由低位触发器的 $\overline{Q}$ 端和高一位的 CP 端相接，即构成异步计数方式。若把图 15-5 中低位触发器的 Q 端和高一位的 CP 端相接，即构成了减法计数器。图 15-5 采用的 D 触发器型号为 74LS74，其引脚排列见图 15-6。

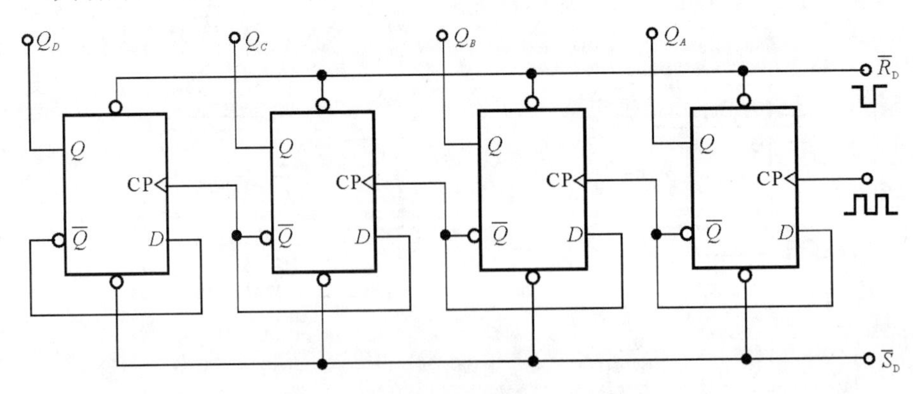

图 15-5　四位二进制异步加法计数

(2)中规模十进制计数器。中规模集成计数器品种多，功能完善，通常具有预置、保持、计数等多种功能。74LS192 同步十进制可逆计数器具有双时钟输入，可以执行十进制加法和减法计数，并具有清除、置数等功能。其引脚排列如图 15-7 所示，其中：$\overline{LD}$为置数端；CP_U 为加计数端；CP_D为减计数端；$\overline{C}_U$ 为非同步进位输出端；$\overline{C}_D$ 为非同步借位输出端；Q_A、Q_B、Q_C、Q_D为计数器输出端，D_A、D_B、D_C、D_D端为数据输入端，CR 为清零端，74LS192 功能表见表 15－4。

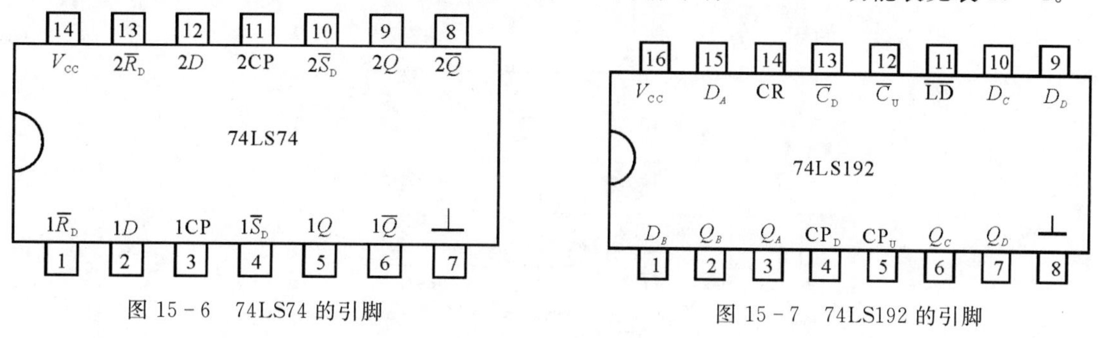

图 15－6　74LS74 的引脚　　　　图 15－7　74LS192 的引脚

表 15－4　74LS192 功能表

输　入								输　出			
CR	$\overline{LD}$	CP_U	CP_D	D	C	B	A	Q_D	Q_C	Q_B	Q_A
1	×	×	×	×	×	×	×	0	0	0	0
0	0	×	×	d	c	b	a	d	c	b	a
0	1	↑	1	×	×	×	×	加计数			
0	1	1	↑	×	×	×	×	减计数			

当清除端 CR＝1 时，计数器直接清 0（称为异步清零）。执行其他功能时，CR＝0。当 CR＝$\overline{LD}$＝0 时，数据直接从输入端 D_A、D_B、D_C、D_D 置入计数器；当 CR＝0，$\overline{LD}$＝1 时，执行计数功能。当 CP_D＝1 时，计数脉冲由加计数端 CP_U 输入，在计数脉冲上升沿按 8421 编码执行十进制加法计数。当 CP_U＝1 时，计数脉冲由减计数端 CP_D输入，在计数脉冲上升沿按 8421 编码执行十进制减法计数。

（3）计数器的级联使用。一个十进制计数器只能表示 0～9 十个数，在实际应用中要计的数往往很大，一个计数器是不够的，解决这个问题的办法是把数个十进制计数器级联使用，以扩大计数范围。如图15－8所示的用两只 74LS192 构成的加计数级联电路图，连接特点是低位计数器的 CP_U端与计数脉冲输入端相接；进位输出端 $\overline{C}_U$ 与高一位计数器的 CP_U端相接。

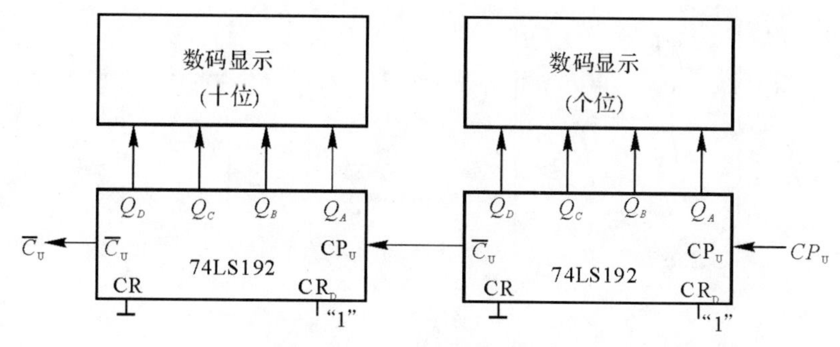

图 15－8　加计数级联电路图

(4)N进制计数。利用中规模集成计数器中各控制及置数端，通过不同的外电路连接，使该计数器成为任意进制计数器(也称N进制计数器)，达到功能扩展的目的。图15-9所示为利用74LS192的置数端$\overline{LD}$的置数功能构成五进制加法计数器的原理图。

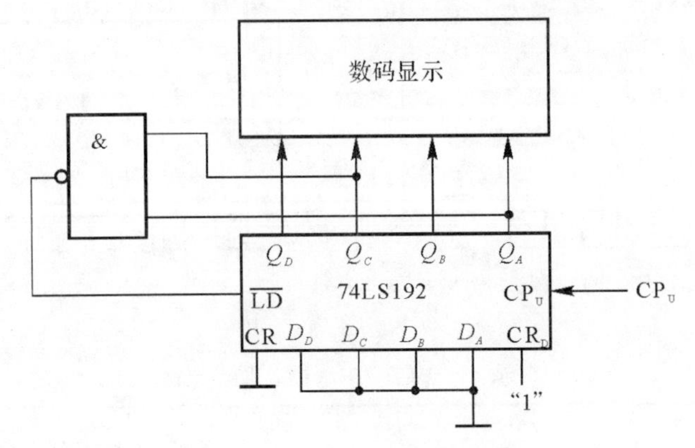

图15-9　五进制加法计数器

(5)译码及显示。计数器输出端的状态反映了计数脉冲的多少，为了把计数器的输出显示为相应的数，需要接上译码器和显示器。计数器采用的码制不同，译码器电路也不同。二-十进制译码器用于将二-十进制代码译成十进制数字，去驱动十进制的数字显示器件，显示0～9十个数字，由于各种数字显示器件的工作方式不同，因而对译码器的要求也不一样。中规模集成七段译码器74LS48或CD4511用于共阴极显示器，可以与磷砷化LED数码管BS201或BS202配套使用。74LS48或CD4511可以把8421编码的十进制数译成七段a、b、c、d、e、f、g输出，用以驱动共阴极LED。

图15-10所示为LED七个字段显示示意图。

图15-11所示为计数、译码、显示结构框图。

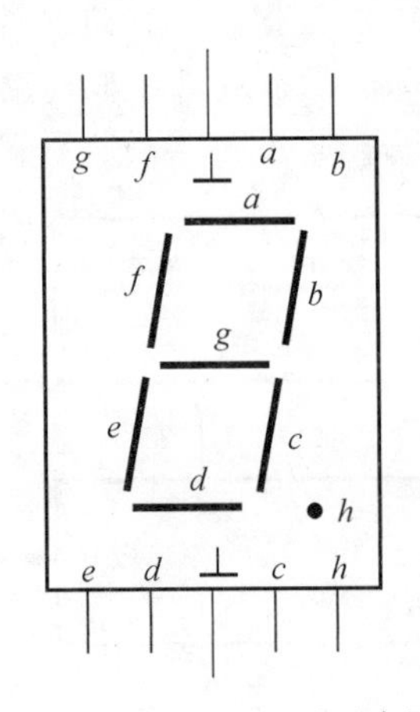

图15-10　LED显示示意图

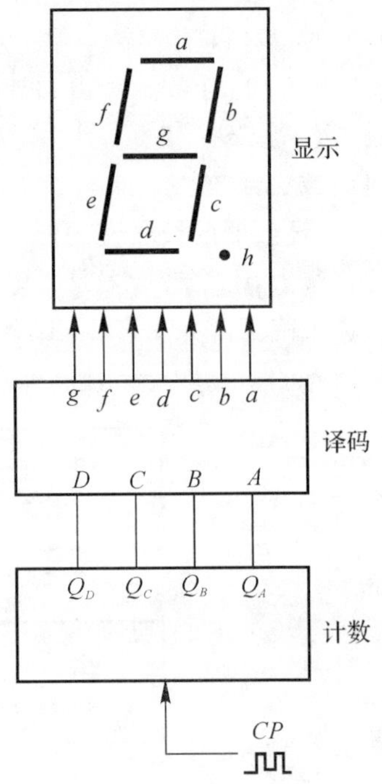

图15-11　为计数、译码、显示的结构框图

四、实验仪器及设备

(1)数字电路实验箱。

(2)四位双向移位寄存器 74LS194。

(3)双 D 触发器 74LS74。

(4)双 JK 触发器 74LS112。

(5)二输入四与非门 74LS00。

(6)同步十进制可逆计数器 74LS192。

五、实验任务

1. 基本 RS 触发器逻辑功能测试

用 74LS00 中的两个与非门按图 15-1 所示构成基本 RS 触发器。输入端 $\overline{R}_D$,$\overline{S}_D$ 接数据开关,输出端 Q、$\overline{Q}$ 接电平指示器(即发光二极管的输入端),按表 15-1 要求测试逻辑功能。

2. 双 JK 触发器 74LS112 逻辑功能测试

74LS112 的引脚如图 15-12 所示。

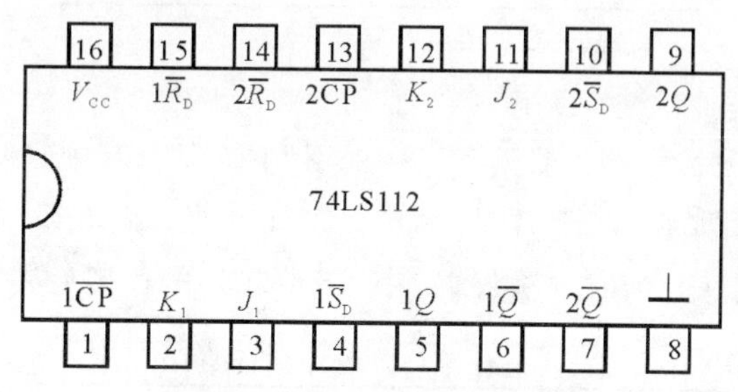

图 15-12　74LS112 的引脚

(1)$\overline{R}_D$、$\overline{S}_D$ 端清 0、置 1 功能测试。用 74LS112 中的一个 JK 触发器,将其 $\overline{R}_D$、$\overline{S}_D$ 接数据开关,J、K 端接数据开关,CP 端接单次脉冲源(即逻辑开关),Q、$\overline{Q}$ 端接电平指示器。按表 15-5 要求改变 $\overline{R}_D$、$\overline{S}_D$(此时 J、K、CP 处于任意状态),观察 Q、$\overline{Q}$ 状态的改变并填入表中。

表 15-5　74LS112 逻辑功能测试(1)

$\overline{R}_D$	$\overline{S}_D$	Q	$\overline{Q}$
1	1→0		
	0→1		
1→0	1		
0→1			
0	0		

表 15-6　74LS112 逻辑功能测试(2)

J	K	CP	Q_n	Q_{n+1}
0	0	↓	$Q_n=0$	
			$Q_n=1$	
0	1	↓	$Q_n=0$	
			$Q_n=1$	
1	0	↓	$Q_n=0$	
			$Q_n=1$	
1	1	↓	$Q_n=0$	
			$Q_n=1$	

(2)JK触发器逻辑功能测试。根据表15-5的结果得到Q_n的状态，按表15-6要求改变J、K状态，保证$\overline{R}_D=\overline{S}_D=1$，进行一次下降脉冲CP↓，观察$Q_{n+1}$状态的改变并填入表中，注意其是否发生在CP脉冲的下降沿(即CP由1→0)。

3. 双D触发器74LS74逻辑功能测试

74LS74的引脚如图15-6所示。

(1)$\overline{R}_D$、$\overline{S}_D$端清0、置1功能测试。测试方法同实验内容2(1)。

(2)D触发器逻辑功能测试。按表15-7要求进行测试，观察Q、$\overline{Q}$状态的改变并填入表中，注意其是否发生在CP脉冲的上升沿(即CP由0→1)。

表15-7　74LS74逻辑功能测试

D	CP	Q_n	Q_{n+1}
0	↑	$Q_n=0$	
		$Q_n=1$	
1	↑	$Q_n=0$	
		$Q_n=1$	

4. 74LS194逻辑功能测试

图15-13是四位双向移位寄存器74LS194的引脚排列图，其中：D_A、D_B、D_C、D_D是四位并行输入端；Q_A、Q_B、Q_C、Q_D是四位并行输出端；S_R为右移串行输入端；S_L为左移串行输入端；$\overline{CR}$为直接无条件清零端；CP为时钟输入端。S_1、S_0和$\overline{CR}$的作用见表15-8。

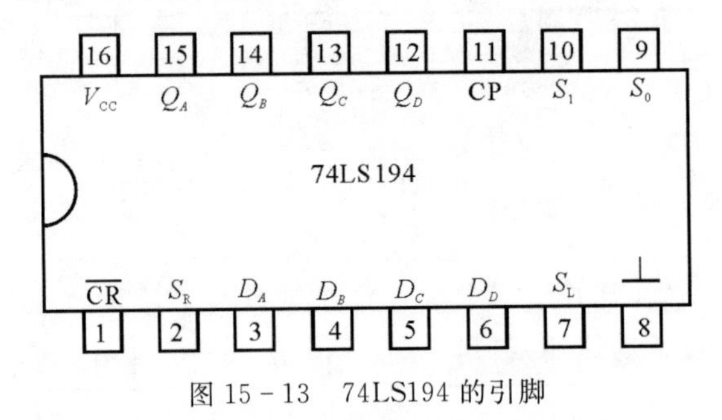

图15-13　74LS194的引脚

表15-8　S_1,S_0和$\overline{CR}$的作用

CP	$\overline{CR}$	S_1	S_0	功能	$Q_AQ_BQ_CQ_D$
×	0	×	×	清0	$\overline{CR}=0$，使$Q_AQ_BQ_CQ_D=0000$，寄存器正常工作时$\overline{CR}=1$
↑	1	1	1	并行输入	CP上升沿作用后，并行输入数据送入寄存器。$Q_AQ_BQ_CQ_D=D_AD_BD_CD_D$，此时串行数据($S_R$、$S_L$)被禁止
↑	1	0	1	右移	串行数据送至右移输入端S_R，CP上升沿进行右移。$Q_AQ_BQ_CQ_D=D_{SR}D_AD_BD_C$

续表

CP	$\overline{CR}$	S_1	S_0	功能	$Q_AQ_BQ_CQ_D$
↑	1	1	0	左移	串行数据送至左移输入端 S_L、CP上升沿进行左移。$Q_AQ_BQ_CQ_D=Q_BQ_CQ_DD_{SL}$
↑	1	0	0	保持	CP作用后寄存器内容保持不变。$Q_A^nQ_B^nQ_C^nQ_D^n=Q_AQ_BQ_CQ_D$

注：×——状态任意；↑——CP上升沿。

将74LS194的 Q_A、Q_B、Q_C、Q_D 端接电平指示器，S_1、S_0、S_R、S_L、$\overline{CR}$ 和 D_A、D_B、D_C、D_D 端分别接数据开关，CP接单次脉冲源，按表15－9所列状态进行测试并填入表中。

表15－9　74LS194逻辑功能测试

清0	模式		时钟	串行		输入	输出	功能总结
$\overline{CR}$	S_1	S_0	CP	S_L	S_R	$D_AD_BD_CD_D$	$Q_AQ_BQ_CQ_D$	
0	×	×	×	×	×	1001		
1	1	1	↑	×	×	1001		
1	0	1	↑	×	0	1001		
1	0	1	↑	×	1	1001		
1	0	1	↑	×	1	1001		
1	0	1	↑	×	0	1001		
1	1	0	↑	1	×	1001		
1	1	0	↑	1	×	1001		
1	1	0	↑	1	×	1001		
1	1	0	↑	1	×	1001		
1	0	0	↑	×	×	1001		

5．测试74LS192十进制可逆计数器的逻辑功能

计数脉冲CP由单次脉冲源（逻辑开关）提供，清零端CR、置数端 $\overline{LD}$ 接数据开关、数据输入端 D_A、D_B、D_C、D_D 分别接数据开关；输出端 Q_A、Q_B、Q_C、Q_D 分别接实验箱上译码器的相应输入端A、B、C、D；$\overline{C}_U$、$\overline{C}_D$ 端接高低电平指示器。按表15-4要求逐项测试74LS192逻辑功能，判断此集成块功能是否正常。

（1）清零：令CR＝1，其他输入为任意状态，这时 $Q_AQ_BQ_CQ_D=0000$，译码器显示为0。清零功能完成后，置CR＝0。

（2）置数：令CR＝0，CP_U，CP_D 任意，数据输入端输入二进制数 $DCBA=1001$，令 $\overline{LD}=0$，观察计数器输出是否是 $Q_AQ_BQ_CQ_D=1001$。预置功能完成后，置 $\overline{LD}=1$。

（3）加计数：令CR＝0，$\overline{LD}=CP_D=1$，CP_U 接单次脉冲源（数据开关）。清零后，由 CP_U 逐个送入10个单次脉冲，观察 $Q_D\sim Q_A$ 及 $\overline{C}_U$ 状态的变化及数码显示情况，观察输出状态的变化是否发生在 CP_U 的上升沿。

(4) 减计数:令 CR= 0,$\overline{LD}$= CP_U = 1,CP_D 接逻辑开关,CP_U 接数据开关。参照(3) 进行实验。

6. 用两个 74LS192 组成两位十进制加法计数器

按图 15-8 所示连接电路。输入计数脉冲,计数器进行 00~99 累加计数,观察计数、显示过程。

7. 用 74LS192 及 74LS00 构成十进制以内任意进制加法计数器

参考图 15-9 按自拟电路连接实验电路。

(1)逐个送入单脉冲,观察并记录之。

(2)观察数码显示有否异常现象?如有,分析产生错误原因,并提出解决办法。

六、实验报告要求

(1)列表整理各类型触发器的逻辑功能。

(2)总结 JK 触发器 74LS112 和 D 触发器 74LS74 的特点。

(3)分析表 15-9 的实验结果,总结移位寄存器 74LS194 的逻辑功能,填入表格"功能总结"一栏中。

(4)总结用中规模集成计数器构成任意进制计数器的方法。

实验 16　555 集成定时器及其应用

一、实验目的

(1)熟悉 555 集成定时器的工作原理及其功能。

(2)学习用 555 集成定时器构成多谐振荡电路和整形电路。

二、预习要求

(1)了解 555 集成定时器的结构及工作原理。

(2)熟悉 555 集成定时器的管脚功能。

(3)计算多谐振荡器输出的矩形波的周期。

三、实验原理与说明

555 集成定时器是一种模拟电路和数字电路相结合的中规模集成电路,只要外接适当的电阻、电容等器件便可方便地构成多谐振荡器、单稳态触发器和施密特触发器等脉冲产生、波形变换电路。其内部逻辑图如图 16-1 所示。它由两个高精度电压比较器 N_1 和 N_2、一个基本 RS 触发器、一个放电晶体三极管 T 和三个 5 kΩ 电阻串联组成的分压器构成。其引脚排列如图16-2 所示。引脚功能如下:

1 为接地端。

2 为低电平触发输入端,由此输入触发脉冲。当 2 端的输入电压高于$\frac{1}{3}U_{CC}$ 时,N_2 的输出为"1";当输入电压低于$\frac{1}{3}U_{CC}$ 时,N_2 的输出为"0",使基本 RS 触发器置"1"。

3 为输出端,输出电流可达 200 mA,可直接驱动继电器、发光二极管、扬声器、指示灯等。

输出的高电压低于电源电压 U_{CC} 1 ～ 3 V。

4 为复位端，直接复位时加负脉冲，复位后接高电平。

5 为电压控制端，可外加一电压以改变比较器的参考电压。不用时，经 0.01 μF 的电容接"地"，以防引入干扰。

6 为高电平触发端，由此输入触发脉冲。当输入电压低于 $\frac{2}{3}U_{CC}$ 时，N_1 的输出为"1"；当输入电压高于 $\frac{2}{3}U_{CC}$ 时，N_1 的输出为"0"，使触发器置"0"。

7 为放电端。当触发器的 $\overline{Q}$ 端为"1"时，放电晶体管 T 导通，外接电容元件通过 T 放电。

8 为电源端，可在 5 ～ 18 V 范围内选用。

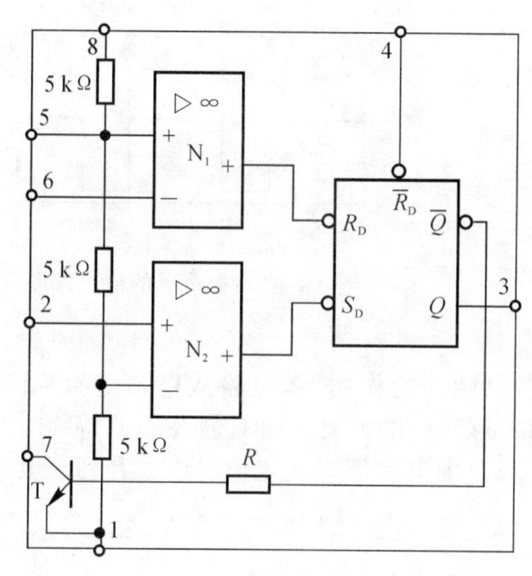

图 16－1　555 集成定时器内部逻辑图

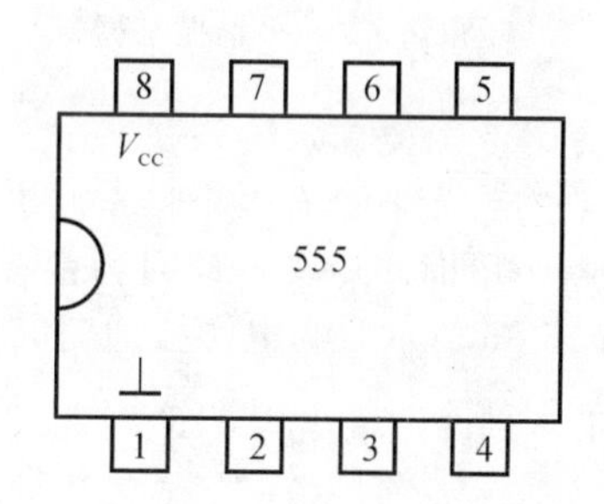

图 16－2　555 引脚排列

555 集成定时器的典型应用：

1. 多谐振荡器

多谐振荡器也称为无稳态触发器，它没有稳定状态，只有两个暂稳态，且无须外加触发脉冲，电路便能自动交替翻转，使两个暂稳态交替出现，输出一定频率的矩形脉冲。图 16－3 所示为用 555 定时器外加 RC 构成的多谐振荡器电路。其中：R_1，R_2，C 构成充放电回路，接通电源 U_{CC} 后，U_{CC} 通过 R_1，R_2 向电容器 C 充电，当 u_C 上升到略大于 $\frac{2}{3}U_{CC}$ 时，比较器 N_1 的输出为 0，将 RS 触发器置 0，输出 $u_o = 0$，同时放电管 T 导通，C 通过 R_2 和 T 放电使 u_C 下降。当 u_C 下降略小于 $\frac{1}{3}U_{CC}$ 时，比较器 N_2 的输出为 0，将 RS 触发器置 1，输出 u_o 由 0 变为 1，放电管 T 截止，U_{CC} 再次通过 R_1，R_2 向电容器 C 充电，重复以上过程。在输出端便得到一个周期性变化的矩形波，其波形如图 16－4 所示。由图可知，t_{p1} 的宽度为 u_C 从 $\frac{1}{3}U_{CC}$ 上升到 $\frac{2}{3}U_{CC}$ 所需的时间，即

$$t_{p1} = (R_1 + R_2)C_1 \ln 2 \approx 0.7(R_1 + R_2)C_1$$

t_{p2} 的宽度为 u_C 放电从 $\frac{2}{3}U_{CC}$ 下降到 $\frac{1}{3}U_{CC}$ 所需的时间，即

$$t_{p2}=R_2C_1\ln2\approx0.7R_2C_1$$

因而多谐振荡器输出的矩形波的周期为

$$T=t_{p1}+t_{p2}\approx0.7(R_1+2R_2)C_1$$

振荡频率为

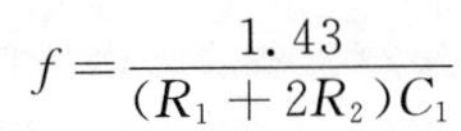

$$f=\frac{1.43}{(R_1+2R_2)C_1}$$

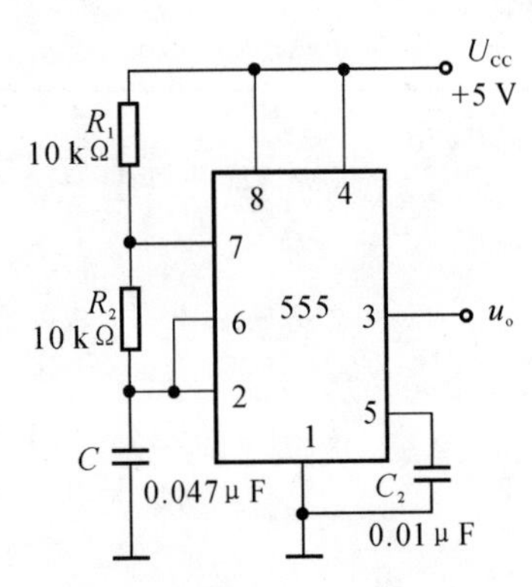

图 16-3 多谐振荡器

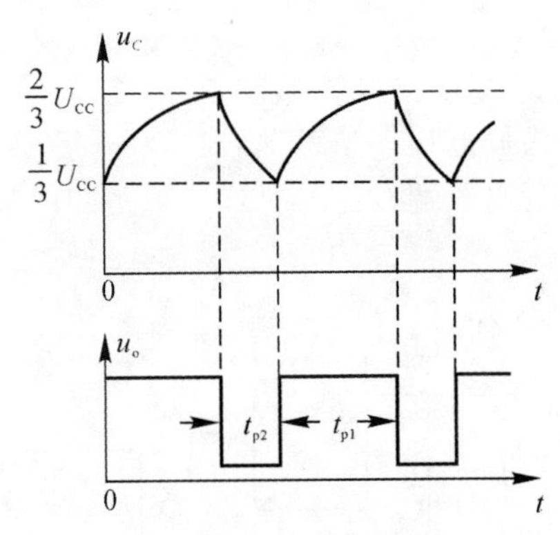

图 16-4 多谐振荡器的输出波形

2. 单稳态触发器

单稳态触发器只有一个稳定状态，在外来触发脉冲的作用下，电路从稳态变为暂稳态，暂稳态维持一段时间后又自动回到稳态。输出的矩形脉冲的宽度 t_p 就是暂稳态的持续时间。电路如图 16-5 所示。当电源接通时，U_{CC} 通过电阻 R 向电容器 C 充电，待 u_C 上升到高电平触发电压 $\frac{2}{3}U_{CC}$ 时，N_1 输出为 0，$R_D=0$，$Q=0$，即输出 u_o 为低电平，同时电容器 C 通过三极管 T(见图 16-1) 放电，N_1 输出为 1，$R_D=1$。当触发输入端 2 外接触发脉冲 $u_i<\frac{1}{3}U_{CC}$ 时，N_2 输出为 0，$S_D=0$，$Q=1$，输出 u_o 为高电平，同时三极管 T 截止，U_{CC} 再次通过 R 向 C 充电。输出电压 u_o 的脉宽为 $t_p=RC\ln3\approx1.1RC$。u_i 的重复周期 T 必须大于 t_p 才能保证 u_i 的每一个正倒置脉冲起作用。单稳态触发器的工作波形如图 16-6 所示。

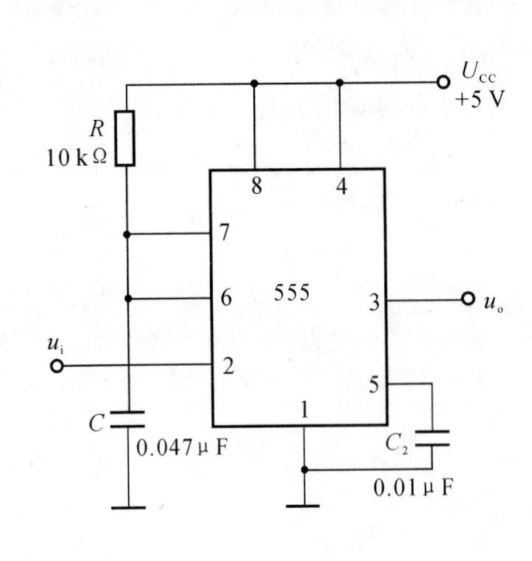

图 16-5 单稳态触发器

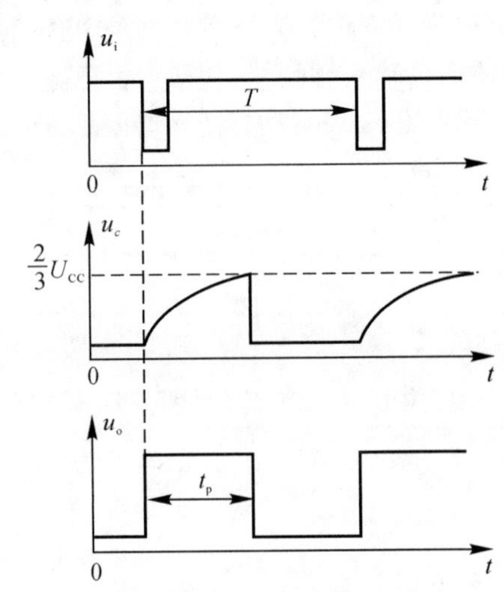

图 16-6 单稳态触发器的工作波形

四、实验仪器及设备

(1) TDS1001型双踪示波器。
(2) FLUKE17型数字万用表。
(3) 数字电路实验箱。

五、实验任务

1. 多谐振荡器

按图16-3所示电路接线。用示波器的两个通道同时观察 u_C 和 u_o 的波形，并用示波器测出 u_C 和 u_o 的峰峰值及输出的脉冲宽度 t_{p1}，t_{p2}，用示波器测出 u_o 的频率 f，将测量结果填入表16-1。

表16-1　多谐振荡器的测量

u_C，u_o 的波形	测量值
u_C — O — t	$U_{C(p-p)}=$　　V
	$U_{o(p-p)}=$　　V
	$t_{p1}=$　　ms
u_o — O — t	$t_{p2}=$　　ms
	$f=$　　Hz

2. 单稳态触发器

按图16-5所示电路接线，触发输入信号 u_i 由上述多谐振荡器的输出 u_o 提供，用示波器的两个通道同时观察 u_C 和 u_o 的波形，并用示波器测出 u_C 和 u_o 的峰峰值及输出的脉冲宽度 t_p，用示波器测出 u_o 的频率，将测量结果填入表16-2。

表16-2　单稳态触发器的测量

u_C，u_o 的波形	测量值
u_C — O — t	$U_{C(p-p)}=$　　V
	$U_{o(p-p)}=$　　V
	$t_p=$　　ms
u_o — O — t	$f=$　　Hz

3. 模拟声响电路

用两个555定时器构成两个多谐振荡器，如图16-7所示。振荡器(Ⅰ)的振荡频率为1 Hz左右，而振荡器(Ⅱ)的振荡频率为1 kHz左右。当振荡器(Ⅰ)输出为高电平时，振荡器(Ⅱ)就振荡；当振荡器(Ⅰ)输出低电平时，振荡器(Ⅱ)就停止振荡。从而使接在振荡器(Ⅱ)输出端的扬声器发出“嘀、嘀……”的间歇响声。

(1) 按图16-7所示接线(R_{11}，R_{12} 用实验箱上的电位器，R_{11} 为固定接法)，将 u_{o1} 接至(Ⅱ)

中的引脚 4 端，然后调节 R_{12} 试听声响效果。

(2) 将图 16－7 中的 u_{o1} 直接接到振荡器(Ⅱ)的引脚 5 端，振荡器(Ⅱ)的引脚 4 端接电源 U_{CC}，调节 R_{12} 试听声响效果。

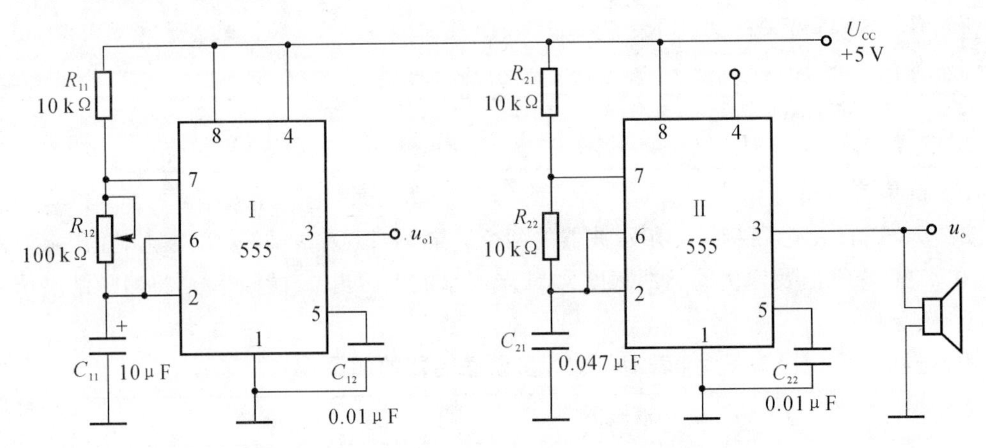

图 16－7　用两个 555 定时器构成两个多谐振荡器

＊4. 占空比可调的多谐振荡器

对图 16－3 所示电路稍加改变，就可组成占空比可调的多谐振荡器，占空比可调的多谐振荡器电路如图 16－8 所示。

在原有多谐振荡器电路上增加了一个电位器和两个导引二极管。D_1，D_2 用来决定电容器充放电的电流经过电阻的途径，即充电时 D_1 导通，D_2 截止；放电时 D_2 导通，D_1 截止。占空比为

$$q=\frac{t_{W1}}{t_{W1}+t_{W2}}\approx\frac{0.7R_AC}{0.7C(R_A+R_B)}=\frac{R_A}{R_A+R_B}$$

若取 $R_A=R_B$，电路即可输出占空比为 50% 的方波信号。

按图 16－8 接线，组成占空比为 50% 的方波信号发生器。用示波器观测 u_C，u_o 波形，测定波形参数。

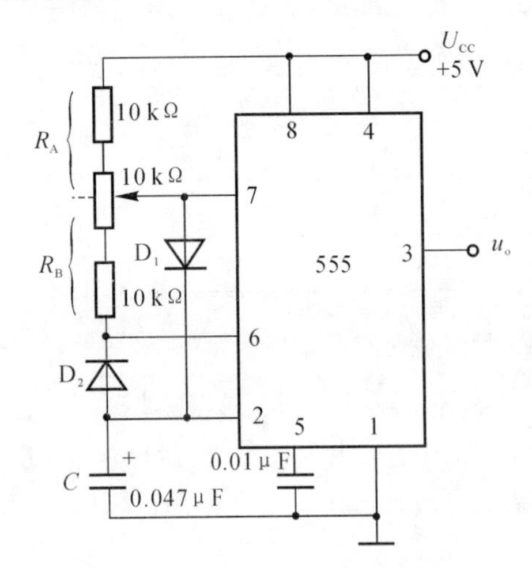

图 16－8　占空比可调的多谐振荡器

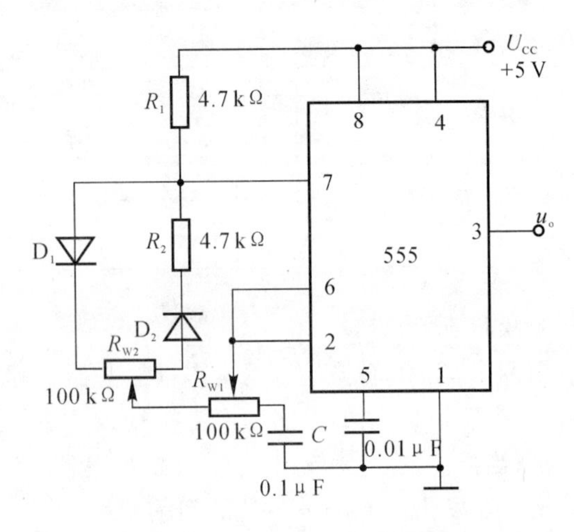

图 16－9　占空比和频率都可调的多谐振荡器

*5. 占空比和频率都可调的多谐振荡器

组成占空比和频率都可调的多谐振荡器，如图16-9所示。

当对C充电时，充电电流通过R_1，D_1，R_{W2}和R_{W1}；放电时通过R_{W1}，R_{W2}，D_2，R_2。当$R_1=R_2$时，R_{W2}调至中心点，因充放电时间基本相等，其占空比约为50%，此时调节R_{W1}仅改变频率，占空比不变。如果R_{W2}调至偏离中心点，再调节R_{W1}，不仅振荡频率改变，且占空比也会受到影响。如果R_{W1}不变，调节R_{W2}，仅改变占空比而对频率没有影响。因此，当接通电源时，应首先调节R_{W1}使频率调至规定值，再调节R_{W2}，以获得所需的占空比。

若频率的调节范围比较大，还可以用波段开关改变C的值。

按图16-9所示接线，组成占空比和频率都可调的多谐振荡器。用示波器观测输出波形，通过调节R_{W1}，R_{W2}来观测输出波形的变化。

六、实验报告要求

(1)定量画出实验中记录的各点波形。

(2)整理实验数据，与理论值进行比较，并分析产生误差的原因。

实验17　D/A和A/D转换器

一、实验目的

(1)熟悉D/A转换器和A/D转换器的工作原理。

(2)了解D/A转换器DAC0832和A/D转换器ADC0809的基本结构和特性。

(3)掌握D/A转换器DAC0832和A/D转换器ADC0809的使用方法。

二、预习要求

(1)了解D/A转换器和A/D转换器的工作原理。

(2)熟悉DAC0832和ADC0809的基本结构和特性。

三、实验原理与说明

1. D/A转换器DAC0832

DAC0832为电压输入、电流输出的R-2R电阻网络型的8位D/A转换器，它采用CMOS和薄膜Si-Cr电阻相容工艺制造，温漂低，逻辑电平输入与TTL电平兼容。DAC0832是一个8位乘法型CMOS数模转换器，它可直接与微处理器相连，采用双缓冲寄存器，这样可在输出的同时，采集下一个数字量，以提高转换速度。

DAC0832的内部功能框图如图17-1所示，外引线排列如图17-2所示。

DAC0832主要由3部分构成，第一部分是8位D/A转换器，输出为电流形式；第二部分是两个8位数据锁存器构成双缓冲形式；第三部分是控制逻辑。计算机可利用控制逻辑通过数据总线向输入锁存器存数据，因控制逻辑的连接方式不同，可使D/A转换器的数据输入具有双缓冲、单缓冲和直通 3 种方式。

当$\overline{WR_1}$,$\overline{WR_2}$,$\overline{XFER}$及$\overline{CS}$接低电平时,ILE 接高电平,即不用写信号控制,使两个寄存器处于开通状态,外部输入数据直通内部 8 位 D/A 转换器的数据输入端,这种方式称为直通方式。当$\overline{WR_2}$,$\overline{XFER}$接低电平时,使 DAC0832 中两个寄存器中的一个处于开通状态,只控制一个寄存器,这种工作方式称为单缓冲工作方式。当 ILE 为高电平,$\overline{CS}$和$\overline{WR_1}$为低电平时,8 位输入寄存器有效,输入数据存入寄存器。当 D/A 转换时,$\overline{WR_2}$,$\overline{XFER}$为低电平,LE_2 使 8 位 D/A 寄存器有效,将数据置入 D/A 寄存器中,进行 D/A 转换。两个寄存器均处于受控状态,输入数据要经过两个寄存器缓冲控制后才进入 D/A 转换器。这种工作方式称为双缓冲工作方式。

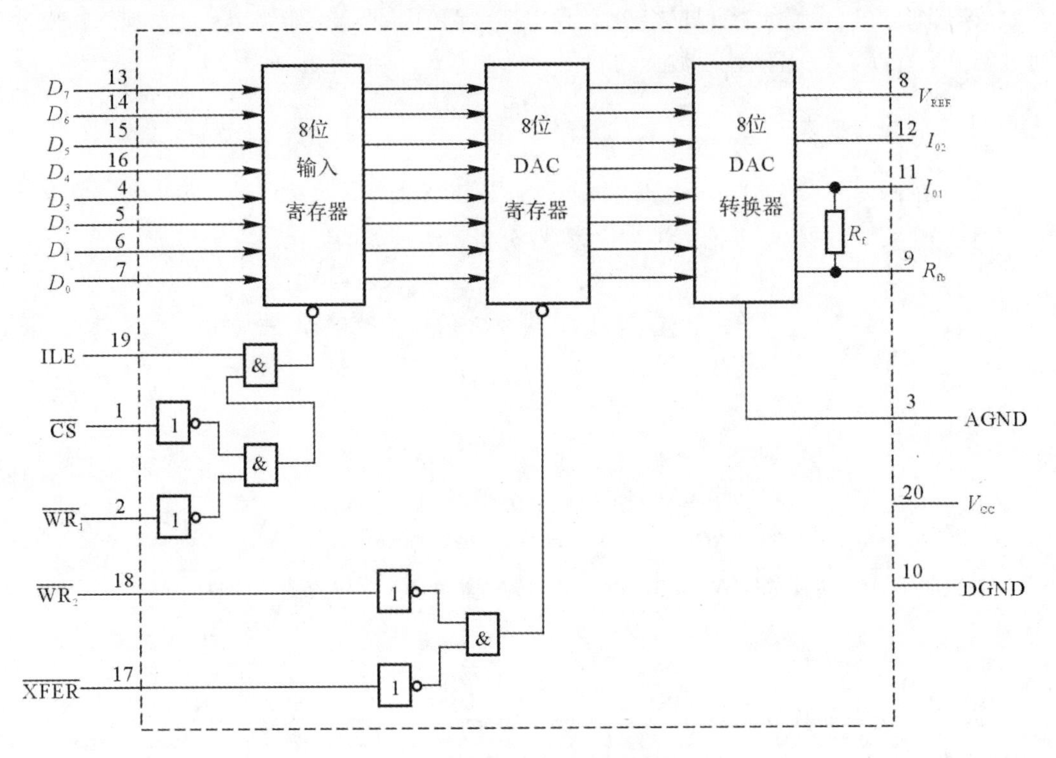

图 17-1　DAC0832 的内部功能框图

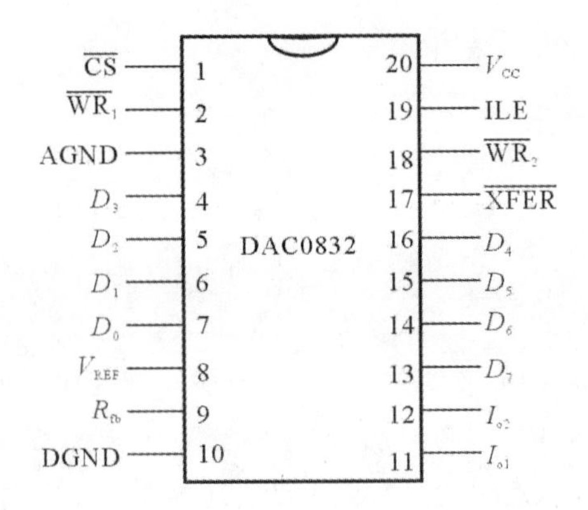

图 17-2　DAC0832 的外引线排列图

DAC0832 管脚定义说明如下：

$\overline{CS}$为片选输入端(低电平有效)，与 ILE 共同作用，对$\overline{WR_1}$ 信号进行控制。

ILE 为输入的锁存信号(高电平有效)，当 ILE=1 且$\overline{CS}$和$\overline{WR_1}$ 均为低电平时，8 位输入寄存器允许输入数据；当 ILE=0 时，8 位输入寄存器锁存数据。

$\overline{WR_1}$ 为写信号 1(低电平有效)，用来将输入数据位送入寄存器中。当$\overline{WR_1}$=1 时，输入寄存器的数据被锁定；当$\overline{CS}$=0，ILE=1 时，在$\overline{WR_2}$ 为有效电平的情况下，才能写入数字信号。

$\overline{WR_2}$ 为写信号 2(低电平有效)，与$\overline{XFER}$组合，当$\overline{WR_2}$和$\overline{XFER}$均为低电平时，输入寄存器中的 8 位数据传送给 8 位 DAC 寄存器中；$\overline{WR_2}$=1 时，8 位 DAC 寄存器锁存数据。

$\overline{XFER}$为传输控制信号(低电平有效)，控制$\overline{WR_1}$ 有效。

$D_0 \sim D_7$ 为 8 位数字量输入端，其中 D_0 为最低位，D_7 为最高位。

I_{o1} 为 DAC 电流输出 1 端，当 DAC 转换器数据输入端全为 1 时，输出电流 I_{o1} 最大；当 DAC 转换器数据输入端全为 0 时，输出电流 I_{o1} 最小。

I_{o2} 为 DAC 电流输出 2 端，输出电流 $I_{o1}+I_{o2}$=常数。

R_{fb} 为芯片内的反馈电阻。反馈电阻引出端，用来作为外接运放的反馈电阻。在构成电压输出 DAC 中，此端应接运算放大器的输出端。

V_{REF} 为参考电压输入端，通过该引脚将外部的高精度电压源与片内的 R-2R 电阻网相连，其电压范围为 $-10 \sim +10$ V。

V_{CC} 为电源电压输入端，电源电压范围为 $+5 \sim +15$ V，最佳状态为 $+15$ V。

DGND 为数字电路接地端。

AGND 为模拟电路接地端，通常与 DGND 相连。

为了将模拟电流转换为模拟电压，需把 DAC0832 的两个输出端 I_{o1} 和 I_{o2} 分别接到运算放大器的两个输入端，经过一级运放得到单极性输出电压 V_{A1}。当需要把输出电压转换为双极性输出时，可由第二级运放对 V_{A1} 及基准电压 V_{REF} 反相求和，得到双极性输出电压 V_{A2}，如图 17-3 所示，电路为 8 位数字量 $D_0 \sim D_7$ 经 D/A 转换器转换为双极性电压输出的电路图。

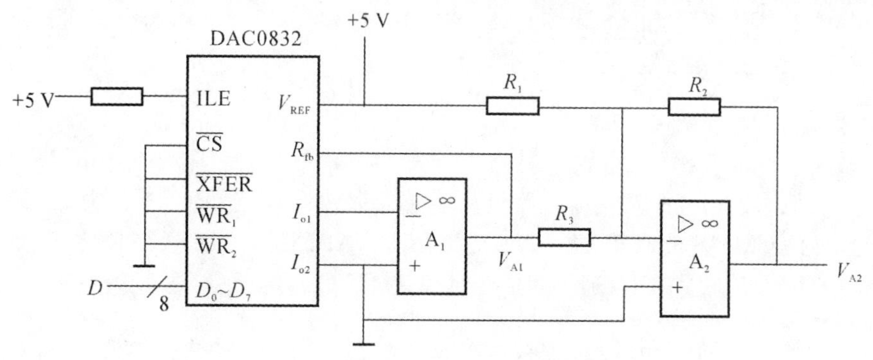

图 17-3　D/A 转换双极性输出电路图

第一级运放的输出电压为

$$V_{A1} = -V_{REF} \times \frac{D}{2^8}$$

式中，D 为数字量的十进制数。

第二级运放的输出电压为

$$V_{A2} = -\left(\frac{R_2}{R_3}V_{A1} + \frac{R_2}{R_1}V_{REF}\right)$$

当 $R_1 = R_2 = 2R_3$ 时，则有

$$V_{A2} = -(V_{A1} + V_{REF}) = \frac{D-128}{128}V_{REF}$$

2. A/D 转换器 ADC0809

ADC0809 是一个带有 8 通道多路开关并能与微处理器兼容的 8 位 A/D 转换器，它是单片 CMOS 器件，采用逐次逼近法进行转换。它的转换时间为 100 μs，分辨率为 8 位，转换速度为 $\pm\frac{1}{2}$LSD，单 5 V 供电，输入模拟电压范围为 0 ～ 5 V，内部集成了可以锁存控制的 8 路模拟转换开关，输出采用三态输出缓冲寄存器，电平与 TTL 电平兼容。ADC0809 内部结构如图 17-4 所示。外引线排列如图 17-5 所示。

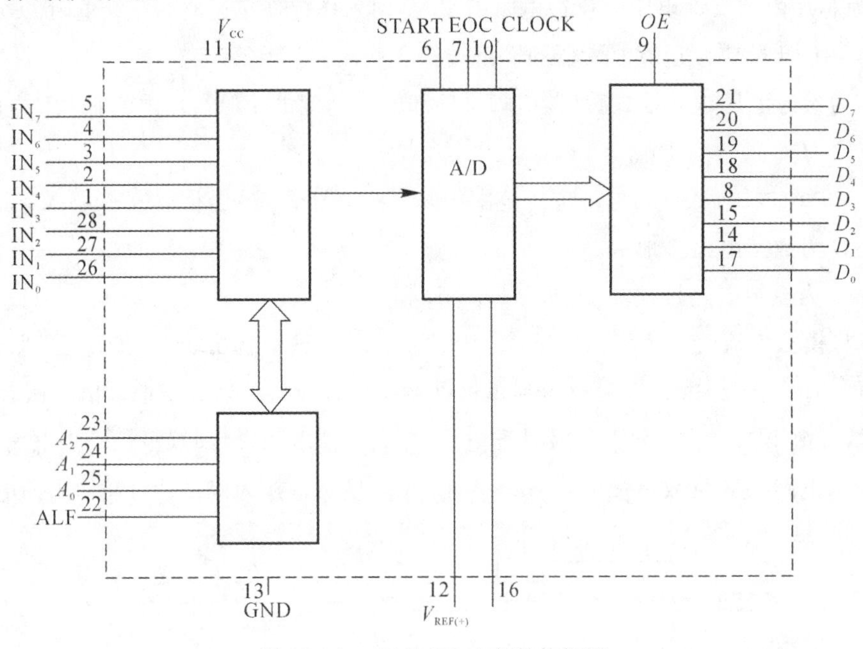

图 17-4　ADC0809 内部结构框图

在 8 路模拟输入信号中选择哪一路输入信号进行转换，由多路选择器决定。多路选择器包括 8 个标准的 CMOS 模拟开关，3 个地址锁存器。ADDC ～ ADDA 三位地址选择有 8 种状态，可以选中 8 个通道之一。各通道对应地址见表 17-1。

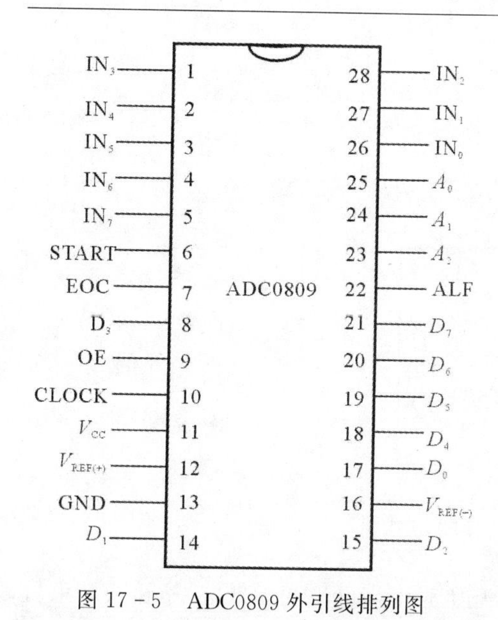

图 17－5　ADC0809 外引线排列图

表 17－1　地址码对应的模拟通道

地　址			模拟通道
ADDC	ADDB	ADDA	
0	0	0	IN_0
0	0	1	IN_1
0	1	0	IN_2
0	1	1	IN_3
1	0	0	IN_4
1	0	1	IN_5
1	1	0	IN_6
1	1	1	IN_7

256 个电阻和 256 个模拟开关组成 DAC 电路。模拟开关受 8 位逐次比较寄存器输出状态的控制，8 位逐次比较寄存器可记录 $2^8=256$ 种不同状态，因此开关输出 V_{REF} 也有 256 个参考电压，将 V_{REF} 送入比较器与输入模拟电压进行比较，比较结果再送入 8 位逐次比较寄存器，8 位逐次比较寄存器的状态再控制开关，如此不断进行比较，直至转换完最低位为止。

如果将 ST 与 ALE 相连，则在通道地址选定的同时也开始 A/D 转换。若将 ST 与 EOC 相连，上一次转换结束就开始下一次转换。当不需要高精度基准电压时，$V_{REF(+)}$，$V_{REF(-)}$ 接系统电源 V_{CC} 和 GND 上。此时最低位所表示的输入电压值为

$$\frac{5\ \text{V}}{2^8}=20\ \text{mV}$$

$V_{REF(+)}$ 和 $V_{REF(-)}$ 也不一定要分别接在 V_{CC} 和 GND 上，但要满足以下条件：

$$0\leqslant V_{REF(-)}<V_{REF(+)}\leqslant V_{CC}$$

$$\frac{V_{REF(-)}+V_{REF(+)}}{2}=\frac{1}{2}V_{CC}$$

模拟量的输入有单极性输入和双极性输入两种方式。单极性模拟电压的输入范围为 0～5 V，双极性模拟电压的输入范围为 －5～＋5 V。双极性输入时需要外加输入偏置电路，如图 17－6 所示。

ADC0809 各引脚的功能说明如下：

(1) $A_0\sim A_2$ 为三位通道地址输入端，$A_2\sim A_0$ 为三位二进制码。$A_2A_1A_0=000\sim 111$ 时，分别选中 $IN_0\sim IN_7$。$IN_0\sim IN_7$ 为 8 路模拟信号输入通道。

(2) ALE 为地址锁存允许输入端（高电平有效），当 ALE 为高电平时，允许 $A_2A_1A_0$ 所示的通道被选中（该信号的上升沿使多路开关的地址码 $A_2A_1A_0$ 锁存到地址寄存器中）。

(3) ST 为启动信号输入端，此输入信号的上升沿使内部寄存器清零，下降沿使 A/D 转换器开始转换。

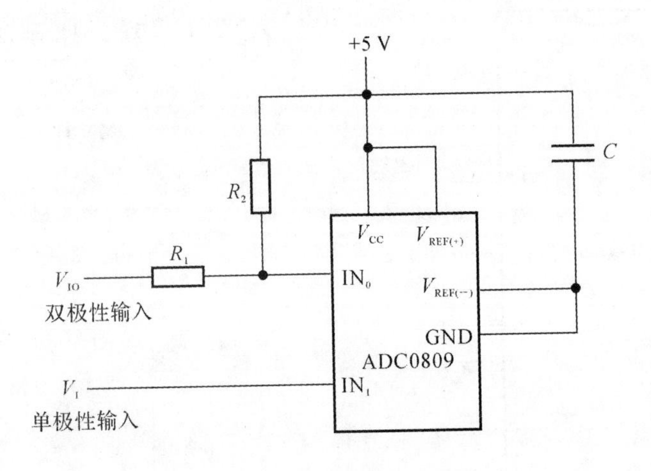

图 17-6　单极性、双极性输入方式图

(4)EOC 为 A/D 转换结束信号,它在 A/D 转换开始时由高电平变为低电平,转换结束后,由低电平变为高电平,此信号的上升沿表示 A/D 转换完毕,常用作中断申请信号。

(5)OE 为输出允许信号,高电平有效,用来打开三态输出锁存器,将数据送到数据总线。

(6)$D_7 \sim D_0$ 为 8 位数字量输出端。

(7)CLK 为外部时钟信号输入端,改变外接 RC 元件,可改变时钟频率,从而决定 A/D 转换的速度。A/D 转换器的转换时间 T_C 等于 64 个时钟周期,CLK 的频率范围为 10 ~ 1 280 kHz。当时钟脉冲频率为 640 kHz 时,T_C 为 100 μs。

(8)$V_{REF(+)}$ 和 $V_{REF(-)}$ 为基准电压输入端,它们决定了输入模拟电压的最大值和最小值。

(9)GND 为地线。

注意:数据输入端不能同时与前面电路输出端和数据开关连接。A/D 转换器 ADC0809 的模拟输入电压可以使用可调信号源输出获得。

四、实验仪器及设备

(1) 数字实验箱。

(2) LPS-305 型直流稳压电源。

(3) FG-506 型函数信号发生器。

(4) TDS1001 型双踪示波器。

(5) 共阳极数码管。

(6) 电阻和电位器等。

(7) ADC0809。

(8) DAC0832。

五、实验任务

1. D/A 转换分析(DAC0832)

(1) 将 DAC0832 接成直通工作方式,且输出为单极性电压输出。数字量输入端 $D_7 \sim D_0$ 均置 0,测量模拟输出电压 u_o 的值。

(2) 按表17-2所列，从输入数字量的最低端 D_0 起，逐位置1，对应测出模拟输出电压 u_o 的值，并填入表中。

表 17-2　DAC0832 实验测量(1)

输入数字量								输出模拟电压 u_o/V
D_7	D_6	D_5	D_4	D_3	D_2	D_1	D_0	
0	0	0	0	0	0	0	0	
0	0	0	0	0	0	0	1	
0	0	0	0	0	0	1	1	
0	0	0	0	0	1	1	1	
0	0	0	0	1	1	1	1	
0	0	0	1	1	1	1	1	
0	0	1	1	1	1	1	1	
0	1	1	1	1	1	1	1	
1	1	1	1	1	1	1	1	

(3)D/A 转换器 DAC0832。

1) 先按图 17-7 所示电路接线。

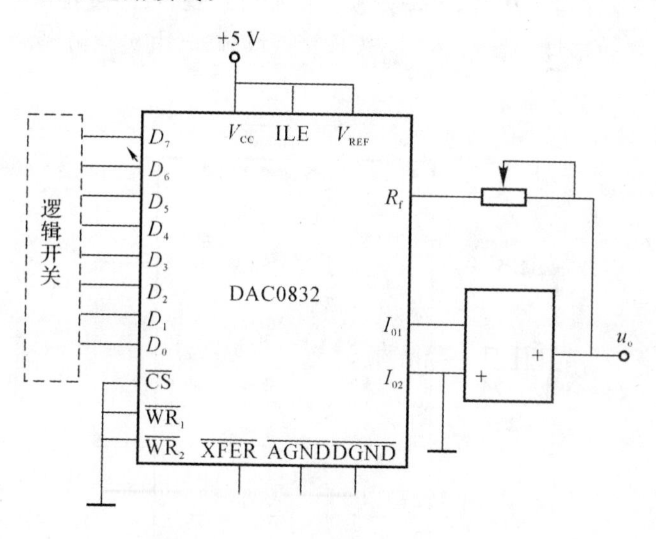

图 17-7　DAC0832 实验电路图

2) 调零：接通电源后，将输入逻辑开关均接 0，即输入数据 $D_7D_6D_5D_4D_3D_2D_1D_0=00000000$，调节运放的调零电位器，使输出电压 $u_o=0$ V。

3) 按表 17-3 所示的输入数字量(由实验箱中逻辑开关控制)，逐次测量输出模拟电压 u_o 的值，并填入表中。

表 17－3　DAC0832 实验测量(2)

输入数字量								输出模拟电压 u_o/V	
D_7	D_6	D_5	D_4	D_3	D_2	D_1	D_0	理论值	实测值
0	0	0	0	0	0	0	0		
0	0	0	0	0	0	0	1		
0	0	0	0	0	0	1	1		
0	0	0	0	0	1	1	1		
0	0	0	0	1	1	1	1		
0	0	0	1	1	1	1	1		
0	0	1	1	1	1	1	1		
0	1	1	1	1	1	1	1		
1	1	1	1	1	1	1	1		

2. A/D 转换分析(ADC0809)

(1) 按图 17－8 所示电路接线，u_i 输入模拟信号(由实验箱的直流信号源提供)，将输出端 $D_7 \sim D_0$ 分别接逻辑指示灯 $L_8 \sim L_1$，CLOCK 接连续脉冲(由实验箱提供 1 kHz 连续脉冲)。

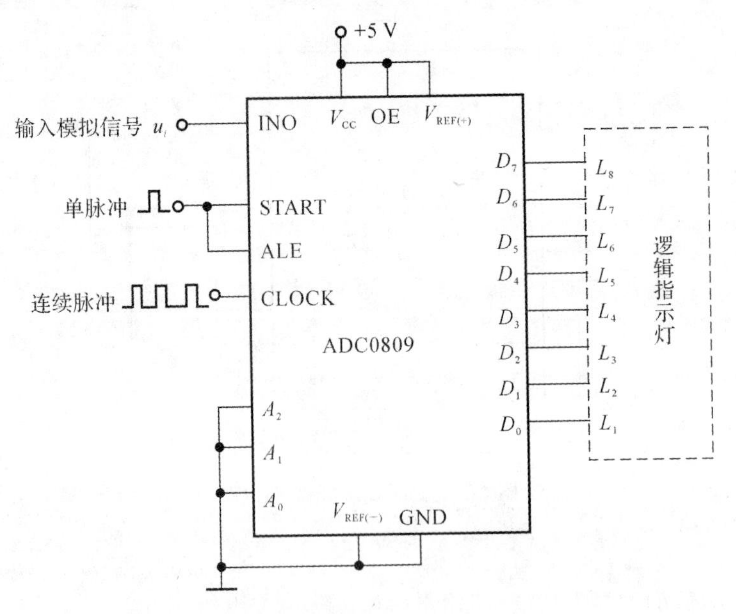

图 17－8　ADC0809 实验电路图

(2) 调节直流信号源，使 $u_i = 4$ V，再按一次单次脉冲，观察输出端逻辑指示灯 $L_8 \sim L_1$ 的显示结果。

(3) 根据表17－4，改变输入模拟电压 u_i，每次输入一个单次脉冲，观察并记录对应的输出状态，将对应的输入模拟电压 u_i 的值填入表中。

表17－4　ADC0809实验测量(1)

输入模拟电压 u_i/V	输出数字量							
	D_7	D_6	D_5	D_4	D_3	D_2	D_1	D_0
	1	1	1	1	1	1	1	1
	0	1	1	1	1	1	1	1
	0	0	1	1	1	1	1	1
	0	0	0	1	1	1	1	1
	0	0	0	0	1	1	1	1
	0	0	0	0	0	1	1	1
	0	0	0	0	0	0	1	1
	0	0	0	0	0	0	0	1
	0	0	0	0	0	0	0	0

3. A/D转换电路

按图17－9所示接线并分析ADC0809实验电路的连接原理。

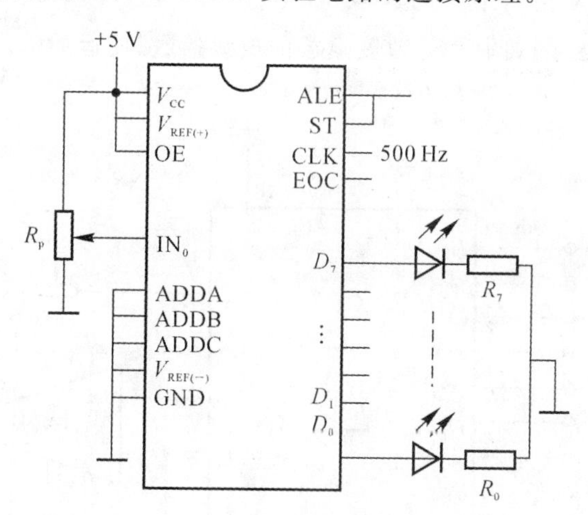

图17－9　ADC0809实验电路

(1) 确定该电路中的 R_p 及 $R_0 \sim R_7$ 的电阻值，选择500 kHz脉冲信号作为时钟信号。调节 R_p 使ADC0809的输出全为高电平，测量模拟电压值。

(2) 按表17－5要求，记录 $IN_0 \sim IN_7$ 8路模拟信号的转换结果，并将结果换算成十进制数表示的电压值，与数字电压表实测的各路输入电压值进行比较，分析误差原因。

表 17－5　ADC0809 实验测量(2)

模拟通道	输入模拟电压 u_i/V	地　址			输出数字量								
		ADDC	ADDB	ADDA	D_7	D_6	D_5	D_4	D_3	D_2	D_1	D_0	十进制
IN_0	4.5	0	0	0	1	1	1	1	1	1	1	1	
IN_1	4.0	0	0	1	0	1	1	1	1	1	1	1	
IN_2	3.5	0	1	0	0	0	1	1	1	1	1	1	
IN_3	3.0	0	1	1	0	0	0	1	1	1	1	1	
IN_4	2.5	1	0	0	0	0	0	0	1	1	1	1	
IN_5	2.0	1	0	1	0	0	0	0	0	1	1	1	
IN_6	1.5	1	1	0	0	0	0	0	0	0	1	1	
IN_7	1.0	1	1	1	0	0	0	0	0	0	0	1	

4. D/A 转换电路

把 DAC0832 和 μA741(其引脚排列见图 17－10)等插入实验箱，按图 17－11 所示接线，不包括虚线框内。即 $D_7 \sim D_0$ 端接实验系统的数据开关，$\overline{CS}$，$\overline{XFER}$，$\overline{WR_1}$，$\overline{WR_2}$ 端均接地，AGND 和 DGND 相连接地，ILE 端接 +5 V 电源，参考电压接 +5 V 电源，运放电源为 ±15 V，调零电位器为 10 kΩ。

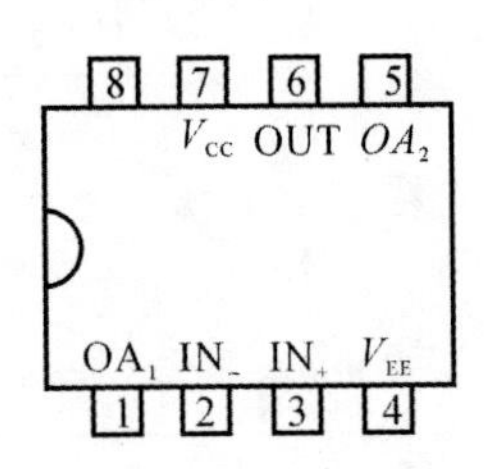

图 17－10　μA741 引脚排列图

(1) 接线检查无误后，置数据开关 $D_7 \sim D_0$ 全为 0，接通电源，调节运放的调零电位器，使输出电位 $V_o = 0$。

(2) 再置数据开关全为 1，调整 R_f 改变运放的放大倍数，使运放输出满量程。

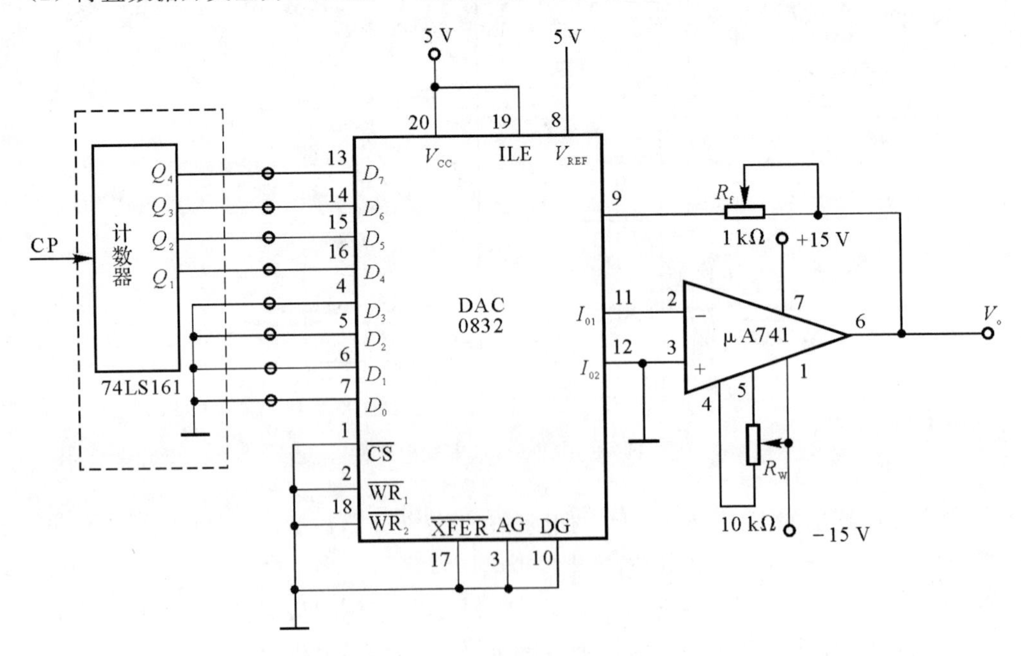

图 17－11　DAC0832 实验电路图

(3) 数据开关从最低位逐位置 1，并逐次测量模拟电压输出 u_o，填入表 17－6。再将 74LS161 或用实验箱中的(D 或 JK) 触发器构成二进制计数器，对应的 4 位输出端 Q_4、Q_3、Q_2、Q_1 分别接 DAC0832 的 D_7、D_6、D_5、D_4 端，低四位端接地。

表 17－6　DAC0832 实验测量(3)

输入数字量								输出模拟量	
D_7	D_6	D_5	D_4	D_3	D_2	D_1	D_0		
0	0	0	0	0	0	0	0		
0	0	0	0	0	0	0	1		
0	0	0	0	0	0	1	1		
0	0	0	0	0	1	1	1		
0	0	0	0	1	1	1	1		
0	0	0	1	1	1	1	1		
0	0	1	1	1	1	1	1		
0	1	1	1	1	1	1	1		
1	1	1	1	1	1	1	1		

(4) 输入 CP 脉冲，用示波器观测并记录输出电压波形。

(5) 若计数器输出与 DAC0832 的低四位端对应相连，高四位端接地，重复上述实验步骤，并记录输出电压波形。

六、实验报告要求

(1) 总结分析 D/A 转换器和 A/D 转换器的转换工作原理。

(2) 写出实验电路的设计过程，并画出电路图。

(3) 将实验转换结果与理论值进行比较，并对实验结果进行分析。

七、思考题

(1) 数模转换器的转换精度与什么有关？

(2) DAC 的主要技术指标有哪些？

(3) 分析测试结果，若存在误差，则产生误差的原因有哪些？

(4) 欲使实验电路的输出电压的极性反相，应该采取什么措施？

(5) 为什么 DAC 转换器的输出都要接运算放大器？

(6) ADC 的主要技术指标有哪些？

(7) A/D 转换中什么叫直接转换？什么叫间接转换？

(8) 用 ADC0809 做一个简易电子秤。

第3部分　电路仿真实验

实验18　Multisim电路仿真认识实验

一、实验目的

(1)熟悉Multisim 14软件的使用。

(2)用Multisim 14软件仿真简单电路。

二、预习要求

按照附录3 Multisim 14仿真软件使用简介进行软件学习。

三、实验仪器及设备

(1)Multisim 14仿真软件。

(2)计算机。

四、实验内容及任务

1.定制用户界面

控制电路的显示颜色、元件和元件信息的显示等,可利用主菜单Options|Preferences提供的翻页标签Circuit、Workspace、Miscellaneous等,另外也可以在当前的电路窗口右击鼠标,从弹出的菜单中选择以上内容。

2.仪表参数对测量结果影响的实验

建立如图18-1所示仿真电路。

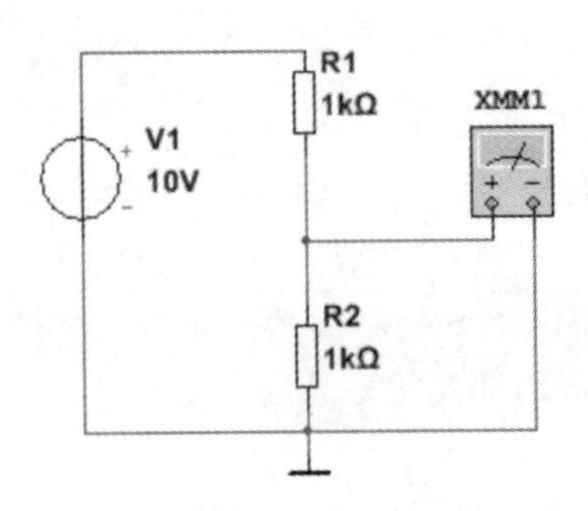

图18-1　仿真电路

1)调用电路所需元件。如图 18 - 2 所示,点击软件界面的元件工具栏中的 ⏚ 按钮,载入直流电源以及模拟地;双击电压源图标,修改电压值为 10 V。

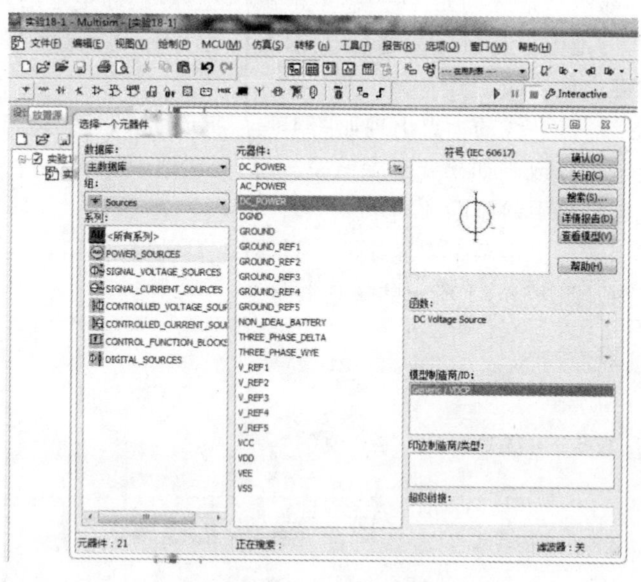

图 18 - 2　载入直流电源

点击 ⏦ 按钮,添加 2 个任意阻值的电阻;双击电阻图标,修改电阻阻值为 1 kΩ,如图18 - 3 所示。

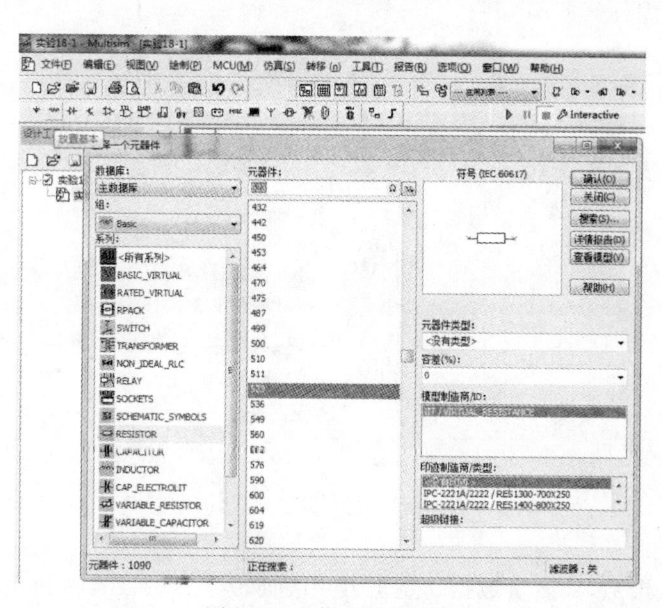

图 18 - 3　载入电阻元件

点击虚拟仪器工具栏中的 ▣ 图标,添加一个万用表;将万用表拨至伏特挡、测量直流电信号(见图 18 - 4)。

2)元件布局。如图 18－5 所示用鼠标选中需要旋转的元器件,按下鼠标右键,选择菜单中的旋转项进行旋转。如图 18－6 所示用鼠标拖住元器件移动至合理位置。

3)连线。用鼠标靠近待连线的元件一端,单击鼠标左键,鼠标走过的路径自动产生连线,可在连接线需要拐弯的地方单击鼠标左键,否则拐点自动生成;将鼠标移动至欲连接的另一元件一端,单击鼠标左键完成连线。

可以左键单击导线,待导线的拐点出现如图 18－7 所示的方块时,就可以用鼠标拖动其中每一段直线,对连线进行修改。如果要删除该段连线,则在选中导线后,直接按下 Delete 键或者单击鼠标右键,选择菜单中的删除项即可。

也可以自动连线,只要单击两个要连线的引脚,软件自动完成连线;再对连线进行修改至满意即可。这样就建成了图 18－1 所示的仿真电路。

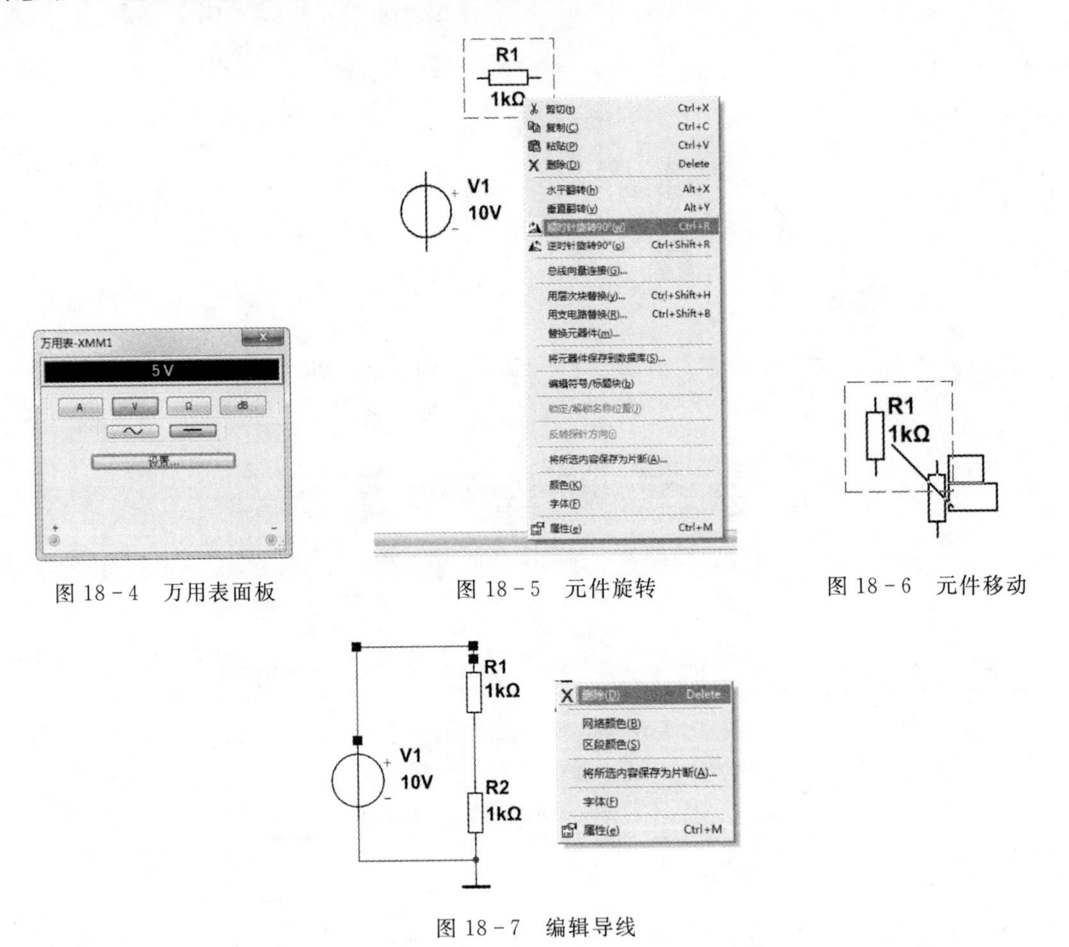

图 18－4　万用表面板　　图 18－5　元件旋转　　图 18－6　元件移动

图 18－7　编辑导线

4)改变电压表参数,并测量数据。点击万用表面板下方的设置按钮 设置... ,在万用表设置菜单中观察电压表内阻的默认值,为 1 GΩ,如图 18－8 所示。按下仿真启动按钮 ▶ ,测量电路 R2 两端的电压值 u_{R2}。将电压表内阻和 u_{R2} 的值记入表 18－1,然后分别将电压表内阻设为 5 MΩ、5 kΩ、1 kΩ,观察电压表读数的变化,将参数填入表18－1。

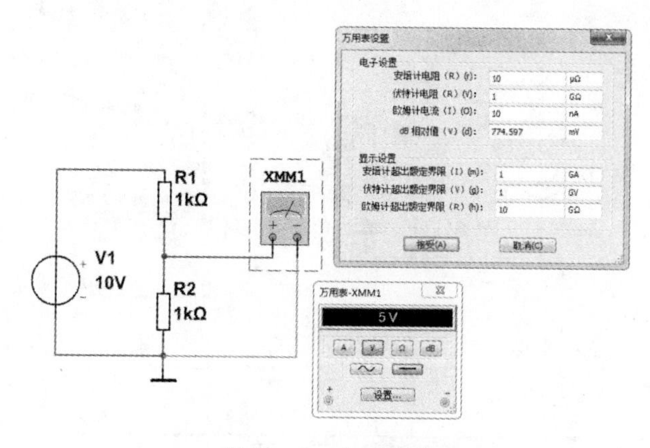

图 18-8　电压测量

表 18-1　电压表内阻对电压测量结果的影响

电压表的阻值/Ω	1G	5M	5k	1k
u_{R2}/V				

3. 暂态过程观测

使用示波器可以方便地观测到电路中的电压变化，以此了解电容充、放电特性。

先绘制如图 18-9 所示的一阶 RC 仿真电路，示波器 A 通道接信号源，B 通道接信号源，将接在双通道示波器信号输入端的两个连线修改为易于区分的不同颜色，以方便后续观测时区分两个信号波形，如图 18-10 所示。

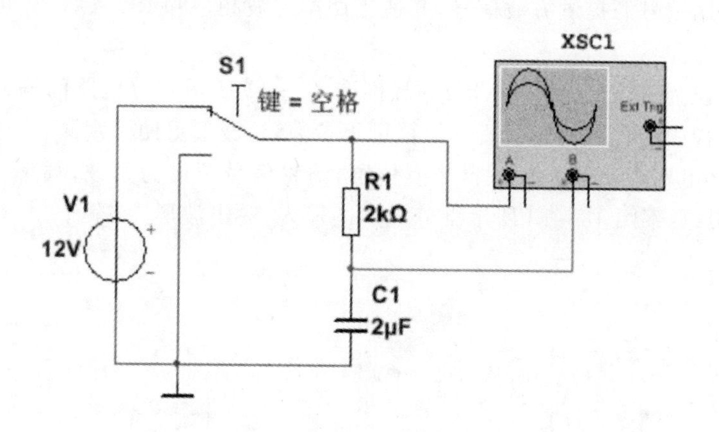

图 18-9　一阶 RC 电路

运行仿真开关，再反复按空格键，使得开关 S_1 在两个触点间反复切换，相当于信号源不停地给一阶 RC 电路一个脉冲电压信号，电容会反复进行充放电过程。在示波器上面板上观察到电容充、放电的波形如图 18-11 所示，上面是 A 通道信号波形，下面是 B 通道的波形。

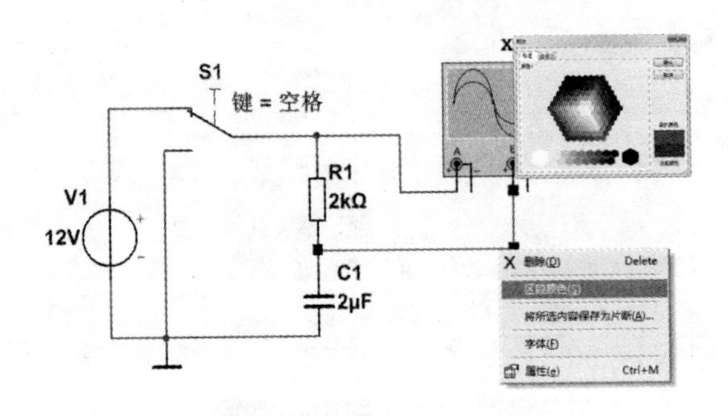

图 18－10　修改导线颜色

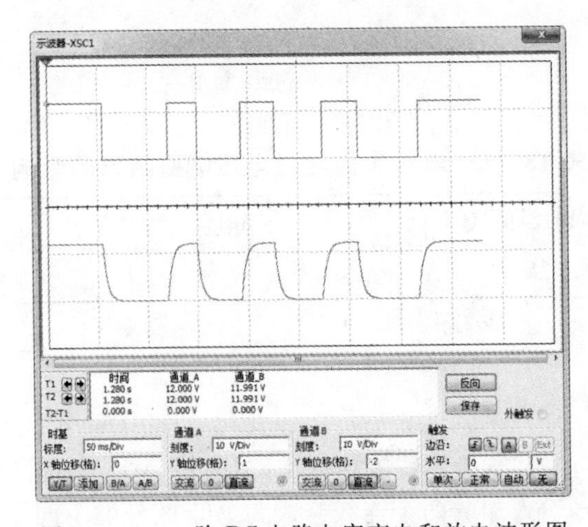

图 18－11　一阶 RC 电路电容充电和放电波形图

也可以直接用信号源提供方波信号，并适当调整方波频率和 RC 参数，还可观察积分电路和微分电路的波形。

请将信号源设为方波，频率为 1 kHz；观察图 18－12 所示积分电路的输入、输出波形时，请调节示波器面板中的标度、刻度、Y 轴位移量等参数，让波形更便于观测。

将图 18－12 电路中的电阻和电容交换位置，请将信号源设为方波，频率为 100 Hz，电阻的参数改为 10 Ω；观察图 18－13 所示微分电路的输入、输出波形。

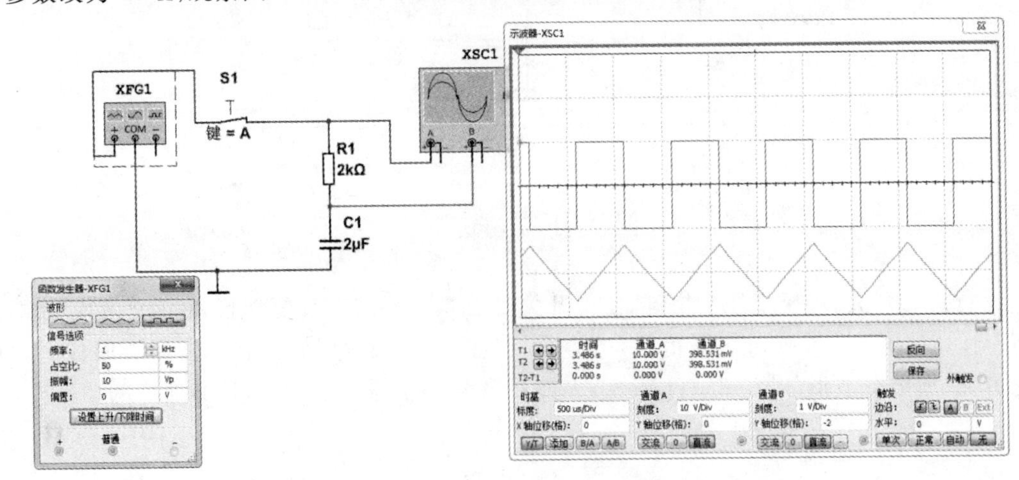

图 18－12　积分电路观测

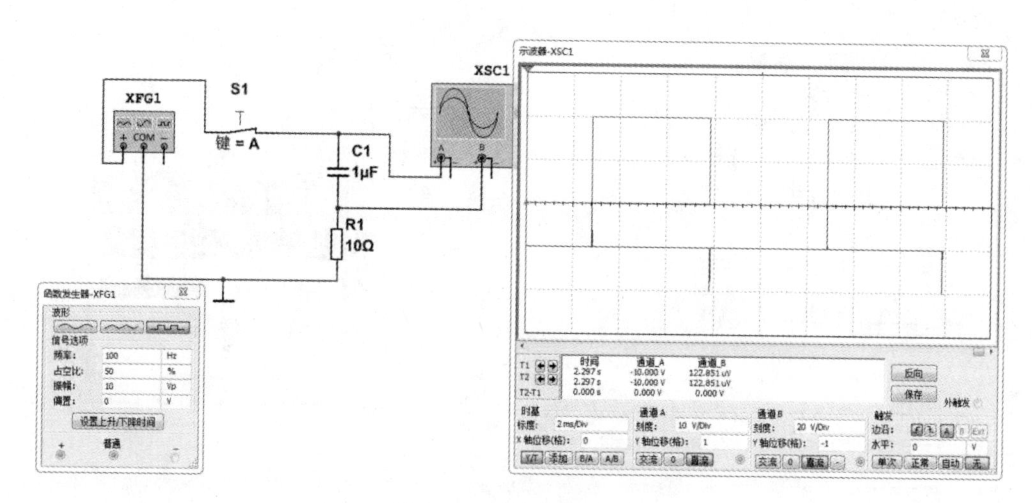

图 18 - 13　微分电路观测

尝试修改电路以及信号源参数，看看如何影响信号的波形。

4. 三相交流电路测量

(1)建立图 18 - 14 所示的三相星形对称负载电路，用电流表观测相/线电流、中线电流，用示波器观察 A、B、C 三相电压的波形、大小及相位关系。

注意：白炽灯在指示分类库 中，白炽灯必须选择为虚拟灯泡(virtual_lamp)，灯的参数才可以人为设置。此处灯泡额定功率设定为 220 V，额定功率为 40 W；可以将示波器的连线设置为不同颜色，以便在示波器上区分各相电压。

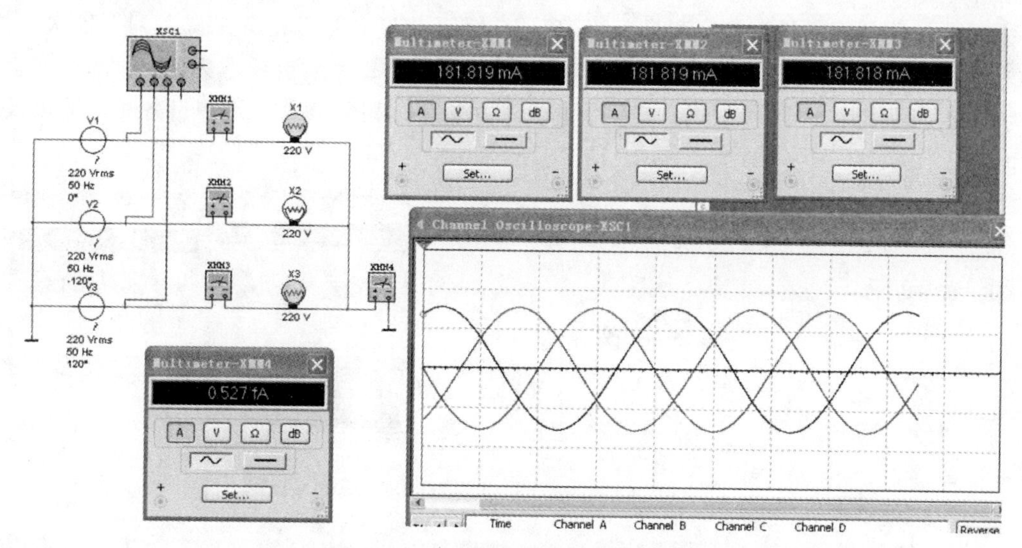

图 18 - 14　三相对称负载电路观测

(2)用一瓦计法测量三相功率。按照图 18 - 15 所示接线方式在电路中接功率表，测量任意负载 x_1 的功率。

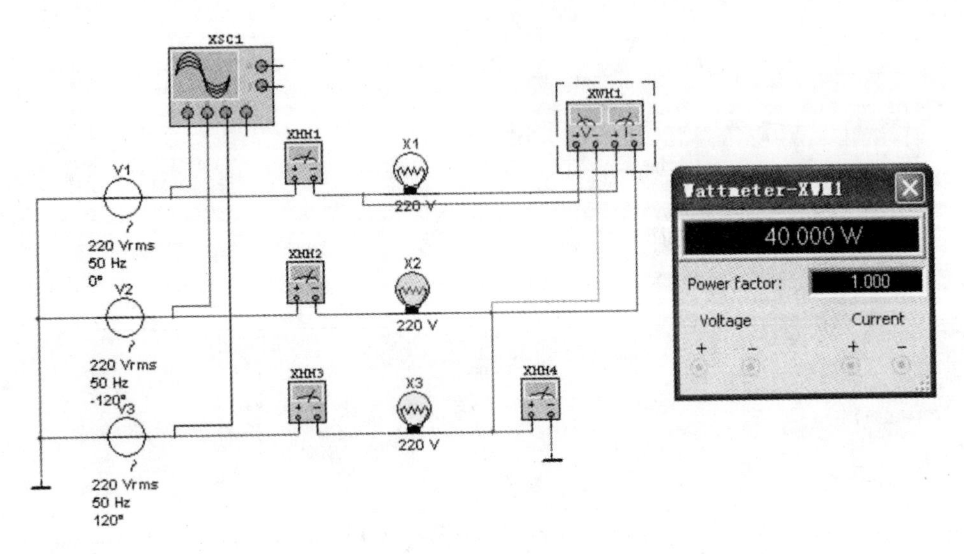

图 18-15　三相电路一瓦计法功率测量

将图 18-15 中白炽灯的额定功率均改为 50 W，测量表 18-2 中的参数，并记入表中。

表 18-2　三相电路测量

I_1/mA	I_2/mA	I_3/mA	P_2/W	$P_{总}$/W

(3)非对称负载三相电路的测量。图 18-16 所示电路中的三相电源从上到下依次为 A、B、C 相，2 个额定功率为 30 W 的灯泡串联作为 A 相负载；2 个额定功率为 40 W 的灯泡串联作为 B 相负载；2 个额定功率为 50 W 的灯泡串联作为 C 相负载。分别测量各相电流以及中线电流。

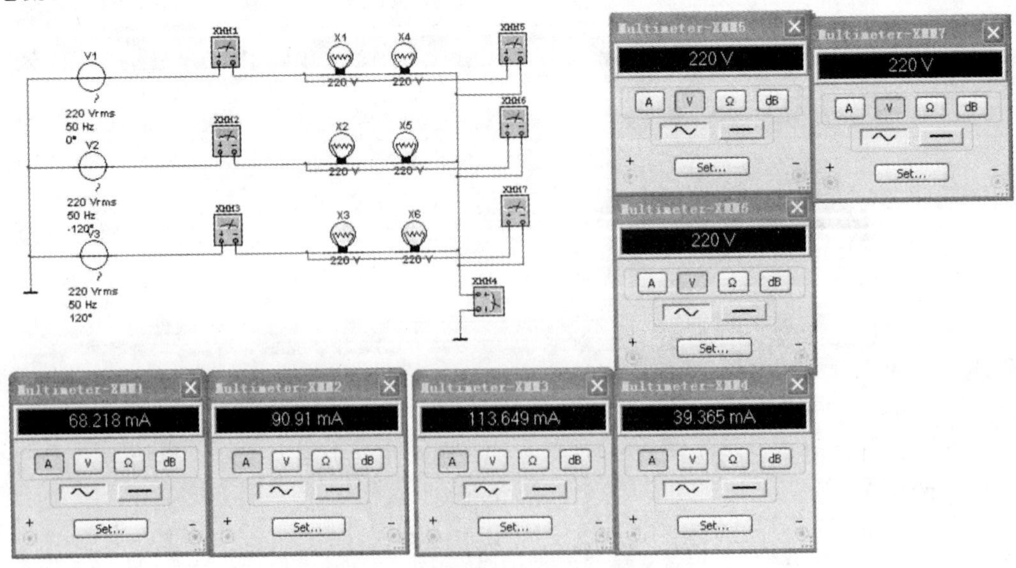

图 18-16　三相非对称负载电路测量

去掉图 18－16 所示电路中的中线，对比各相负载相电压、相电流的变化，测量结果如图 18－17 所示。

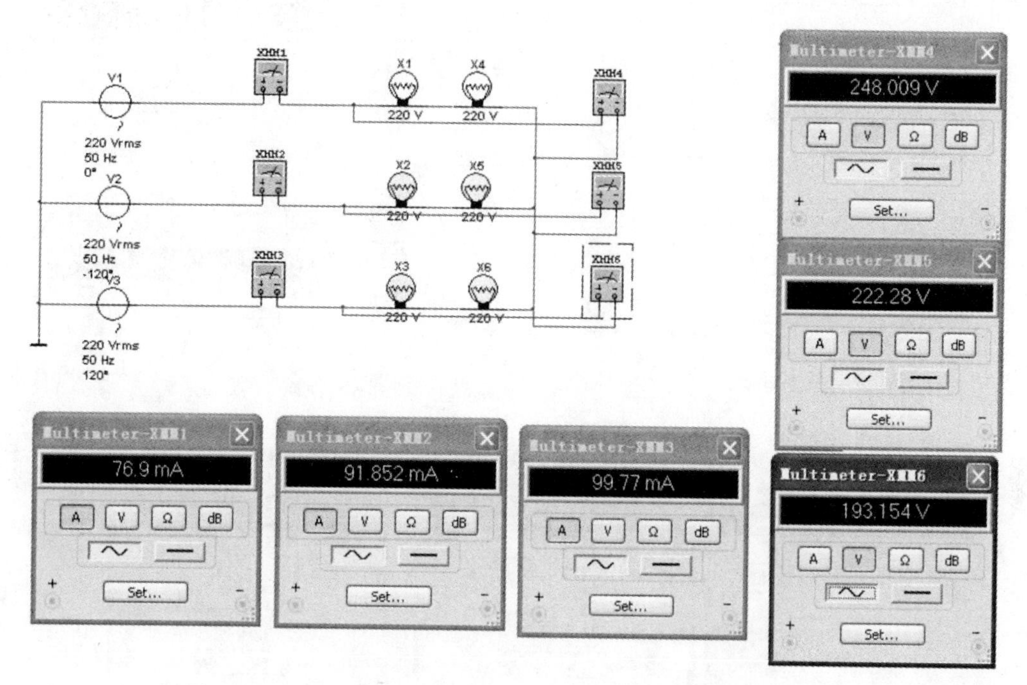

图 18－17　三相非对称无中线负载电路中电压、电流的测量结果

(4)非对称三相电路的功率测量。分别用三瓦计法和两瓦计法测量图 18－17 所示三相电路(无中线)的功率。请将这两种测量功率的仿真图及测量结果截图保存，并将测量结果记录在表 18－3 中。

表 18－3　三相电路功率测量

三瓦计法				二瓦计法		
P_A/W	P_B/W	P_C/W	$P_{总}$/W	P_1/W	P_2/W	$P_{总}$/W

5. 三相电源鉴相电路

实际工作中经常要判断三相电源的相序。相序可用专门的相序仪测量，也可用图 18－18 所示的简单电路来判断。选择元件参数时要注意尽量满足 $R_B=R_C=1/\omega C$，以使灯的电压/电流差异更大(该电路中的虚拟灯泡的额定功率是 50 W)。由于是三相三线制的非对称负载，所以各负载电压不对称。以接电容的一相作为 A 相，那么灯泡较亮的相为 B 相，灯泡较暗的相为 C 相。

为了更直观地看到各相工作情况，可以在接灯泡的两相中串接两个电流表，或者用多通道观测三个负载的端电压，就可判断出哪一相灯泡更亮，从而判断出相序。

请对照三相电源的相位，判断结果是否正确。

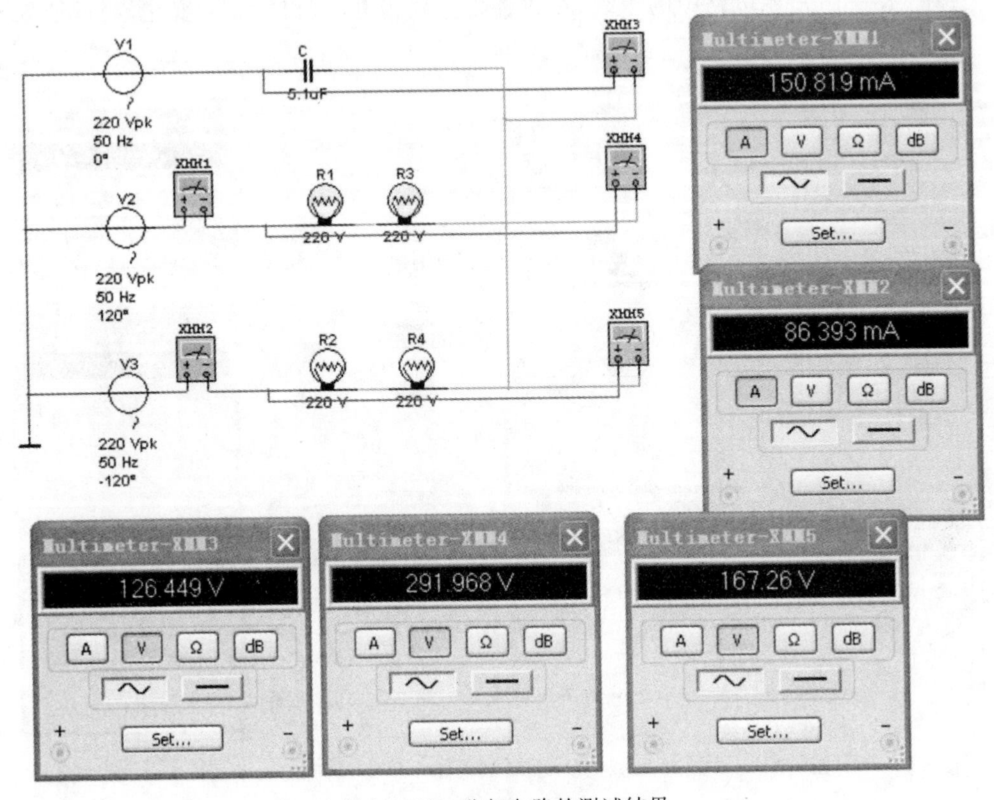

图 18－18　鉴相电路的测试结果

6. 感性负载功率因数的提高

(1)建立图 18－19 所示的仿真电路，测量感性负载的功率因数、有功功率以及支路电流值。

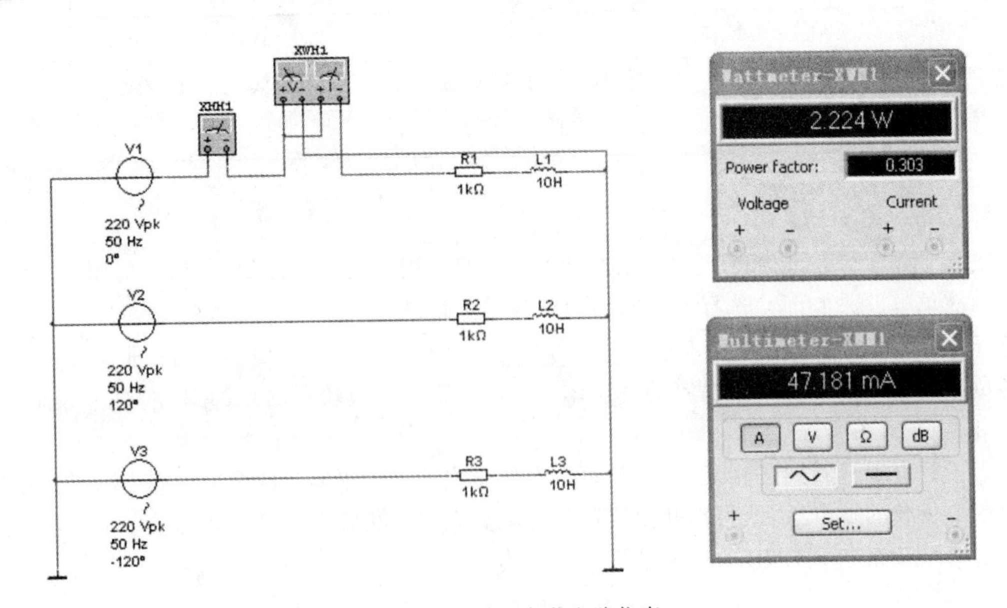

图 18－19　感性负载电路仿真

(2)如图 18-20 所示,给 A 相感性负载并联适量电容,观察 A 相负载功率因数以及支路电流的变化。

请思考提高感性负载功率因数的方法。

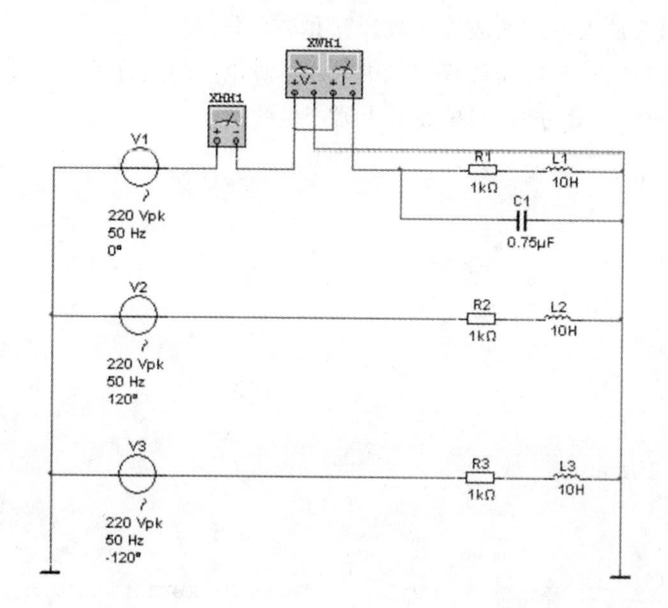

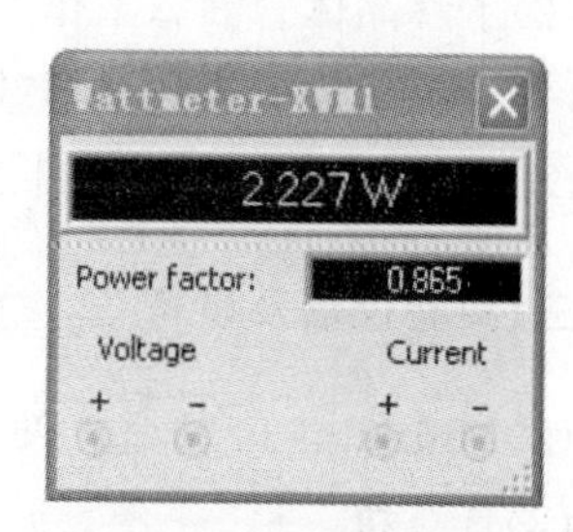

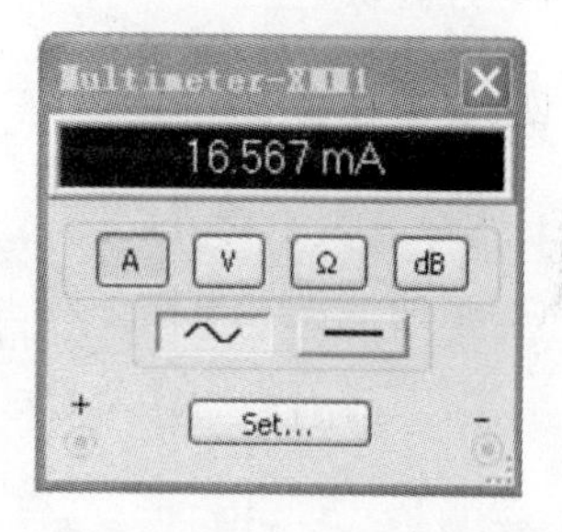

图 18-20 功率因数提高仿真

五、实验报告要求

(1)给出图 18-1 的仿真截图;以及表 18-1 的测量结果,并总结电压表内阻对电压测量值的影响;

(2)给出图 18-17 所示三相电路的测量数据,并总结此电路的特点。

(3)请总结三相负载电路功率的测量方法,以及各方法的适用条件;给出图 18-17 所示三相电路的三瓦计法和两瓦计法测量仿真截图。

(4)总结感性负载功率因数提高的方法。请问电路采用这种补偿方法,有功功率是否发生变化?

(5)请用仿真软件设计一个感性负载电路,并设计实验方法,测量出完全补偿时补偿电容的大小。

实验 19 Multisim 模拟电路仿真实验

一、实验目的

(1)学习利用 Multisim 软件实现电路仿真分析的主要步骤。

(2)利用 Multisim 软件对电路进行较深入的研究。

二、预习要求

(1)了解滤波器的概念,以及有源低通、高通滤波器电路的幅频和相频特性。

(2)了解晶体管静态工作点,单管放大电路的放大倍数计算和失真分析。

(3)了解集成运算放大器基本线性应用电路,计算实验中常用运算电路的运算关系。

(4)了解方波-三角波发生器原理,计算方波-三角波发生器产生的频率。

三、实验仪器及设备

(1)Multisim 14 仿真软件。

(2)计算机。

四、实验任务

1. 有源滤波器仿真

(1)低通滤波器电路如图 19-1 所示。

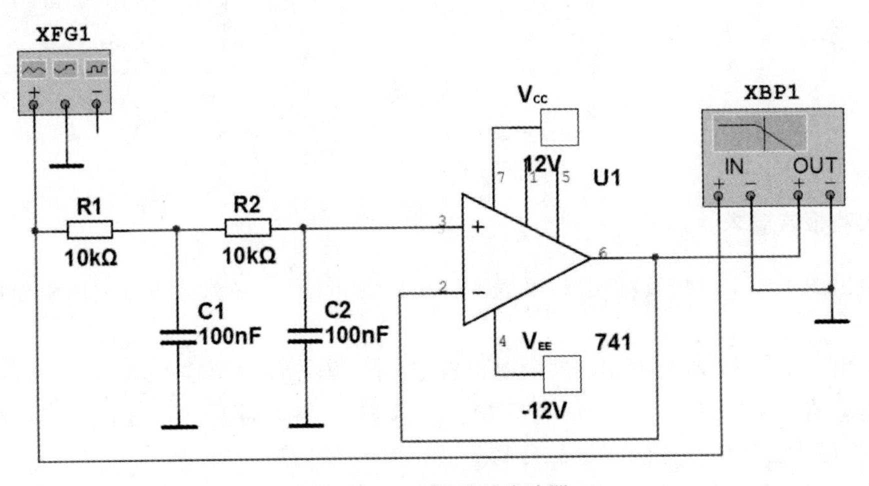

图 19-1 有源低通滤波器

1)用波特图仪观察电路的幅频特性和相频特性。幅频特性中 Y 轴用线性标尺 Lin 幅值(F 为 1,I 为 0),X 轴用对数坐标 Log 频率(F 为 1 kHz,I 为 1 Hz);相频特性中 Y 轴用线性标尺 Lin 角度(F 为-180,I 为 180),X 轴用对数坐标 Log 频率(F 为 1 kHz,I 为 1 Hz)。找出电路特征频率。

2)交流分析。利用 Multisim 的仿真分析类型中的交流分析(AC Analysis)进行仿真,设置输出变量 u_o(即输出结点对地的交流电位);设置频率变量,扫描的开始频率为 1 Hz,结束频率为 1 kHz;扫描类型为 Decade,纵坐标为 Linear。观察仿真结果(见图 19-2),记录低频时的电压放大倍数,并找出电路的截止频率。

3)按表 19-1 测量不同输入时对应的输出大小,并大致画出电路的幅频特性曲线。

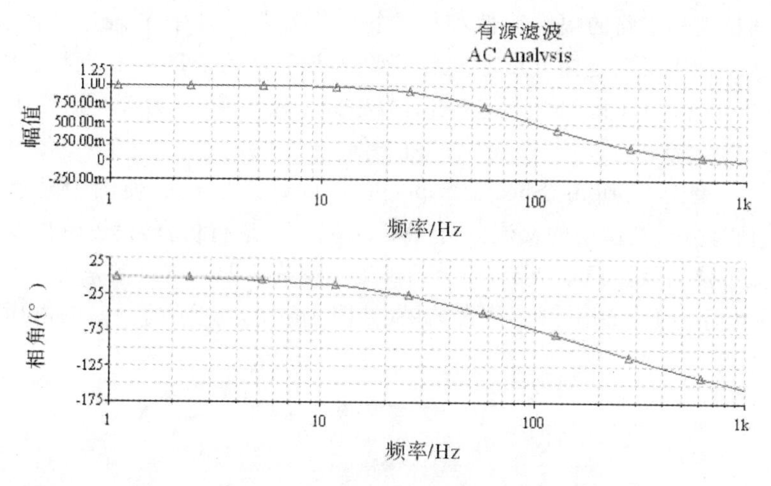

图 19－2　有源低通滤波器的幅频特性和相频特性

表 19－1　低通滤波器输入输出电压关系

输入	U_i	1 V								
	f/Hz	5	10	20	30	40	50	60	70	80
输出	U_o									
放大倍数	A_u									
输入	U_i	1 V								
	f/Hz	80	90	100	200	500	1k	10k	30k	
输出	U_o									
放大倍数	A_u									

(2)高通滤波器电路如图 19－3 所示。

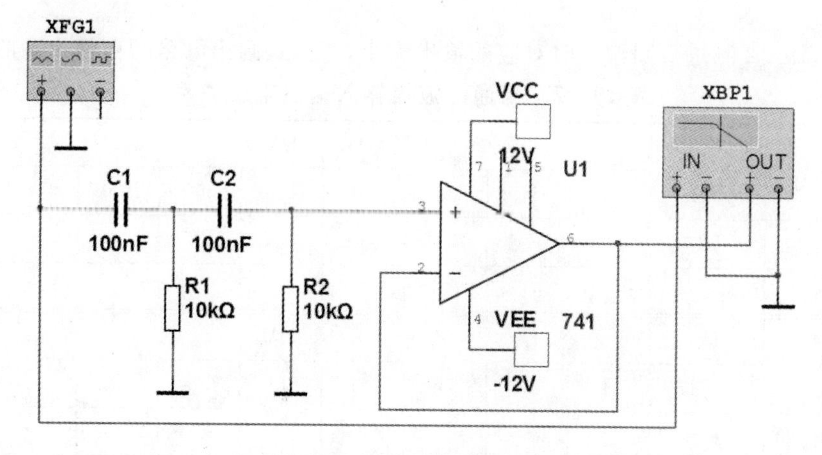

图 19－3　有源高通滤波器

1)用波特图仪观察电路的幅频特性和相频特性。幅频特性中 Y 轴用线性标尺 Lin 幅值(F 为 1,I 为 0),X 轴用对数坐标 Log 频率(F 为 100 kHz,I 为 1 Hz);相频特性中 Y 轴用线性标尺 Lin 角度(F 为－180,I 为 180),X 轴用对数坐标 Log 频率(F 为 100 kHz,I 为 1 Hz)。找出电路特征频率。

2)交流分析。单击 Options/Sheet/Properties/Show All 选项,使图中显示节点编号;利用 Multisim 的仿真分析类型中的交流分析(AC Analysis)进行仿真,设置输出变量 u_o(即输出结点对地的交流电位);设置频率变量,扫描的开始频率为 1 Hz,结束频率为 200 kHz;扫描类型为 Decade,纵坐标为 Linear。观察仿真结果(见图 19－4),记录高频时的电压放大倍数,并找出电路的截止频率。

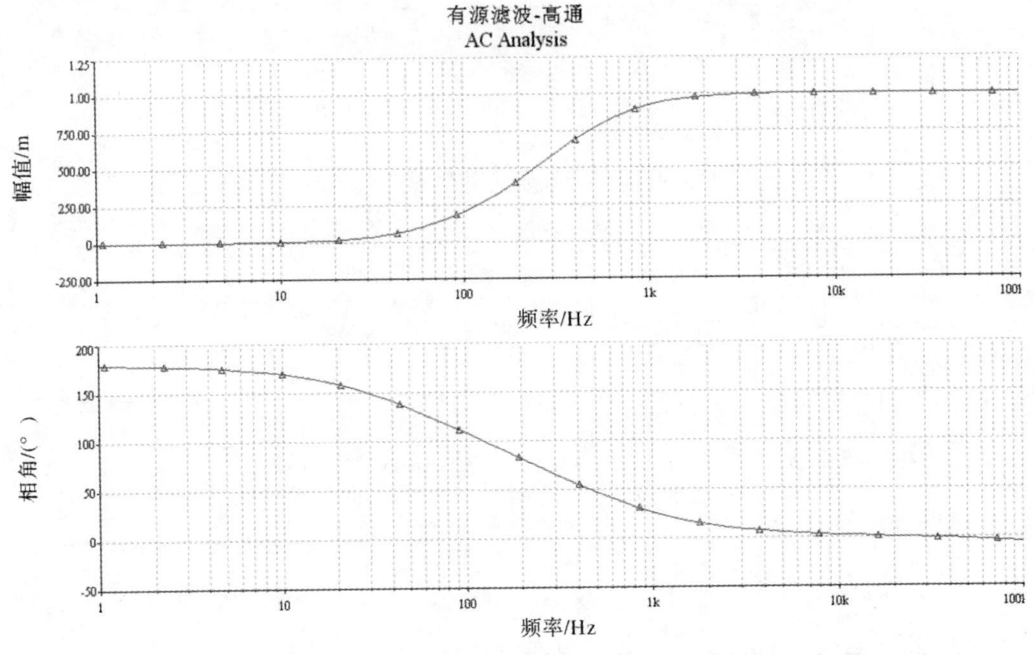

图 19－4　有源高通滤波器的幅频特性和相频特性

3)按表 19－2 测量不同输入时对应的输出大小,并大致画出电路的幅频特性曲线。

表 19－2　高通滤波器输入输出电压关系

输入	U_i	1 V								
	f/Hz	5	10	30	70	100	300	400	600	800
输出	U_o									
放大倍数	A_u									
输入	U_i	1 V								
	f/Hz	1k	2k	7k	10k	30k	60k			
输出	U_o									
放大倍数	A_u									

2.单管放大电路仿真

创建图19-5所示单管放大电路,观察电路仿真结果。

(1)静态工作点测量:

方法一:添加万用表,并将其设置为直流、电压挡来测量放大电路的静态工作点。测量表19-3中的参数值。

方法二:在输出波形不是真的情况下,单击 Options/Sheet Properties/Show All 选项,使图中显示节点编号;然后单击 Simulate/Analysis/DC operating Point⋯/Output 选项,选择需要测量的变量,然后单击"Simulate"按钮,系统自动运行并显示结果。

注意:如果测量静态工作点时,是接上信号源的,并且函数发生器的默认频率值是1 Hz,必须要设置频率,信号源的频率不能过低,信号电压不能过大,否则都会影响工作点。

表19-3 静态工作点

测量值					计算值	
V_B/V	V_E/V	V_C/V	I_B/μA	I_C/mA	β	U_{CE}/V

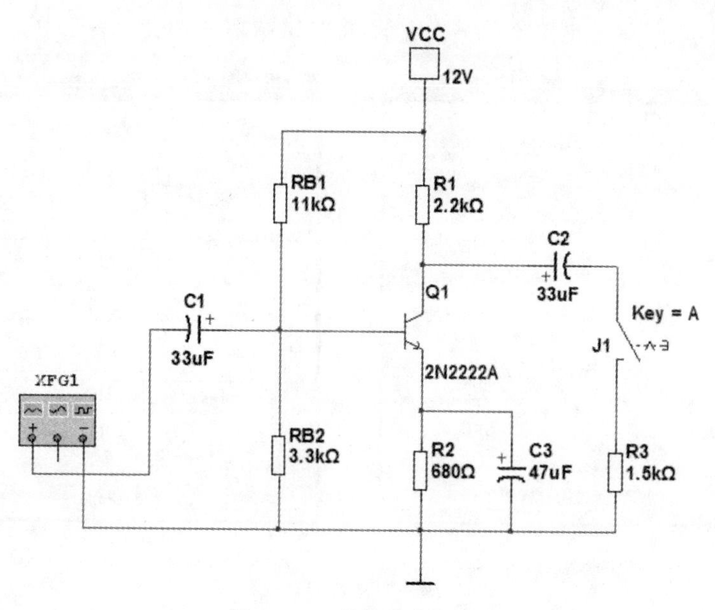

图19-5 单管放大电路

(2)放大电路的电压放大倍数:设置信号源为正弦波形、频率为3 kHz,幅度为10 mV。

方法一:用多通道的示波器来测量输入信号和输出信号。双击示波器的图标,打开仿真运行按钮,调整示波器两个通道Y轴的比例尺,让信号波形完整地出现在显示区域中。让示波器停止采样,至少取出3个周期的波形,移动光标,来观察输入信号的输出信号的最大值,由此计算出放大电路的电压放大倍数。观察波形时注意输入信号与输出信号的相位关系。将测量结果记入表19-4中。

方法二:选择波特图仪,将系统输入和输出连接到波特图仪上,双击波特图仪,运行仿真,就可以看到幅频特性或者相频特性图。

方法三：单击 Simulate/Analysis/AC Analysis 选项，将弹出 AC Analysis 对话框，设置系统的输出节点，再单击“Simulate”按钮，系统自动进入交流分析状态，并显示幅频特性或者相频特性图。从幅频特性图上可以查找系统在不同频率时的放大倍数。

注意：不管输入信号源的电压值为多大，仿真软件一律将其视为幅度为 1、相位为 0 的单位源。

表 19－4　电压放大倍数

负载 R_L	输入电压 U_i	输出电压	波形	放大倍数 A_u
∞	10 mV	U_o＝________ mV	u_o O t	
1.5 kΩ	10 mV	U_L＝________ mV	u_o O t	

(3)放大失真分析。改变电路参数 R_{B1} 分别为 8.2 kΩ、36 kΩ，观测静态工作点对输出电压以及波形的影响，如图 19－6 和图 19－7 所示，将测试结果填入表 19－5 中。

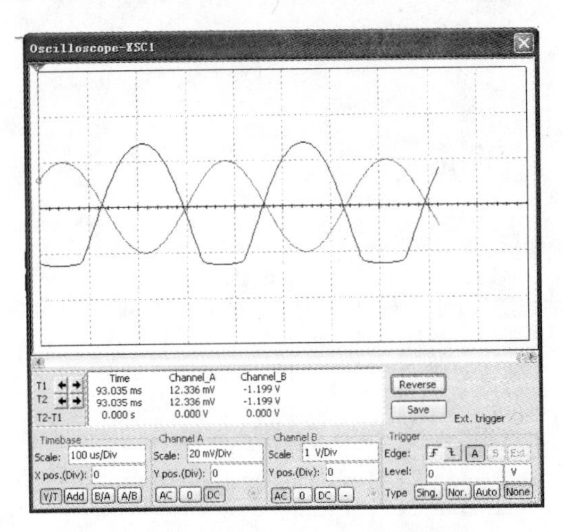

图 19－6　R_{B1} 为 8.2 kΩ 时的波形

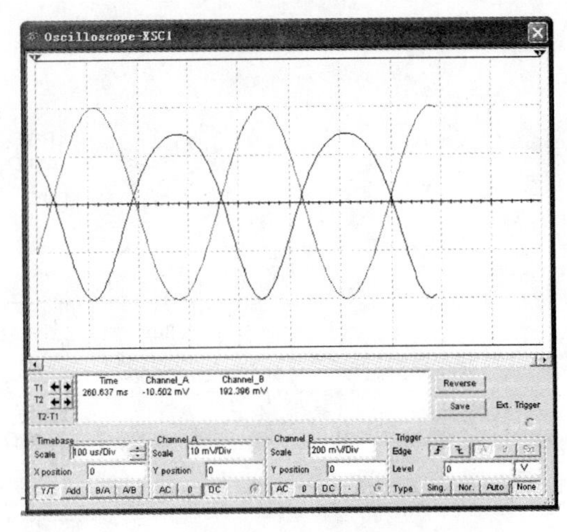

图 19－7　R_{B1} 为 36 kΩ 时的波形

表 19－5　电路失真(1)

R_C＝2.2 kΩ，R_L→∞				计　算	
R_{B1}	V_C(静态值)	V_E(静态值)	输出波形	I_C	$U_{CE}=V_C-V_E$
8.2 kΩ	______ V	______ V	u_o O t	______ mA	________ V

续 表

$R_C=2.2\ k\Omega, R_L\to\infty$				计　算	
R_{B1}	V_C(静态值)	V_E(静态值)	输出波形	I_C	$U_{CE}=V_C-V_E$
36 kΩ	____ V	____ V	u_o O t	____ mA	____ V

改变电路参数 R_C 分别为 2.7 kΩ、1 kΩ，观测静态工作点对输出电压以及波形的影响，将测试结果填入表 19－6。

表 19－6　电路失真(2)

$R_{B1}=11\ k\Omega, R_L\to\infty$				计　算	
R_C	V_C(静态值)	V_E(静态值)	输出波形	I_C	$U_{CE}=V_C-V_E$
2.7 kΩ	____ V	____ V	u_o O t	____ mA	____ V
1 kΩ	____ V	____ V	u_o O t	____ mA	____ V

3. 运算电路仿真

创建图 19－8 所示电路，利用万用表观察输出电压的大小，并将结果填入表 19－7。按照同样方法，对实验 11 中其他的运算电路进行仿真。

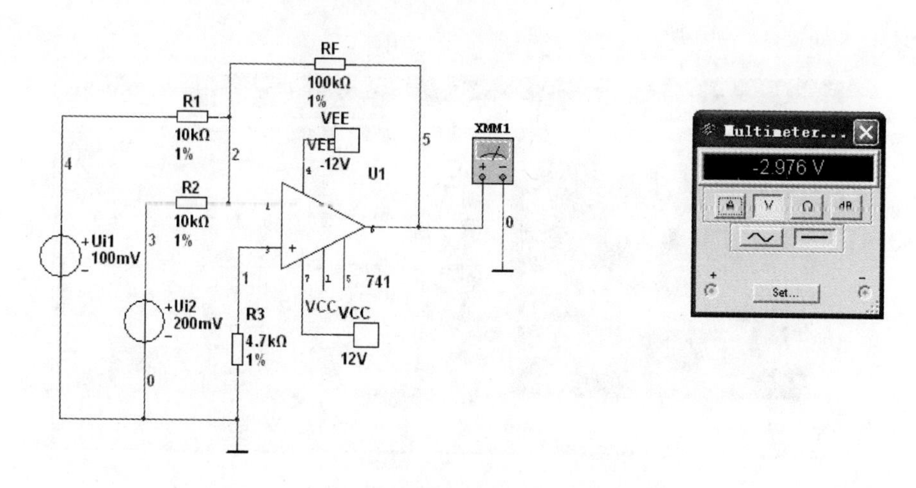

图 19－8　反相加法运算电路及仿真结果

表 19－7　输入与输出电压关系

运算关系	u_{i1}/V	u_{i2}/V	u_o（测量值）	u_o（理论值）
	+0.5	+1		
	−2	+1		
	−2	−0.5		

4. 可调式方波-三角波发生器仿真

创建图 19－9 所示电路。其中按 A 键调整 R_{W1} 可改变输出方波-三角波的频率及三角波的幅值；按 B 键调整 R_{W2} 改变方波-三角波的频率；按空格键，可选择输出频段 1～10 Hz 或 10～100 Hz。用多通道示波器观察第一级的输出 U_{o1}、第二级的输出 U_{o2}，为了直观地看到调节参数对波形的影响，此时请将示波器的触发方式设置为自动模式。

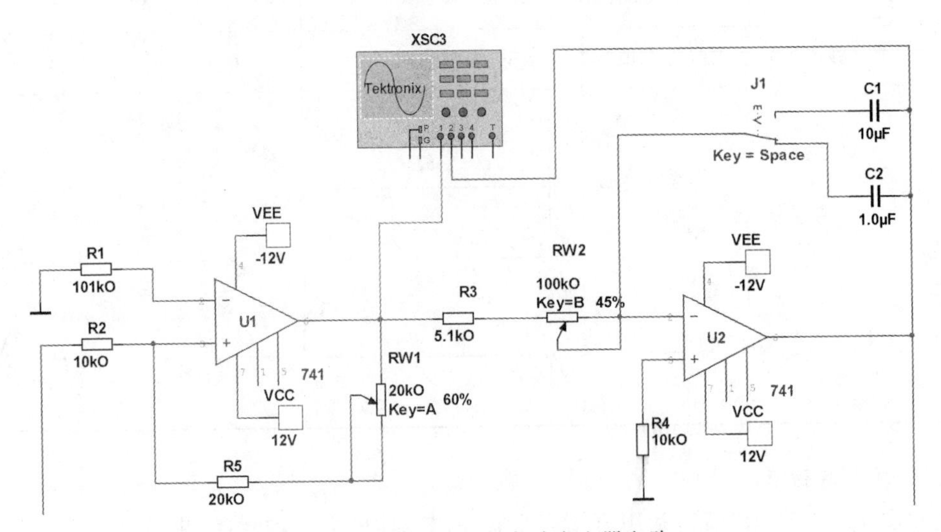

图 19－9　可调方波-三角波发生器电路

仿真结果如图 19－10 所示。

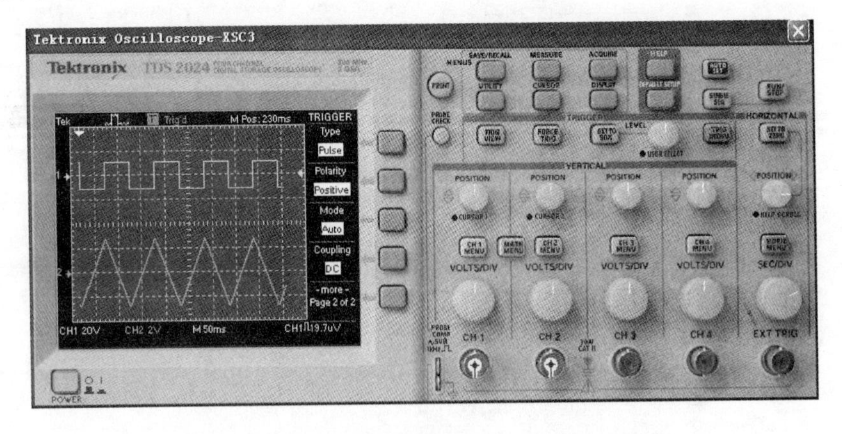

图 19－10　可调方波-三角波发生器电路仿真结果

将 R_{W1} 调为 15%、R_{W1} 调为 35%，画出此电路中第一级运放和第二级运放输出的信号波形。为了方便测量信号的频率，可以用频率计数器直接测量到信号频率，并将结果记录到表 19－8 中。

表 19－8　输出电压波形与参数

	波形	峰峰值		频率	
		测量/V	理论值/V	测量/Hz	理论值/Hz
U_{o1}	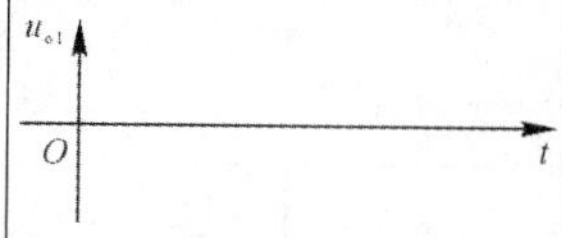				
U_{o2}	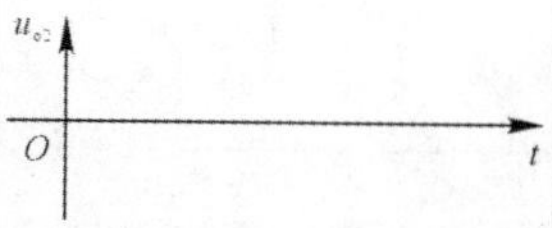				

五、实验报告要求

按照实验内容完成波形测量、绘制，对实验结果和理论结果进行比较及分析。

实验 20　Multisim 数字电路仿真实验

一、实验目的

学习用 Multisim 实现数字电路仿真分析。

二、预习要求

(1)复习组合逻辑电路的分析与综合方法。
(2)了解计数器的构成，熟悉七段显示译码器的功能。
(3)了解方波发生器的工作原理。
(4)熟悉 555 集成定时器的管脚功能。

三、实验仪器及设备

(1)Multisim 14 仿真软件。
(2)计算机。

四、实验任务

1.门电路的逻辑变换

(1)创建如图 20-1 左侧部分的逻辑电路,逻辑电路的 3 个输入接入逻辑转换仪的 A、B、C 端,输出接到逻辑转换仪的 F 端,按下面板上第一个按键可实现逻辑电路到真值表的转换;按下第二个按键,可实现逻辑电路到逻辑关系式的转换。

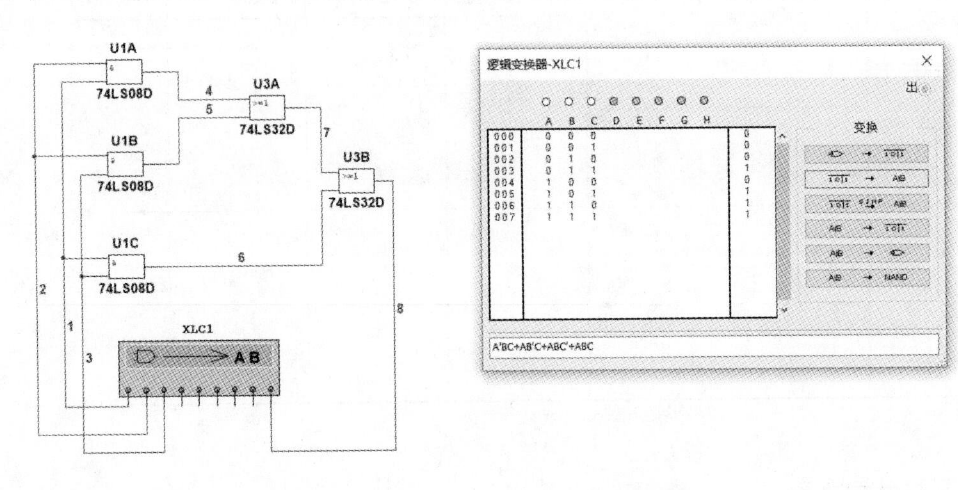

图 20-1　组合逻辑电路及转换结果

(2)在逻辑转换仪最底部的空行中,输入逻辑表达式 ABC+CDE,按下关系式到逻辑电路的转换按键,则软件自动转换出逻辑电路图(可选择用与门或与非门实现),如图 20-2 所示。

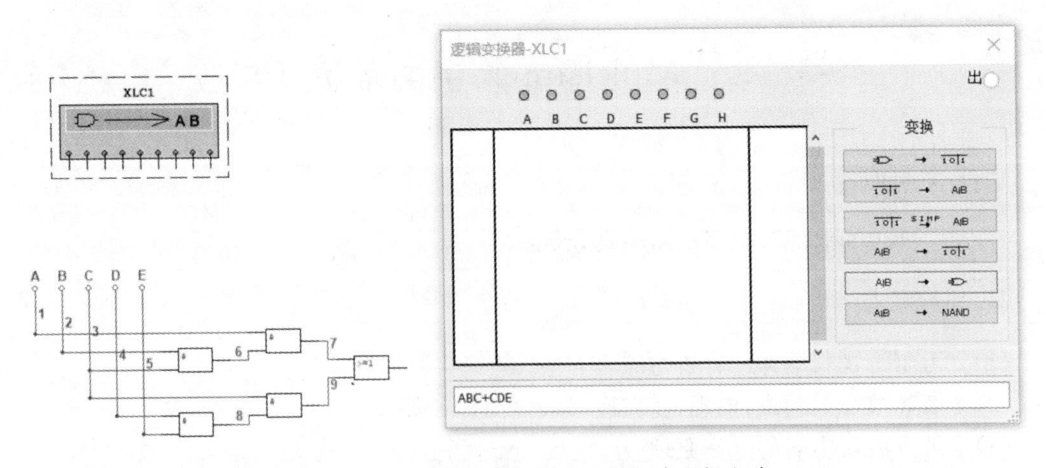

图 20-2　由函数表达式转换出的组合逻辑电路

2.三人表决电路

三人表决电路要求:当多数人赞成(输入为 1)时,表决结果有效(输出为 1)。

以字母 A、B、C 分别表示三人,高电平表示同意,低电平表示不同意,字母 F 表示表决结果,高电平表示结果有效,指示灯亮。逻辑状态表见表 20-1。逻辑表达式为

$$F=AB+BC+CA$$

表 20-1　三人表决电路的逻辑状态表

A	B	C	F
0	0	0	0
0	0	1	0
0	1	0	0
0	1	1	1
1	0	0	0
1	0	1	1
1	1	0	1
1	1	1	1

Multisim 仿真的三人表决电路如图 20-3 所示。图中分别用开关 A、B、C 模拟输入，开关接高电平时表示赞成，接低电平时表示不赞成；发光二极管 LED 的亮暗模拟表决结果。

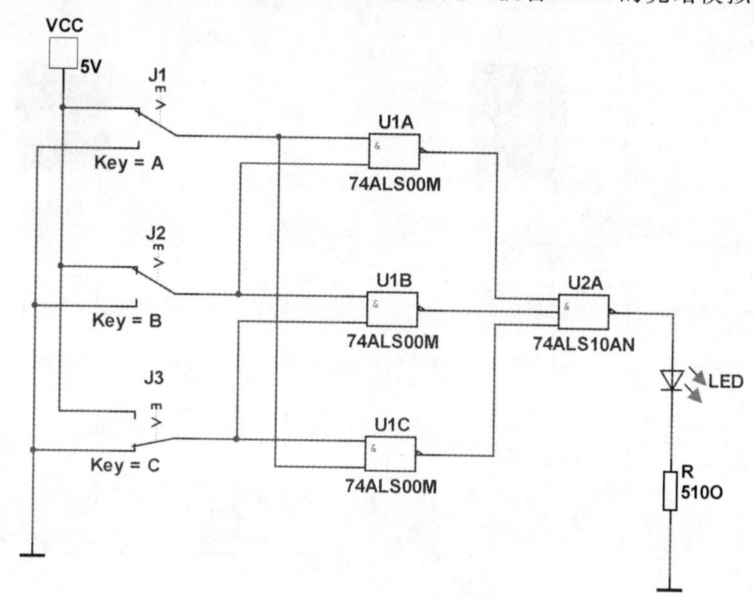

图 20-3　三人表决电路

3. 加法计数器

用置零法设计一个六进制的加法计数器，逻辑电路如图 20-4 所示，完成电路的仿真测试。

4. 数字频率计电路

数字频率计能测出某一未知数字信号的频率，并用数码管显示测量结果。当使用 2 位数码管时，测量的最大频率为 99 Hz。

图 20-5 所示电路中两片十进制计数器 74LS90(U_1和 U_2)组成 BCD 码 100 进制计数器；数码管(U_4和 U_5)分别显示十位数和个位数；四 D 触发器 74LS175(U_3)和三输入与非门

74LS10(U_{6B})构成可自启动的环形计数器,产生控制信号和计数器清 0 信号。信号发生器 XFG1 产生频率为 1 Hz、占空比为 50%的脉冲信号,信号发生器 XFG2 产生频率为 1~99 Hz(人为设置)、占空比为 50%的脉冲信号作为被测脉冲;74LS10(U_{6A})为控制闸门。

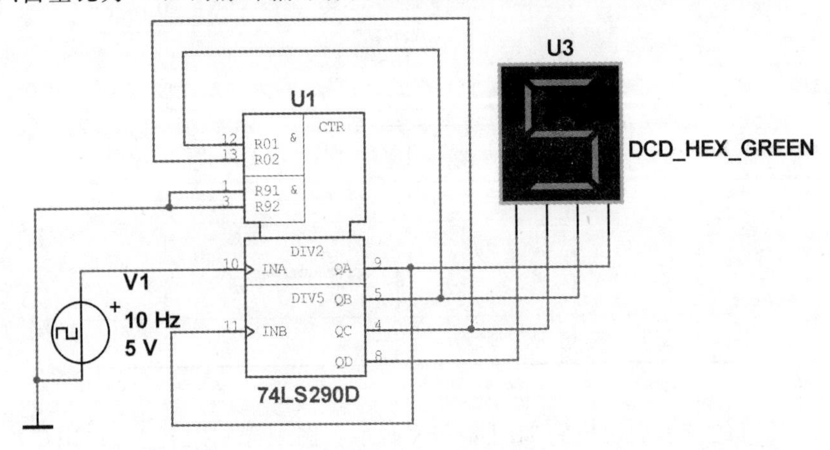

图 20-4　六进制的加法计数器电路

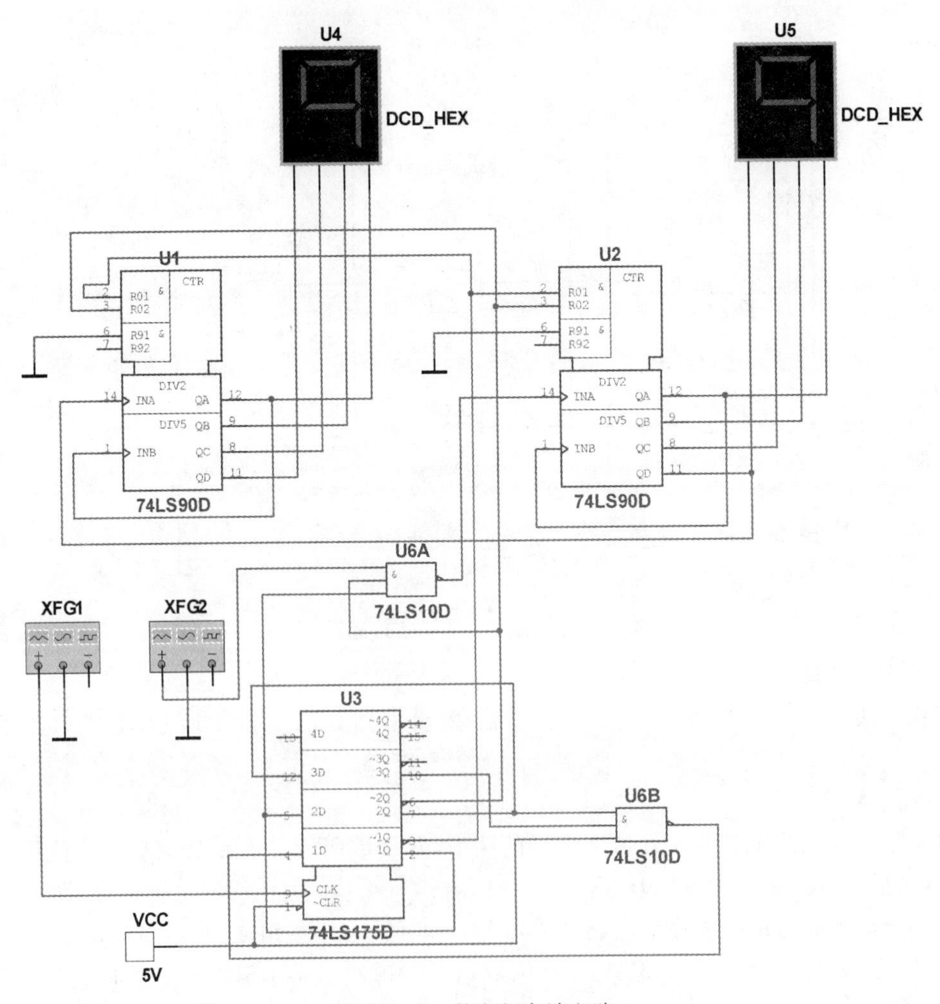

图 20-5　数字频率计电路

5. 方波发生器

图 20－6 所示电路是用 555 定时器(在混合器件库中)、电阻、电容组成无稳态多谐振荡器，构成一个大范围可变占空比的方波发生器。

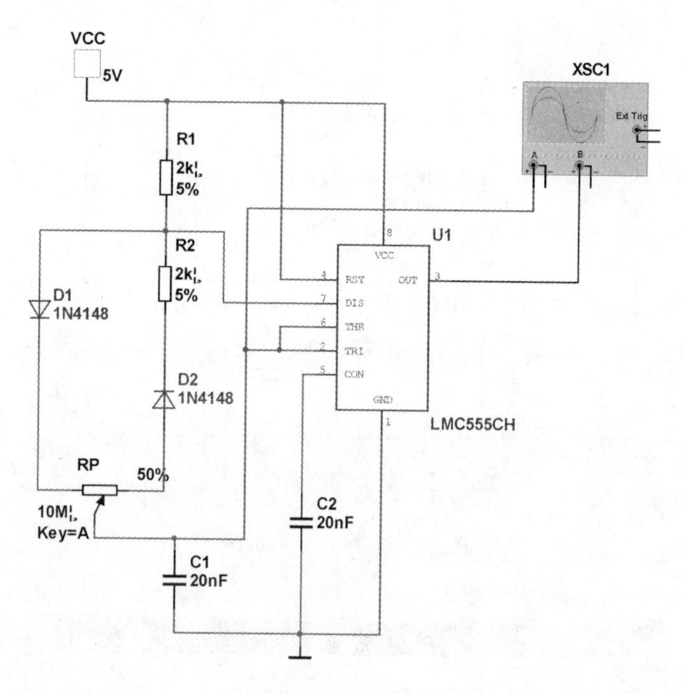

图 20－6　一个大范围可变占空比的方波发生器电路

请给出波形的振荡频率以及占空比的计算关系式，并和仿真测试结果比较。分别观察可调电阻调至 5%、50%以及 95%时 u_{C1} 和 u_o 的波形(采用 DC 耦合方式)，测量占空比、振荡频率，并画出可调电阻调至 50%时的波形。将结果填入表 20－2。

表　20－2

	理论值	测量值	R_P 调到 50%时的波形
振荡频率			u_{C1} 0 t u_o 0 t
R_P 调到 5%			
R_P 调到 50%			
R_P 调到 95%			

6. 模拟声响电路

图 20－7 所示电路为两个 555 振荡器构成的模拟声响电路。调节 R_{W1} 使 U_1 振荡频率为 1 Hz，调节 R_{W2} 使 U_2 振荡频率为 2 kHz，由于 U_1 的输出接到 U_2 的复位端(4 脚)，因此在低频振荡器 U_1 输出高电平时，允许高频振荡器 U_2 振荡；在低频振荡器 U_1 输出低电平时，高频振荡器 U_2 被复位，停止振荡；蜂鸣器发出“嘀、嘀……”的间隙声响。仿真结果如图 20－8 所示。

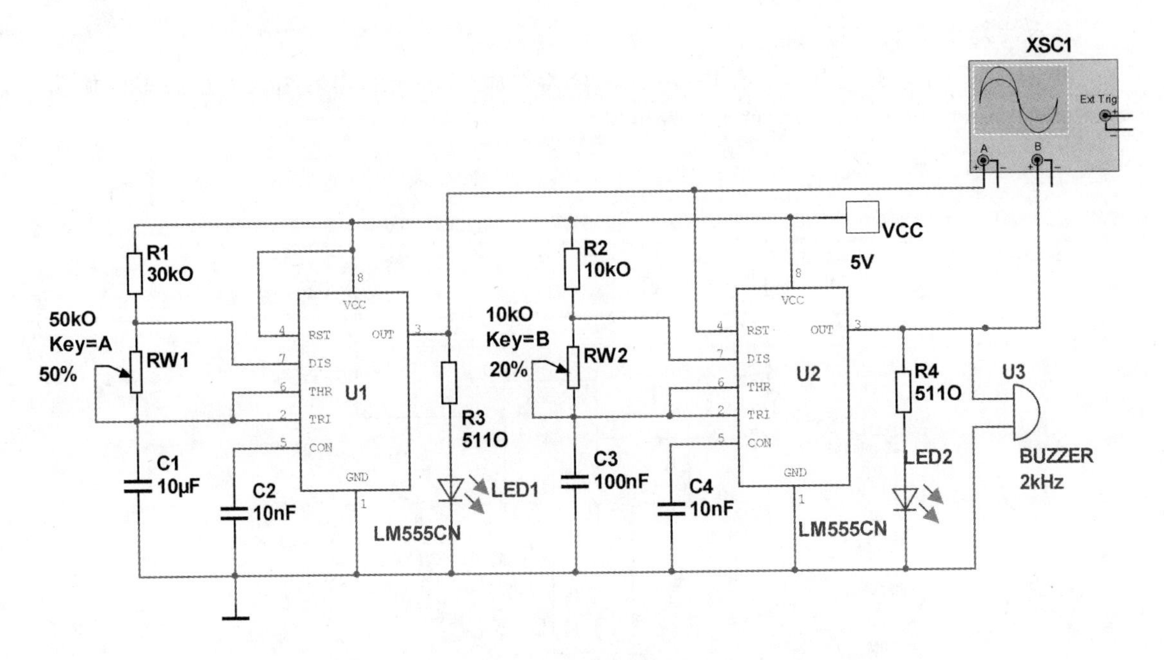

图 20－7　模拟声响电路

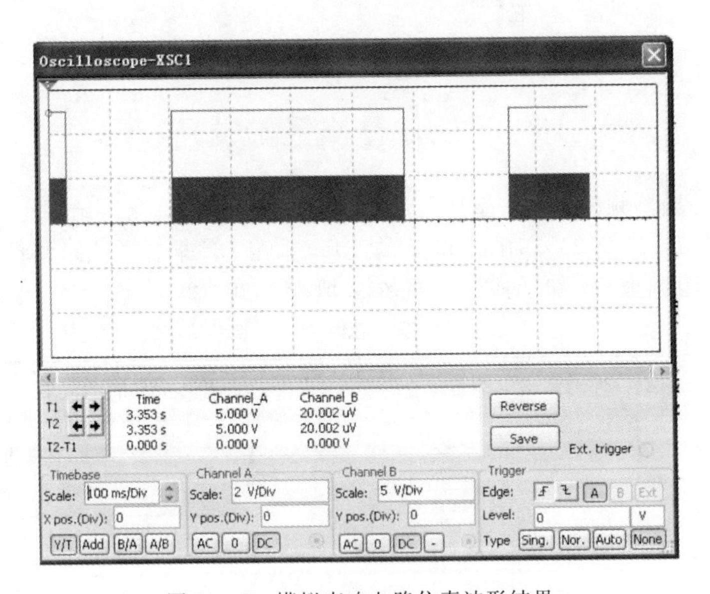

图 20－8　模拟声响电路仿真波形结果

五、实验报告要求

（1）设计一个能输出 1 kHz 的方波、三角波的电路，信号幅度为 5 V，并用 Multisim 仿真实现，给出电路以及输出信号的截图。

（2）设计一个电子时钟，并用 Multisim 仿真实现，给出电路以及输出信号的截图。

第4部分　综合电路实验

实验21　电梯的PLC控制

一、设计任务与要求

1. 设计任务

给定一个如图21-1和图21-2描述的三层电梯模型，设计电梯PLC控制系统。

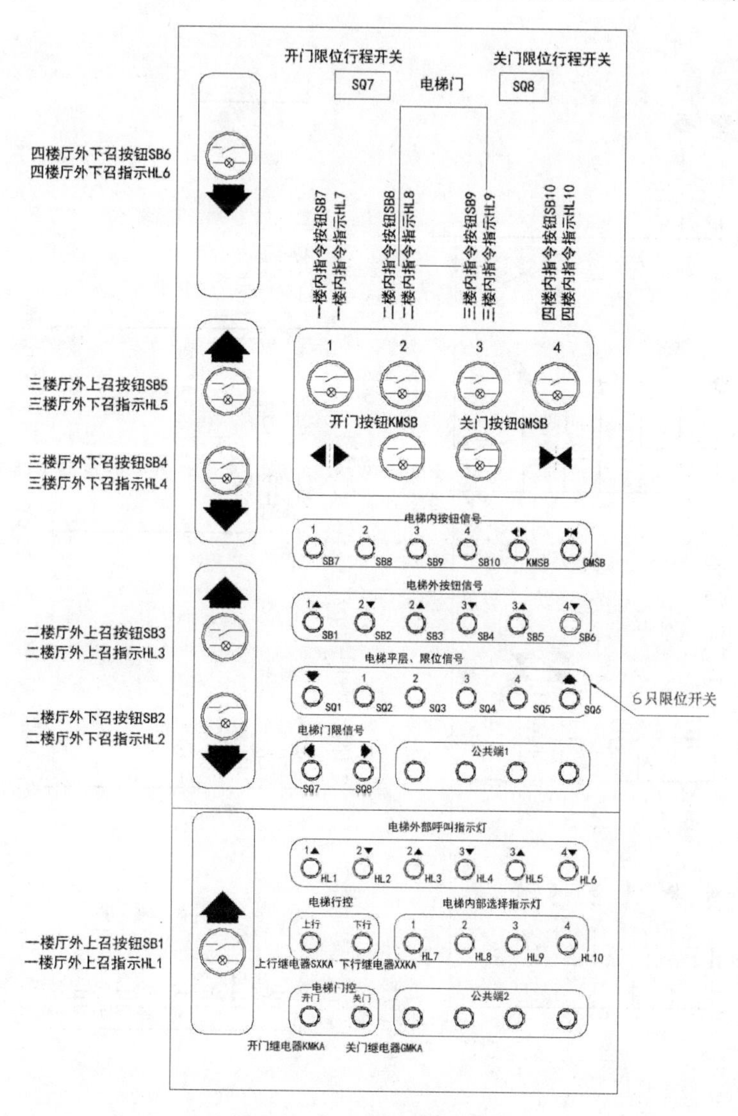

图21-1　电梯控制面板图

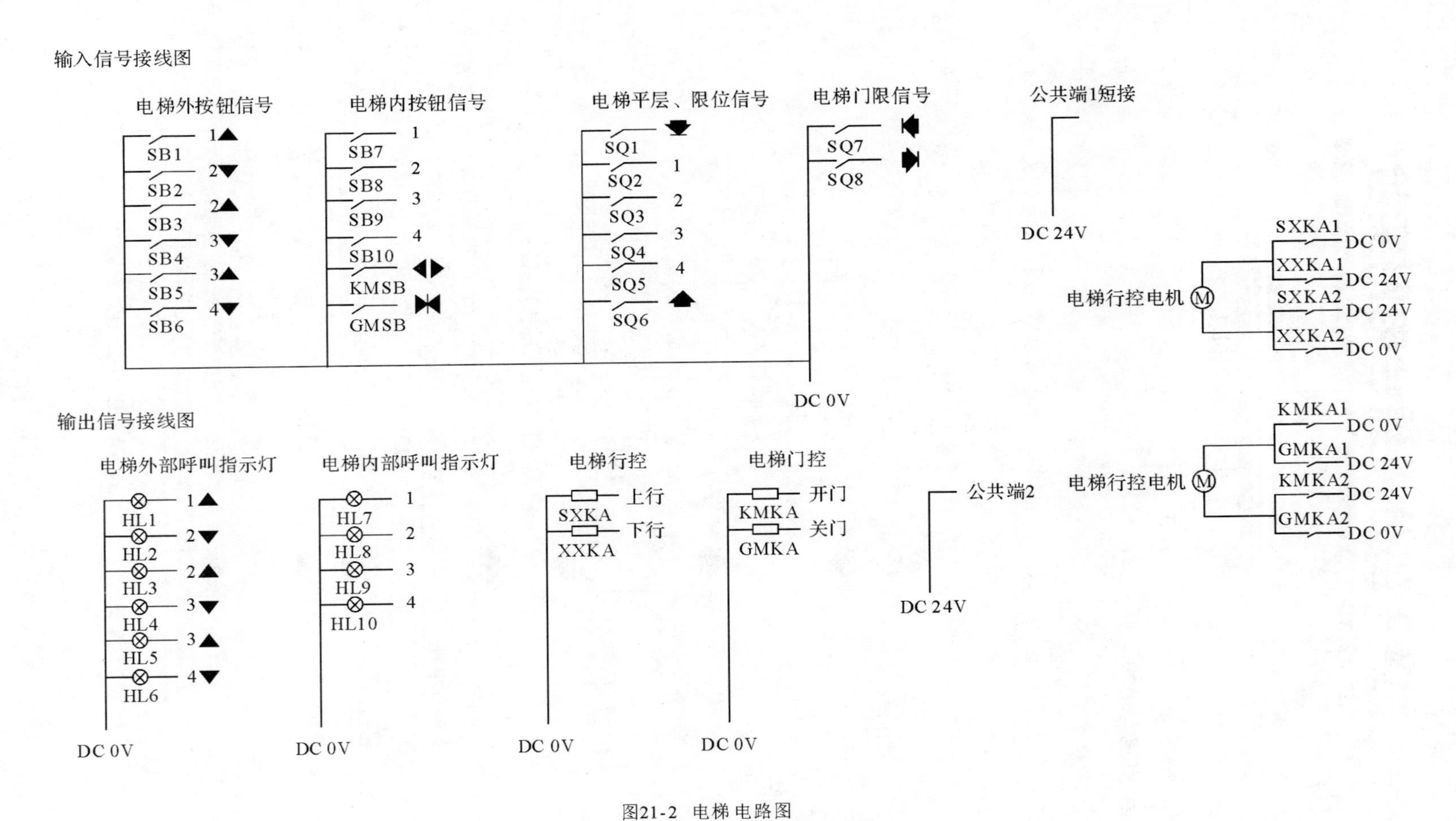
输入信号接线图
电梯外按钮信号
SB1
SB2
SB3
SB4
SB5
SB6
电梯内按钮信号
SB7
SB8
SB9
SB10
KMSB
GMSB
电梯平层、限位信号
SQ1
SQ2
SQ3
SQ4
SQ5
SQ6
电梯门限信号
SQ7
SQ8
DC 0V
公共端1短接
DC 24V
SXKA1
DC 0V
XXKA1
DC 24V
SXKA2
DC 24V
XXKA2
DC 0V
电梯行控电机
M
输出信号接线图
电梯外部呼叫指示灯
HL1
HL2
HL3
HL4
HL5
HL6
DC 0V
电梯内部呼叫指示灯
HL7
HL8
HL9
HL10
DC 0V
电梯行控
SXKA
上行
XXKA
下行
DC 0V
电梯门控
KMKA
开门
GMKA
关门
DC 0V
公共端2
DC 24V
KMKA1
DC 0V
GMKA1
DC 24V
KMKA2
DC 24V
GMKA2
DC 0V
电梯行控电机
M

图21-2 电梯电路图

电梯模型上的信号输出端子(内选按钮信号、外选按钮信号、平层、限位信号、厢门限位信号及公共端Ⅰ等)共计 24 个,应分别与 PLC 主机输入端子连接,公共端Ⅰ与主机输入 COM 点连接,COM 点极性为正。信号电平 24 V,负载能力不小于 100 mA。电梯模型面板如图 21－1所示。电梯模型的接线图如图 21－2 所示。

电梯模型上的输入信号端子(外呼指示灯、轿厢控制、内选指示灯、厢门控制、公共端Ⅱ等)计十八个,应分别与 PLC 主机输出端子连接,公共端Ⅱ与主机输出 COM 点连接。COM 点极性为正,模型输入信号负载为 24V/10mA。

若使 PLC 主机对模型实现完全控制,应选用输入口大于 20 点、输出口大于 14 点的 PLC 机型。

2. *技术要求*

PLC 输入、输出端口分别按照表 21－1 和表 21－2 分配。

表 21－1　PLC 的输入点分配

1 层内呼	I0.0
2 层内呼	I0.1
3 层内呼	I0.2
4 层内呼	I0.3
1 层外呼上	I0.4
2 层外呼下	I0.5
二层外呼上	I0.6
三层外呼下	I0.7
三层外呼上	I1.0
4 层外呼下	I1.1
开门开关	I1.2
关门开关	I1.3
一层平层	I1.4
二层平层	I1.5
三层平层	I1.6
四层平层	I1.7
开门限位	I2.0
关门限位	I2.1
轿箱上极限位	I2.2
轿箱下极限位	I2.3

表 21－2　PLC 输出点的分配

三层外呼上指标	Q0.0
四层外呼下指标	Q0.1
电梯矫箱上行	Q0.2
电梯矫箱下行	Q0.3
门电机开	Q0.4
门电机关	Q0.5
上指标	Q0.6
下指标	Q0.7
一层内呼指示	Q1.0
二层内呼指标	Q1.1
三层内呼指标	Q1.2
四层内呼指标	Q1.3
一层外呼上指示	Q1.4
二层外呼下指示	Q1.5
二层外呼上指示	Q1.6
三层外呼下指示	Q1.7

设计 PLC 硬件电路以及能够完成以下控制逻辑的程序：

(1)开始时，电梯处于任意一层。

(2)当有外呼梯信号到来时，轿厢响应该呼梯信号，到达该楼层时，轿厢停止运行，轿厢门打开，延时 3 s 后自动关门。

(3)当有内呼梯信号到来时，轿厢响应该呼梯队信号，到达该楼层时，轿厢停止运行，轿厢门打开，延时 3 s 自动关门。

(4)在电梯轿厢运行过程中，当轿厢处于上升(或下降)途中，任何反方向的外呼梯信号均不响应，但如果反向外呼梯信号前方向无其它内、外呼梯信号，则电梯响应该外呼梯信号。例如，电梯轿厢在一楼，将要运行到三楼，在此过程中可以响应二层向上外呼梯信号，但不响应二层向下外呼梯信号。同时，如果电梯到达三层，如果四层没有任何呼梯信号，则电梯可以响应三层向下外呼梯信号。否则，电梯轿厢将继续运行至四楼，然后向下运行，响应三层向下外呼梯信号。

(5)电梯应具有最远反向外呼梯响应功能。例如，电梯轿厢在一楼，而同时有二层向下外呼梯，三层向下外呼梯，四层向下外呼梯，则电梯轿厢先去四楼响应四层向下外呼梯信号。

(6)电梯未平层或运行时，开门按钮和关门按钮均不起作用。平层且电梯轿厢停止运行后，按开门按钮轿厢门打开，按关门按钮轿厢门关闭。

注意事项：

(1)楼层微动开关在使用中若发现有失灵现象，可松开两个固定螺母，调整左右位置。

(2)因运输原因模型上的上支架已反装，用户应按装配图重新安装，并将电机线插接在主电路板上部的两芯插座上。

二、实验仪器及设备

(1)西门子公司 S7－200 系列可编程控制器编程器实验箱。

(2)PC/PPI 线缆。

(3)安装了 STEM7－Micro/WIN 软件的电脑。

(4)QSPLC－DTR 电梯模型。

三、实验报告要求

(1)画出电梯和 PLC 的硬件电路。

(2)给出完成控制要求的 PLC 梯形图。

实验22　机械手的PLC模拟控制

一、设计任务与要求

1.设计任务

给定一个如图22-1所示的机械手模拟系统，设计其PLC控制系统。

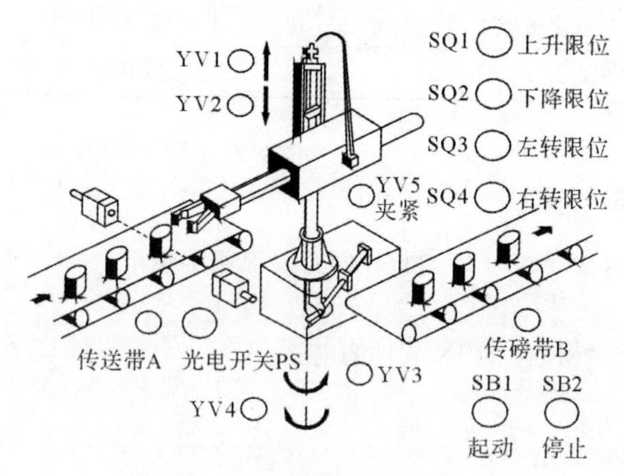

图22-1　机械手模拟系统面板

机械手模拟系统的按钮和传感器、指示灯配置如下：

(1)2个按钮：一个SB1控制启动、一个控制停止SB2。

(2)4个限位传感器：上升限位SQ1、下降限位SQ2、左转限位SQ3、右转限位SQ4。

(3)1个物品检测传感器：用一个按钮PS模拟光电开关，如果按一下按钮，相当于检测到物体到了被夹起的位置。

(4)4个状态指示：上升运行YV1、下降运行YV2、右转YV3、左转YV4、机械手夹紧YV5。

(5)2个传送带运行状态指示：传送带A、传送带B。

2.设计要求

PLC输入、输出端口按照表22-1分配，设计PLC硬件电路以及能够完成以下控制逻辑的程序：

按启动后，传送带A运行直到按一下光电开关才停止，同时机械手下降。下降到位后机械手夹紧物体，2 s后开始上升，而机械手保持夹紧。上升到位左转，左转到位下降，下降到位机械手松开，2 s后机械手上升。上升到位后，传送带B开始运行，同时机械手右转，右转到位，传送带B停止，此时传送带A运行直到按一下光电开关才完成一次循环。

表22-1　PLC的I/O分配表

输　入	输　出
起动按钮SB1:I0.0	上升YV1:Q0.1

续表

输　入	输　出
停止按钮 SB2:I0.5	下降 YV2:Q0.2
上升限位 SQ1:I0.1	左转 YV3:Q0.3
下降限位 SQ2:I0.2	右转 YV4:Q0.4
左转限位 SQ3:I0.3	夹紧 YV5:Q0.5
右转限位 SQ4:I0.4	传送带 A:Q0.6
光电开关 PS: I0.6	传送带 B:Q0.7

二、实验仪器及设备

(1)西门子公司 S7-200 系列 可编程控制器编程器实验箱。

(2)PC/PPI 线缆。

(3)安装了 STEM7-Micro/WIN 软件的电脑。

三、实验报告要求

(1)画出电梯和 PLC 的硬件电路。

(2)给出完成控制要求的 PLC 梯形图。

实验 23　电压-频率转换电路

一、设计任务与要求

1.设计任务

设计一个将直流电压转换成给定频率的矩形波的电路。

2.技术要求

输入为直流电压 0～10 V,输出频率为 f=0～500 Hz,幅值为 0～±5 V 的矩形波。

二、设计方案

1.系统总体要求

电压-频率转换是将输入直流电压转换频率与其数值成正比的输出电压,也称电压控制振荡电路。电压-频率转换电路包括积分器、滞回比较器和稳压电路,如图 23-1 所示。积分电路输出三角波信号去控制滞回比较器,滞回比较器把三角波信号转换成矩形波信号,两者频率相同;通过反馈电路将输出电压反馈到积分电路,控制积分电容放电,在反馈电路中可以运用二极管的单向导电特性,当积分电路的电容放电到一定数值时,开关二极管起作用,电源给电容充电。这样就构成了一个电容反复充放电的过程,电路振荡产生波形,利用输入电压的大小改变电容的充电速度,从而改变输出波形的振荡频率,输出波幅值由稳压电路决定。

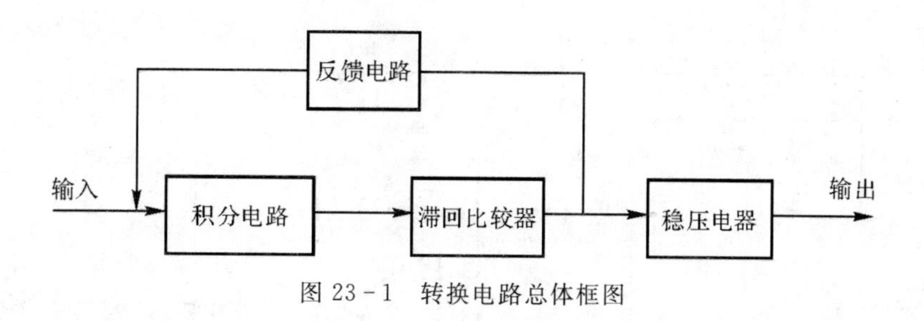

图 23-1　转换电路总体框图

2. 各分电路设计参考

(1)积分电路。积分电路可以完成对输入电压的积分运算，即输入电压与输出电压的积分成正比，如图 23-2 所示。积分电路是实现波形变换、滤波电路等信号处理功能的基本电路，可以将周期性的方波电压变换成三角波电压。

(2)电压比较器电路。简单的电压比较器结构简单，而且灵敏度高，但它的抗干扰能力差。滞回比较器能克服简单的比较器抗干扰能力差的缺点，滞回比较器如图 23-3 所示，滞回比较器具有两个阀值可通过电路引入正反馈获得。

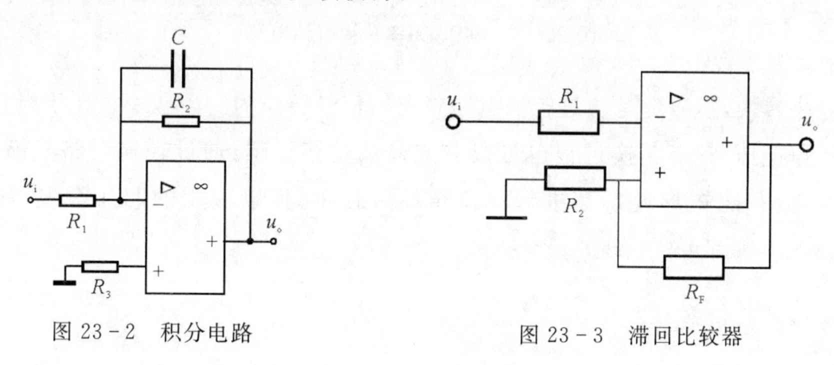

图 23-2　积分电路　　　　图 23-3　滞回比较器

(3)稳压管。稳压管的反向击穿特性，即稳压管反向击穿后，通过稳压管的电流有很大变化时，其两端电压变化却很小，几乎是恒定的。稳压管的工作原理是利用这种特性构成所要求的稳压电路，R 为限流电阻，输入电压或负载发生变化而引起稳压管电流变化时，输出电压即稳压管两端电压几乎为一恒定值。稳压电路如图 23-4 所示。

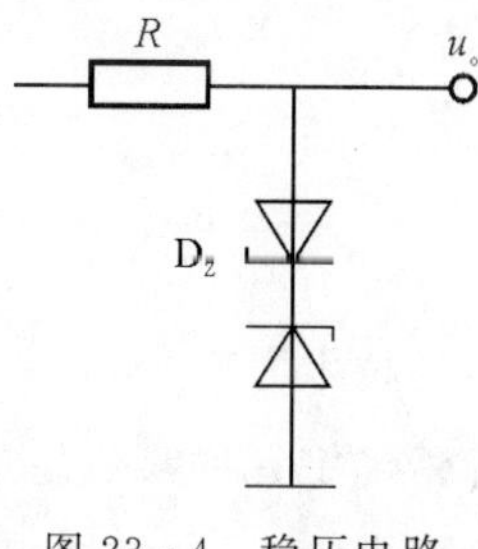

图 23-4　稳压电路

用 Multisim 画出的电压-频率转换参考电路如图 23-5 所示。

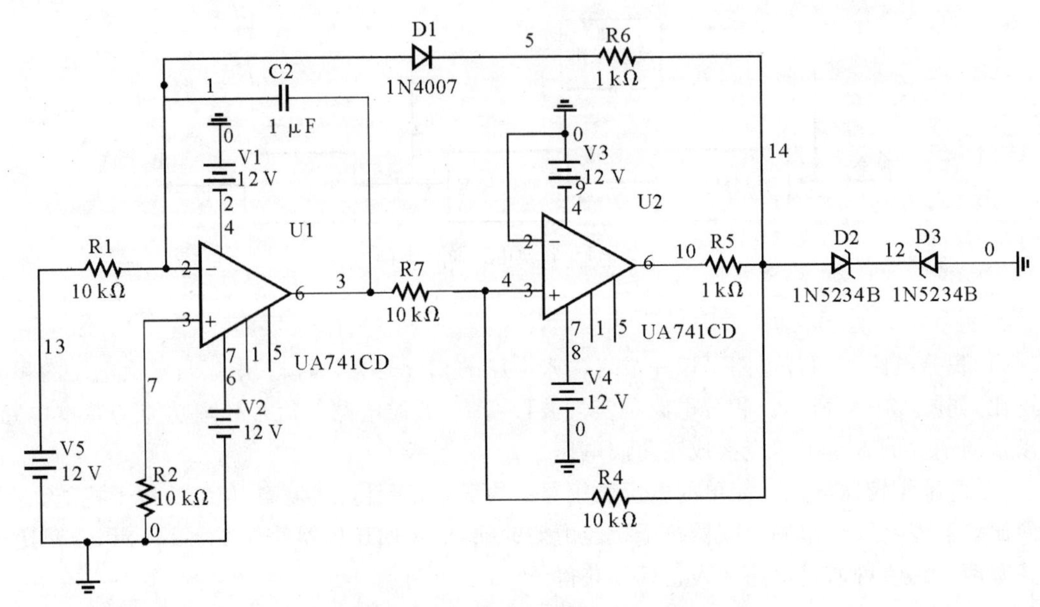

图 23-5 电压-频率转换整体电路

电压-频率转换，本质上是通过转换电路将电压信号转换为一串频率正比于电压信号幅值的矩形波，所以电压-频率转换过程也可以看成模数转换过程：通过转换电路将模拟信号（电压）转换为数字信号（矩形波），在进行数模转换过程中，可以应用的芯片很多，如 AD0809、AD574A、LM331 等都可以实现。

三、实验仪器及设备

(1)DP832 型直流稳压电源。

(2)DS1052D 型双踪数字示波器。

(3)FLUKE17 型数字万用表。

(4)DG1022Z 型函数信号发生器。

(5)自制集成运算放大器实验板。

(6)电阻、电容。

四、实验报告要求

(1)分析电路设计要求，选择合适的技术方案。

(2)按照设计的技术方案设计电路，确定元件参数。

(3)列表改变直流输入电压，测量输出频率，总结输出频率与输入直流电压之间的关系，画出实验波形。

(4)对实验数据和电路的工作情况进行分析，总结实验收获和体会，包括故障原因和解决方法等。

实验 24　简易函数发生器

一、设计任务与要求

1. 设计任务

设计一个简易函数发生器，要求能产生正弦波、方波和三角波三种波形。

2. 技术要求

频率范围为 10～20 kHz；输出电压可调；输出波形均无明显失真。

二、设计方案

函数发生器一般是指能自动产生正弦波、方波、三角波的电压波形的电路或者仪器。电路可以采用由集成运算放大器及分离元件构成；也可以采用单片集成函数发生器。由集成运算放大器产生正弦波、方波和三角波的电路在实验 12 中已作介绍，本节主要介绍由单片集成函数发生器 ICL8038 构成函数发生器。

1. ICL8038 简介

ICL 8038 集成函数发生器是一种多用途的波形发生器，可以用来产生正弦波、方波、三角波和锯齿波，其振荡频率可通过外加的直流电压进行调节，所以是压控集成信号产生器。由于外接电容的充、放电电流由两个电流源控制，所以电容两端电压的变化与时间成线形关系，从而可以获得理想的三角波输出。ICL8038 电路中含有正弦波变换器，可以直接将三角波变成正弦波输出，另外还可以将三角波通过触发器变成方波输出。该方案线路简单、调试方便、功能完备、输出波形稳定清晰，信号质量好、精度高，系统输出频率范围较宽且经济实用，而且具有较高的温度稳定性和频率稳定性。

ICL8038 具有以下特点：在温度变化时产生低的频率漂移，最大不超过 250×10^{-6} m/℃；具有正弦波、三角波和方波等多种函数信号输出；正弦波输出具有低于 1%的失真度；三角波输出具有 0.1%高线性度；具有 0.001 Hz～1 MHz 的频率输出范围；工作变化周期宽，在 2%～98%之间任意可调；高的电平输出范围，从 TTL 电平至 28V。ICL8038 的管脚图如图 24 - 1 所示。

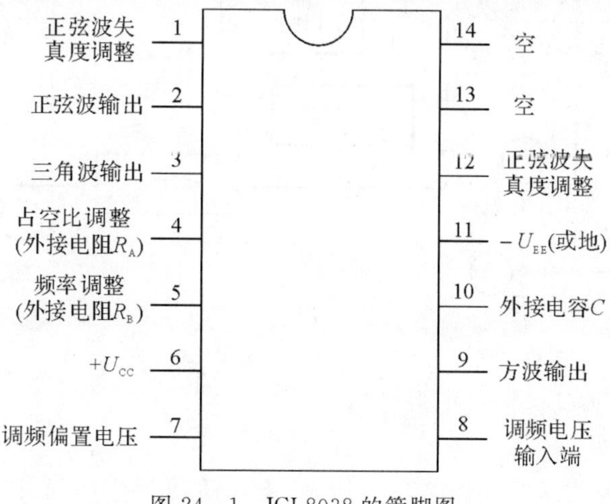

图 24 - 1　ICL8038 的管脚图

下面介绍各引脚功能：

(1)12 脚：正弦波失真度调节；

(2)2 脚：正弦波输出；

(3)3 脚：三角波输出；

(4)4、5 脚：方波的占空比调节、正弦波和三角波的对称调节；

(6)7 脚：输出调频偏置电压，数值是 7 脚与电源电压 $+U_{CC}$ 之差；

(7)8 脚：调频电压输入端，电路的振荡频率与调频电压成正比；

(8)6 脚：正电源，

(9)11 脚：接负电源或接地。

采用单电源供电时，脚 6 接正电源 $+U_{CC}$，脚 11 接地，$+U_{CC}$～GND 的电压范围是 +10～30 V；采用双电源时，脚 6 接正电源 $+U_{CC}$，脚 11 接地 $-U_{EE}$，$+U_{CC}$～U_{EE} 电压范围 ±(5～15) V。

ICL8038 的内部框图如图 24－2 所示。由恒流源 I_1 和 I_2、电压比较器 A 和 B、电压跟随器、触发器、缓冲器和三角波变成正弦波等组成。外部接入的电容器 C 由内部两个恒流源来完成充电、放电过程。当触发器的状态使恒流源 I_2 处于关闭状态时，恒流源 I_1 向电容器 C 充电，电容器 C 电压达到比较器 1 输入电压规定值的 2/3 时，比较器 1 的状态改变，使触发器工作状态发生翻转，使开关 S 由常闭点接到常开点。由于恒流源 I_2 的工作电流值为 $2I_1$，电容器处于放电状态，在单位时间内电容器端电压将线性下降，当电容器电压下降到比较器 2 的输入电压规定值的 1/3 时，比较器 2 状态改变，使触发器又翻转回到原来的状态，这样周期性的循环，完成振荡过程。

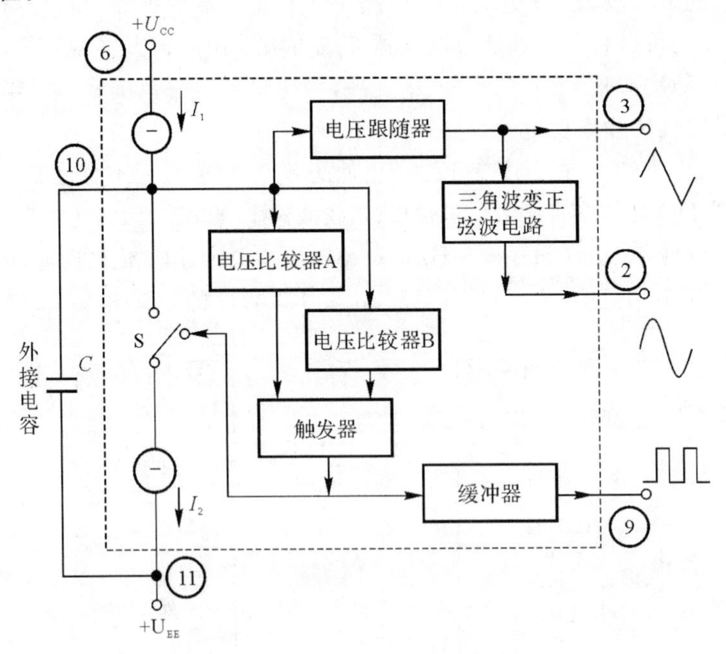

图 24－2　ICL8038 的内部框图

2. 典型应用

ICL8038 常见的基本接法如图 24－3 所示，方波输出为集电极开路形式，需要外接电阻

R_L至$+U_{CC}$。在图 24－3 所示电路中，通过改变电位器R_W滑动端的位置来调整的R_A和R_B数值可控制恒流源I_1和I_2的电流大小，进而控制电容器充、放电的时间。电容的充电时间T_1和放电时间T_2，占空比的表达式为

$$q=\frac{T_1}{T}=\frac{2R_A-R_B}{2R_A}$$

当$R_A=R_B$时，输出为正弦波、方波和三角波；当$R_A\neq R_B$时，输出为占空比可调的方波、锯齿波，2 脚输出为非正弦波。

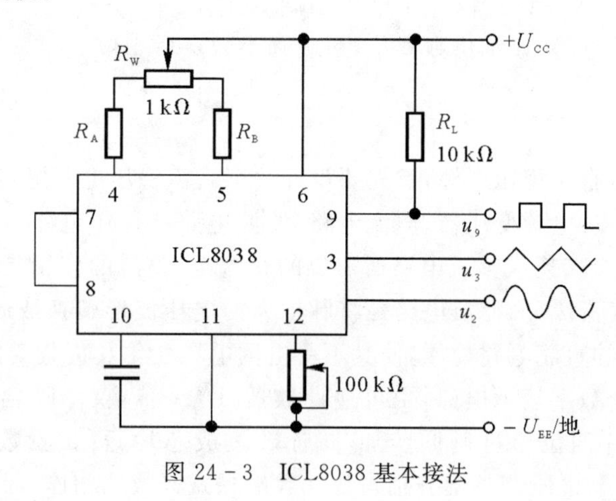

图 24－3　ICL8038 基本接法

三、实验仪器及设备

(1)DP832 型直流稳压电源。

(2)DS1052D 型双踪数字示波器。

(3)FLUKE17 型数字万用表。

(4)ICL8038 以及电阻。

四、实验报告要求

(1)分析电路设计要求，选择合适的技术方案。

(2)按照设计的技术方案设计电路，确定元件参数。

(3)列出实验数据，画出典型信号的波形。

(4)总结实验收获和体会，包括故障原因和解决方法等。

实验 25　数字直流稳压电源

一、设计任务及要求

1. 设计任务

选取模拟电路中的整流、滤波、稳压等基本电路，结合数字技术中的可逆计数器，D/A 转换器，译码显示等电路设计一个数字显示直流稳压电源。首先，在 Multisim 软件平台下进行

电路设计和原理仿真，选取合适的电路参数，测试输出电压。其次，在硬件平台上搭建电路，进行电路调试，测量输出电压。最后，将实际输出与仿真结果进行比较，分析产生误差的原因，并提出改进方法。

2. 设计要求

(1)输出电压范围：0～9.9 V，纹波电压＜10 mV。

(2)最大输出电流：3 A。

(3)工作电压 2～6 V，典型值 5 V，工作电流＜5 mA。

(4)设计数字显示电路，显示位数 2 位，精确到小数点后 1 位。

二、设计方案

(1)设计数字显示直流稳压电源，首先要设计一个直流稳压电源电路，由实验 9 可知，直流稳压电源由四部分构成：电源变压器、整流电路、滤波电路和稳压电路。电源变压器的作用是将电源电压 220 V 市电转换成整流电路所需要的交流电；整流的作用是将交流电压变成单向脉动电压，使其具有直流成分；滤波电路是将脉动大的电压波形转换成脉动小的电压；稳压电路的作用是将不稳定的直流电路稳压，使其不受电网电压变化及负载变化的影响。

(2)需要设计一个数字显示电路，由可逆计数器、D/A 转换、译码显示三部分构成。可逆计数器部分，采用两片四位十进制同步加/减计数集成芯片[可预置数、异步复位的十进制(BCD 码)可逆计数器]，电压调整键分别与加计数端和减计数端相连。

由实验 17 可知，D/A 转换器 DAC0832 是 8 分辨率的 D/A 转换集成芯片，由 8 位输入锁存器、8 位 DAC 寄存器、8 位 D/A 转换电路及转换控制电路构成。由于内部集成了驱动电路，因此外围电路简单，可以实现本次设计中的 D/A 转换功能。

译码显示部分，可参考实验 15 中译码、显示电路，连接计数器传送来的两位十进制码，驱动数码管显示数字。

数字部分设计方案原理如图 25－1 所示。

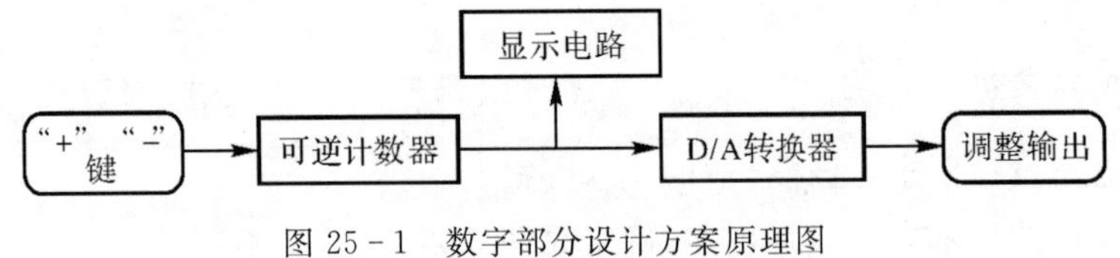

图 25－1　数字部分设计方案原理图

1. 直流稳压电源电路

这里要解决的问题有两个：一是如何把交流电变成直流电，二是如何使直流电压实现稳定。

(1)方案 1：简单的并联型稳压电源。并联型稳压电源的调整元件与负载并联，因而具有极低的输出电阻，动态特性好，电路简单，并具有自动保护功能；负载短路时调整管截止，可靠性高，但效率低，尤其是在小电流时调整管需承受很大的电流，损耗过大。

(2)方案 2：输出可调的开关电源。开关电源的功能元件工作在开关状态，因而效率高，输出功率大；且容易实现短路保护与过流保护，但是电路比较复杂，设计繁琐，在低输出电压时开关频率低，纹波大，稳定度差，因而也不能采用此方案.

(3)方案 3:串联型稳压电源。并联稳压电源有效率低、输出电压调节范围小和稳定度不高这 3 个缺点。而串联稳压电源正好可以避免这些缺点,所以现在广泛使用的一般都是串联稳压电源。而简易串联稳压电源输出电压受稳压管稳压值的限制无法调节,必须对简易稳压电源进行改进,增加一级放大电路,专门负责将输出电压的变化量放大后控制调整管的工作。由于整个控制过程是一个负反馈过程,因此这样的稳压电源称为串联负反馈稳压电源。

稳压电路部分可以采用三极管等分立元件来实现,也可以采用三端集成稳压器。要求输出电压可调,可选择三端可调式集成稳压器。可调式集成稳压器,常见主要有 CW317、CW337、LM317、LM337。317 系列稳压器输出连续可调的正电压,337 系列稳压器输出连可调的负电压,可调范围为 1.2～37 V,最大输出电流 I_{Omax} 为 1.5 A。稳压器内部含有过流、过热保护电路,具有安全可靠,性能优良、不易损坏、使用方便等优点。其电压调整率和电流调整率均优于固定式集成稳压电路电源。LM317 系列和 lM337 系列的引脚功能相同,管脚图如图 25 - 2 所示。

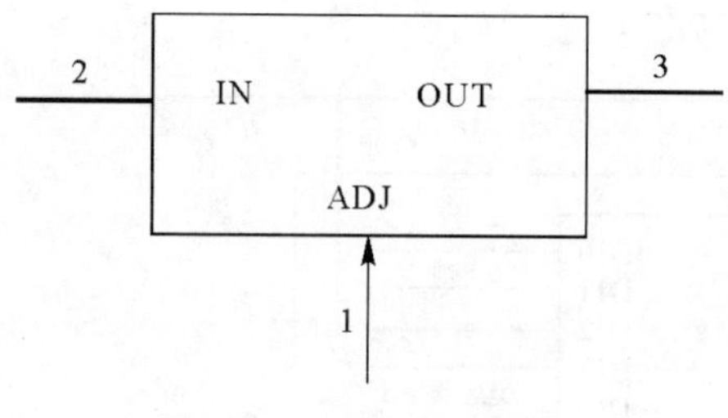

图 25 - 2　LM317 引脚图

可调节直流稳压电源原理图如图 25 - 3 所示,D1 和 D2 作用是当输出短路时,C13 上的电压通过 D2 放掉,从而达到反偏置保护的目的。

此外,当输入短路时,C14 等元件上储存的电压会通过 D1 放掉,用于防止内部三极管反偏。

C13 用以提高 LM317 的纹波抑制能力。C14 用以改善 IC 的瞬态响应。C11 和 C12 用于输入整流滤波。

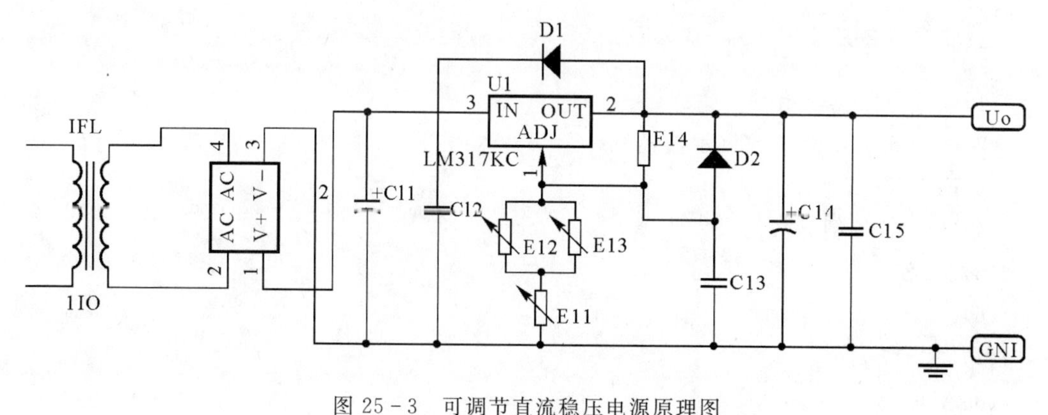

图 25 - 3　可调节直流稳压电源原理图

2. 可逆计数器设计

可逆计数器部分可用两按钮开关作为电压调整键，分别与计数器的加计数 CP_U 时钟输入端和减计数 CP_D 时钟输入端相连，可逆计数器采用两片四位十进制同步加/减计数集成模块 74LS192 是双时钟、可预置数、异步复位的十进制(BCD 码)可逆计数器。

显示电路设计可参考实验 15 中数码显示电路。

3. 数模转换电路

DAC0832 具有输入为双缓冲结构设计特点，数字信号在进入 D/A 转换前，需经过两个独立控制的 8 位锁存器传送。其优点是在 D/A 转换的同时，DAC 寄存器中保留现有的数据，而在输入寄存器中可送入新的数据。系统中如果存在多个 D/A 转换器，可用一个公共的选通信号选通输出。

由于 DAC0832 的输出端没有加集成运放，所以需外加运放电路相配适用，可采用实验 11 中 LM741 运算放大电路。参考电路如图 25－4 所示。

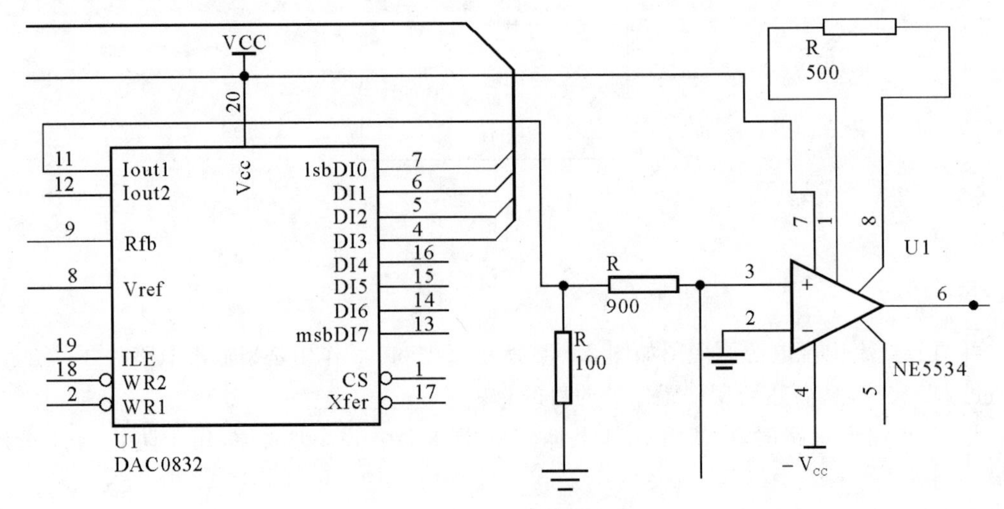

图 25－4　D/A 转换电路

三、实验设备及仪器

(1)模拟电路实验箱。

(2)DS1052D 型双踪数字示波器。

(3)FLUKE17 型数字万用表。

(4)DG1022Z 型函数信号发生器。

(5)74LS192。

(6)CD4511。

(7)LM317。

(8)ADC0809。

(9)DAC0832。

(10)共阳极数码管。

(11)电阻和电位器。

四、实验任务

(1)根据设计要求确定直流稳压电源的设计方案,计算和选取元件参数。

(2)完成各单元电路和总体电路的设计,绘制电路图。利用 Multisim 软件分单元仿真模拟、调试,测试电路是否达到预定的技术指标。

(3)按设计方案连接电路,以稳压电源电路、可逆计数器电路、数模转换电路及数显电路几个单元,分段进行测试,观察输出波形,验证是否达到设计要求。

(4)将结果与软件仿真的输出结果相比较,进一步验证设计电路的实用性及合理性。

(5)给出测试各项技术指标的方法(包括所使用的仪器),撰写实验测试报告。

五、实验报告要求

(1)整理记录实验数据及波形,分析实验数据,与仿真结果相比较,说明各单元电路的优缺点。

(2)以小论文的形式,撰写完整的仪器测试报告,将设计的原理、思路,以及实际电路分析阐述清楚,论证设计方案的可行性。

实验26　四人抢答器

一、设计任务及要求

1.设计任务

设计一个4路智力竞赛抢答器,主持人可控制系统的清零和抢答的开始,控制电路可实现最快抢答选手按键抢答的判别和锁定功能,并禁止后续其他选手抢答。抢答选手确定后,发出声响提示和选手编号的显示,抢答选手的编号显示保持到系统被清零为止。

2.设计要求

(1)4名选手编号分别为1、2、3、4。各有一个抢答按钮,按钮的编号与选手的编号对应,也分别为1、2、3、4。

(2)设计一个主持人控制按钮,用来控制系统清零(抢答显示数码管灭灯)和抢答的开始。

(3)抢答器具有数据锁存和显示的功能。抢答开始后,若有选手按动抢答按钮,该选手编号立即锁存,并在抢答显示器上显示该编号,同时蜂鸣器发出响声提示,封锁输入编码电路,禁止其他选手抢答。抢答选手的编号一直保持到主持人将系统清零为止。

二、设计方案

图26-1所示为四路抢答器方案流程图,它由主体电路和扩展电路两部分组成。主体电路完成基本的抢答功能,即开始抢答后,当选手按动抢答键时,显示电路显示出该选手的编号,同时能封锁输入电路,禁止其他选手抢答。扩展电路完成定时抢答的功能。

抢答器具有锁存、显示和报警功能。即在抢答开始后,选手按动抢答按钮,锁存器锁存相应的选手编码,同时用LED数码管把选手的编码显示出来。

接通电源后,主持人将开关拨到“清除”状态,抢答器处于禁止状态,编号显示器灭灯,定时器显示设定时间;主持人将开关置“开始”状态,宣布“开始”,抢答器工作。抢答器完成优先判断、编号锁存、编号显示、扬声器提示任务。如果再次抢答必须由主持人再次操作“清除”和“开始”状态开关。

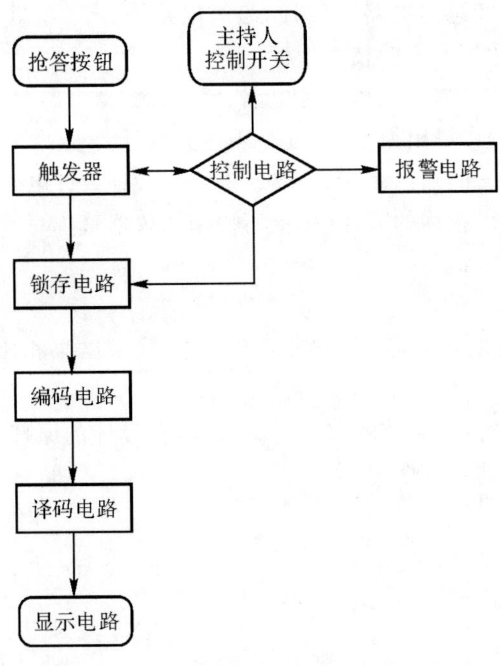

图 26-1　四路抢答器方案流程图

(1)方案 1:采用 CD4511 芯片作为抢答信号的触发、锁存和译码输出。这样虽然比较简便,但实际在实现锁存功能时比较烦琐,只有在 LE 端口为高电平时,才可以实现锁存功能。

(2)方案 2:采用 D 触发器、四输入与非门、或门以及非门来完成抢答部分。编码器、译码器用于显示部分。虽然使用元件比较多,但在实现锁存功能时较为简单。

1. 电路设计方案

采用四 D 触发器 74LS175,当主持人控制开关处于“清除”状态时,D 触发器的清零端为低电平,使 D 触发器被强制清零,输入的抢答信号无效。当主持人将开关拨到“开始”时,D 触发器 $\overline{Q}$ 端上一个状态为高电平,4 个 $\overline{Q}$ 端在一起为高电平,再和抢答按键信号、借位信号一起经过或门电路 74LS32,当没人抢答时,抢答信号为低电平,输出端为低电平传递给 D 触发器脉冲端。使得抢答信号经 D 触发器触发锁存,再经过编码器 74LS148 将 4 个触发器的输出状态进行 BCD 编码,最后经 74LS48 译码器把相应的信号显示在共阴极的数码管上。另外,当选手松开按键时,D 触发器的 $\overline{Q}$ 前一状态为低电平,与在一起后给与非门 74LS20,使得与非门的输出端为低电平传递给 D 触发器,则 D 触发器的脉冲输入端恢复原来状态,从而使得其他选手按键的输入信号不会被接收。这就保证了抢答者的优先权以及抢答电路的准确性。当选手回答完毕,主持人控制开关 S,使抢答电路复位,以便进行下一轮抢答,如图 26-2 所示。

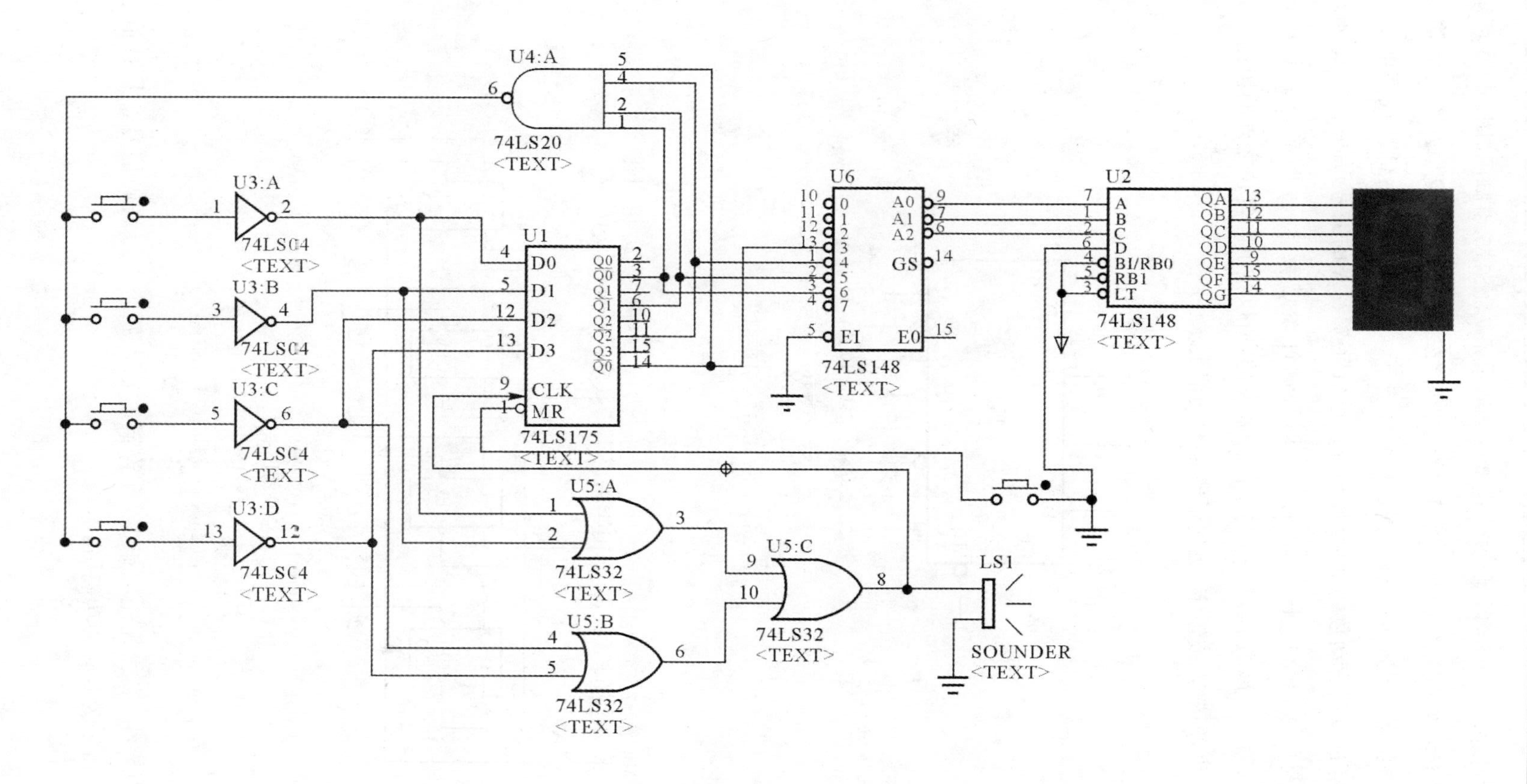

图26-2　四路抢答器电路

74LS175芯片是4上升沿D触发器,图26-3所示是74LS175引脚图,图26-4所示是它的逻辑图。它具有4个独立的D触发器,电路通电后,按下复位键S,Q_0、Q_1、Q_2、Q_3输出高电平,电路进入准备状态。这时候,假设有按键A被按下,4D的输出将由低变成高电平,使4Q输出为高电平,经过或门驱动数码管,使数码管显示“1”(选手A的编号),同时使4Q($4\bar{Q}$)输出为低电平,经过与门输出低电平,此低电平与时钟脉冲经过与非门,形成一个上升沿作为74LS175 CLK的输入。因为74LS175是下降沿触发的,所以按下除复位之外的按键都不会发生电路状态的变化,即输入被锁定,达到了既定的功能要求。

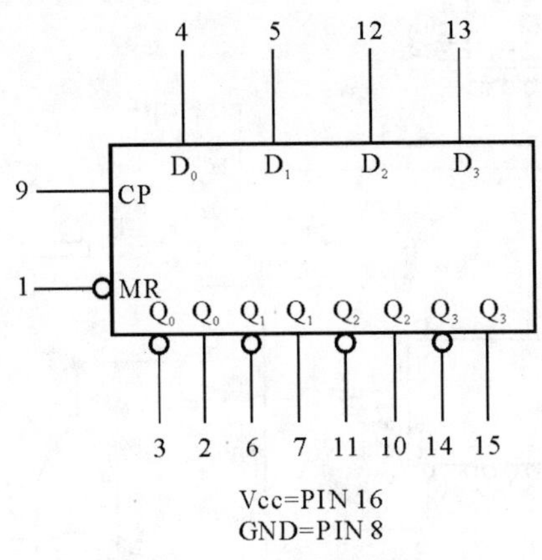

图26-3 74LS175引脚图

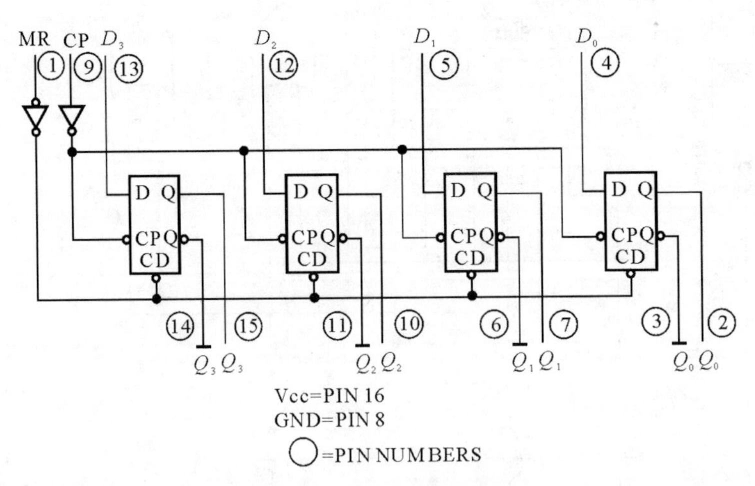

图26-4 74LS175逻辑图

74LS148为8线-3线优先编码器,允许同时输入两个以上编码信号。其真值表见表26-1,图26-5所示为其管脚功能图。

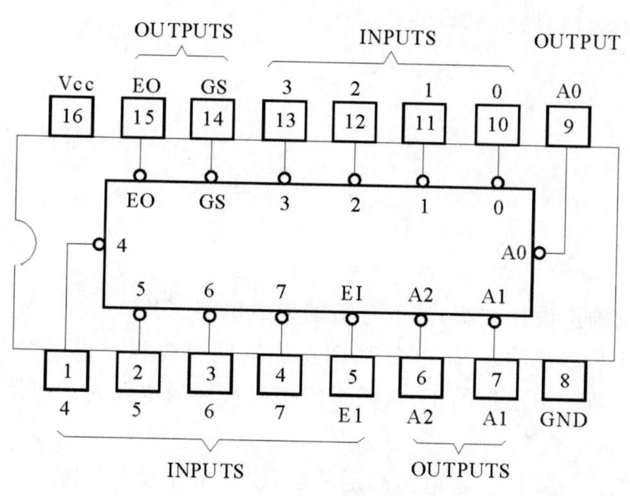

图 26－5　74LS148 管脚功能图

表 26－1　74LS148 真值表

输入									输出				
I_E	I_0	I_1	I_2	I_3	I_4	I_5	I_6	I_7	A_2	A_1	A_0	GS	EO
1	×	×	×	×	×	×	×	×	1	1	1	1	1
0	1	1	1	1	1	1	1	1	1	1	1	1	0
0	×	×	×	×	×	×	×	0	0	0	0	0	1
0	×	×	×	×	×	×	0	1	0	0	1		
0	×	×	×	×	×	0	1	1	0	1	0		
0	×	×	×	×	0	1	1	1	0	1	1		
0	×	×	×	0	1	1	1	1	1	0	0	0	1
0	×	×	0	1	1	1	1	1	1	0	1		
0	×	0	1	1	1	1	1	1	1	1	0		
0	0	1	1	1	1	1	1	1	1	1	1		

从以上的真值表中可以得出，74LS148 输入端优先级别的次序依次为 I_7、I_6、…、I_0。当某一输入端有低电平输入，且比它优先级别高的输入端没有低电平输入时，输出端才输出相应该输入端的代码。例如：$I_5=0$ 且 $I_6=I_7=1$（I_6、I_7 优先级别高于 I_5）则此时输出代码 010[为 $(5)_{10}=(101)_2$ 的反码]这就是优先编码器的工作原理。

三、实验设备及仪器

(1)数字电路实验箱。

(2)DS1052D 型双踪数字示波器。

(3)FLUKE17 型数字万用表。

(4)DG1022Z 型函数信号发生器。
(5)74LS175。
(6)74LS32。
(7)74LS48。
(8)74LS148。

四、实验任务

(1)根据设计要求确定设计方案,选取合适的集成电路芯片。

(2)连接电路。注意芯片的豁口方向(都朝左侧),同时要保证芯片的管脚与插座接触良好,管脚不能弯曲或折断。指示灯的正、负极不能接反。在通电前先用万用表检查各芯片的电源接线是否正确。

(3)按抢答器功能进行操作。若电路满足要求,说明电路没有故障;若某些功能不能实现,就要设法查找并排除故障。排除故障可按信息流程的正向(由输入到输出)查找,也可按信息流程逆向(由输出到输入)查找。例如:当有抢答信号输入时,观察对应指示灯是否点亮,若不亮,可用万用表(逻辑笔)分别测量相关与非门输入、输出端电平状态是否正确,由此检查线路的连接及芯片的好坏;若抢答开关按下时指示灯亮,松开时又灭掉,说明电路不能保持,此时应检查与非门相互连接是否正确,直至排除全部故障为止。

(4)电路功能测试:

1)按下清零开关 S 后,所有指示灯灭。

2)选择开关 S1~S4 中的任何一个开关(如 S1)按下,与之对应的指示灯(D1)应被点亮,此时再按其他开关均无效。

3)按控制开关 S,所有指示灯应全部熄灭。

4)重复步骤 2)和 3),依次检查各指示灯是否被点亮

5)给出测试各项技术指标的方法(包括所使用的仪器),撰写实验报告。

五、实验报告要求

(1)整理记录实验数据,分析实验数据,列表整理各类集成电路逻辑功能。

(2)总结 D 触发器 74LS175,编码器 74LS148 功能特点。

(3)总结实验设计、验证过程,重点分析集成电路的选取,功能优劣比较。

实验 27 数字电子钟

一、设计任务与要求

(1)设计一个有“时”“分”“秒”显示且有校时功能的数字电子钟。

(2)数字电子钟具有闹钟系统和整点报时功能(选做)。

(3)利用中小规模的集成电路设计电子钟,并在数字电子技术实验箱上进行组装和调试。

(4)绘制电路原理框图和逻辑电路图,撰写实验报告。

二、设计方案

数字电子钟的电路原理框图如图 27－1 所示。它由石英晶体振荡器、分频器、计数器、译码器、显示器和校时电路组成。石英晶体振荡器产生的信号经过分频器作为秒脉冲，秒脉冲送入计数器计数，计数结果通过“时”“分”“秒”译码器显示时间。

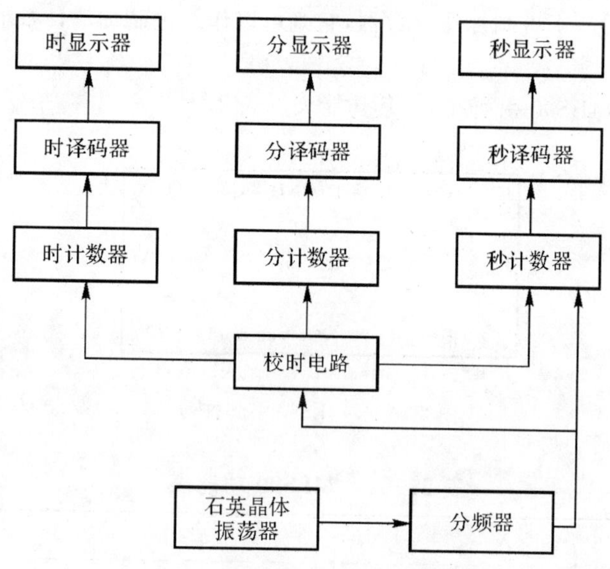

图 27－1　数字电子钟电路原理框图

1. 石英晶体振荡器

数字电子钟的核心部分是秒脉冲信号，它的精度和稳定度决定了数字电子钟的质量。由于石英晶体的选频特性非常好，它有一个极为稳定的串联谐振频率 f_s，且等效品质因数 Q 值也非常高，因此常常将其应用于秒信号要求十分严格的电路。

石英晶体振荡器电路如图 27－2 所示：并联在两个反相器 G_1、G_2 输入、输出间的电阻 R 的作用是使反相器工作在线性放大区。电容 C_1 用于两个反相器间的耦合，而 C_2 的作用是抑制高次谐波，以保证稳定的频率输出。电路的振荡频率仅取决于石英晶体的串联谐振频率，而与电路中的 R、C 的数值无关。例如：当电路中的石英晶振频率是 4 MHz 时，电路的输出频率则为 4 MHz。

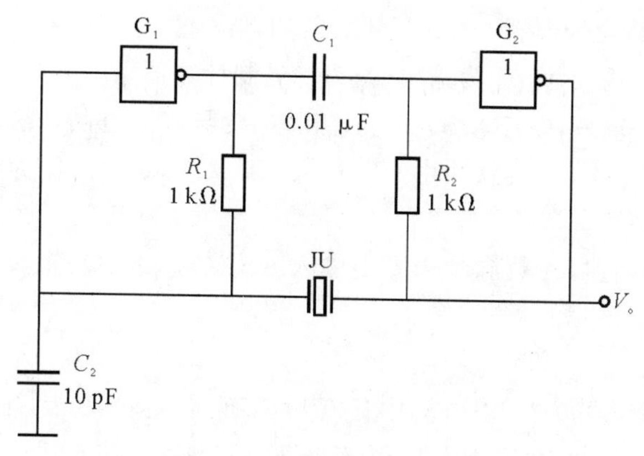

图 27－2　石英晶体振荡器电路图

2. 分频器

石英晶体振荡器产生的频率一般较高，需进一步利用分频电路获得秒脉冲信号。分频器可采用 D 触发器以及十进制计数器来实现。

例如对于频率为 4 MHz 的振荡器信号，通过 D 触发器（74LS74）进行 4 分频变为 1 MHz，然后将信号送入 10 分频计数器（74LS90），经过分频获得 1 Hz 方波信号作为秒脉冲信号。其中，74LS90 是异步二-五-十进制加法计数器，它既可以作二进制加法计数器，又可以作五进制和十进制加法计数器。

图 27－3 所示为 74LS90 引脚排列，其功能表见表 27－1。

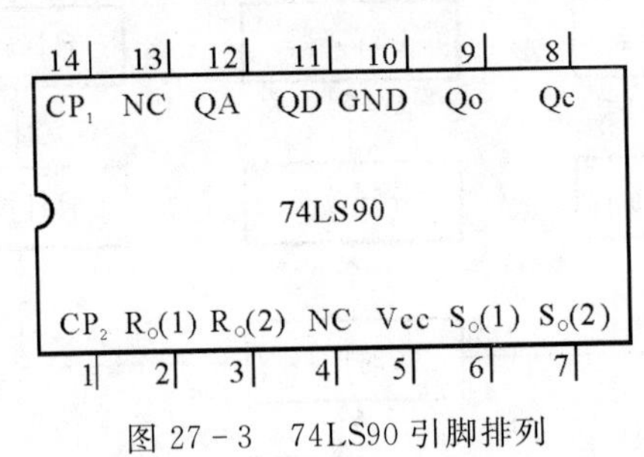

图 27－3　74LS90 引脚排列

表 27－1　74LS90 功能表

输　入			输　出				功　能
R_{o1}　R_{o2}	S_{91}　S_{92}	CP_1　CP_2	Q_D	Q_C	Q_B	Q_A	
1　1	0　×	×　×	0	0	0	0	异步清 0
1　1	×　0	×　×	0	0	0	0	
×　×	1　1	×　×	1	0	0	1	异步置 9
$R_{o1}R_{o2}=0$	$S_{91}S_{92}=0$	↓　×	二进制				计数
		×　↓	五进制				
		↓　QA	8421BCD				
		QD　↓	5421BCD				

通过不同的连接方式，74LS90 可以实现 4 种不同的逻辑功能；而且还可借助 R_{o1}、R_{o2} 对计数器清零，借助 S_{91}、S_{92} 将计数器置 9。其具体功能如下：

（1）计数脉冲从 CP_1 输入，Q_A 作为输出端，为二进制计数器。

（2）计数脉冲从 CP_2 输入，Q_D、Q_C、Q_B 作为输出端，为异步五进制加法计数器。

（3）若将 CP_2 和 Q_A 相连，计数脉冲由 CP_1 输入，Q_D、Q_C、Q_B、Q_A 作为输出端，则构成异步 8421 码十进制加法计数器。

（4）若将 CP_1 与 Q_D 相连，计数脉冲由 CP_2 输入，Q_A、Q_D、Q_C、Q_B 作为输出端，则构成异步 5421 码十进制加法计数器。

（5）清零、置 9 功能。

1）异步清零：当 R_{01}、R_{02} 均为“1”；S_{91}、S_{92} 中有“0”时，实现异步清零功能，即 $Q_DQ_CQ_BQ_A=0000$。

2）置 9 功能：当 S_{91}、S_{92} 均为“1”；R_{01}、R_{02} 中有“0”时，实现置 9 功能，即 $Q_DQ_CQ_BQ_A=1001$。

实际应用中，也常常利用 32 768 Hz 的晶振构建晶体振荡器，其发出的脉冲经过整形、分频也可获得 1 Hz 的秒脉冲[即 32 768 Hz 晶振，通过 15 次二分频(CD4060 十四级分频 ＋ D 触发器 2 分频)后可获得 1 Hz 的脉冲输出]。

除了利用石英晶体振荡器、分频产生秒脉冲信号，也可以利用门电路组成多谐振荡器，或采用 555 集成定时器产生多谐振荡器产生秒脉冲信号。这些电路实现起来相对更为简单，但是由于占空比可调，波形失真较大，仅适用于频率精度要求不高的工作场所。

3. 计数器

秒脉冲信号经过六级计数器，分别可得到“秒”个位、十位，“分”个位、十位以及“时”个位、十位的计时。其中，“秒”“分”计数器为六十进制，“小时”为二十四进制。六十进制，二十四进制实现的方法很多，可选用自己熟悉的十进制数字芯片，如 74LS90、74LS192 或 74LS290 等等。

(1)六十进制计数。

“秒”计数器电路和“分”计数器电路都是六十进制，它们由一级十进制计数器和一级六进制计数器连接而成，如图 27－4 所示，采用两片中规模集成电路 74LS90 串接构成的“秒”“分”计数器。

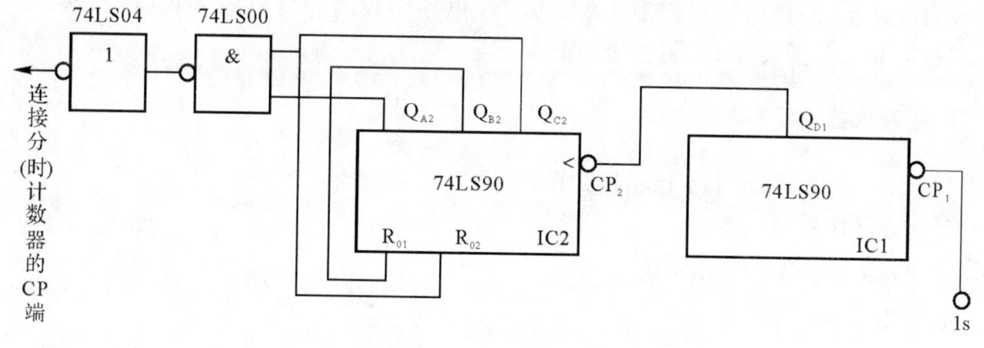

图 27－4　六十进制计数器

IC1 是十进制计数器，Q_{D1} 作为十进制的进位信号。针对十进制异步计数器 74LS90，利用反馈置零法实现任意进制计数。

IC2 和与非门组成六进制计数。74LS90 在 CP 端的下降沿翻转计数。Q_{A2} 和 Q_{C2} 与 0101 的下降沿，作为“分”(“时”)计数器的输入信号。Q_{B2} 和 Q_{C2} (0110)的高电平“1”分别送到计数器的清零端 R_{01}、R_{02} 与非后清零而使计数器归零，完成六进制计数。由此可见，IC1 和 IC2 的级联实现了六十进制计数。

(2)二十四进制计数。

“时”计数电路是由 IC5 和 IC6 组成二十四进制计数电路，如图 27－5 所示。

当“时”个位 IC5 计数输入端 CP_5 来到第 10 个触发信号时，IC5 计数器复零，进位端 Q_{D5} 向 IC6“时”十位计数器输出进位信号。当第二十四个“时”(来自“分”计数器输出的进位信号)脉冲到达时，IC6 计数器的状态为“0010”，IC5 计数器的状态为“0010”，此时的“时”个位计数器的 Q_{C5} 和“时”十位计数器的 Q_{B6} 输出为“1”。把它们分别送到 IC5 和 IC6 计数器的清理端 R_{01}、R_{02}，通过 74LS90 的内部的 R_{01}、R_{02} 与非后清零，计数器复零，完成二十四进制计数。

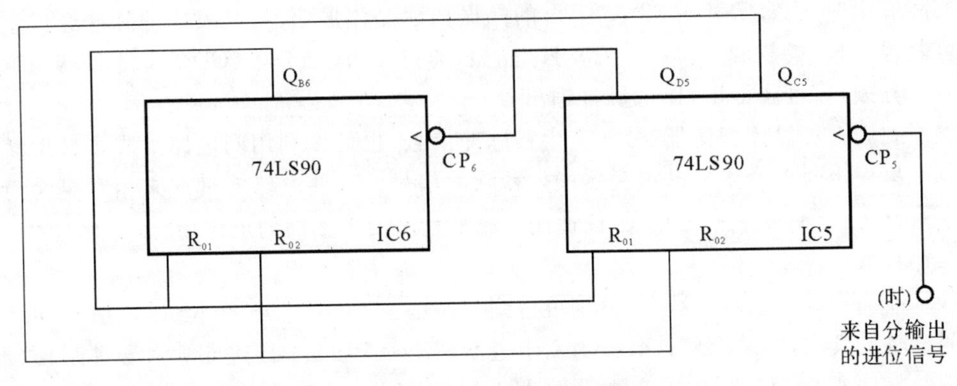

图 27-5　二十四进制计数器

4. 译码器及显示器

为了将“秒”“分”“时”计数器输出显示为相应的数，需要接上译码器和显示器。计数器采用的码制不同，译码器电路也不同。此部分电路可参考实验 15 中相关内容。

5. 校时电路

校时电路实现对“时”“分”“秒”的校准。在电路中设有正常计时和校时位置，“秒”“分”“时”的校准开关分别通过 RS 触发器控制。

三、实验仪器及设备

(1)DCL—VI 型数字电子技术实验箱。

(2)七段共阴极数码管。

(3)三输入端与非门 74LS10。

(4)两输入端与非门 74LS00。

(5)显示译码器 CD4511。

(6)74LS04(六反相器)。

(7)74LS90(异步二-五进制计数器)。

(8)双 D 触发器 74LS74。

(9)4 MHz 石英晶体 1 个。

(10)电阻、电容以及导线。

四、实验报告要求

(1)根据参考设计方案，自主设计完整的数字电子钟电路，并利用 Multisim 仿真软件进行电路仿真，进而在数字电子技术实验箱连线测试。主要测试内容有以下 4 项：

1)利用示波器测试石英晶体振荡器的输出信号波形和频率，并记录；

2)逐一测试“时”“分”“秒”计数器的工作情况；

3)检测校时电路功能是否满足要求；

4)检测数字钟电子钟是否正常工作。

(2)实验报告内容包括设计思想，电路原理，仿真电路及分析，实物测试结果等。

(3)建议增加针对不同电路设计方法的对比分析,包括不同元器件的选用,不同参数的测试等等。

(4)请大家根据实际情况选做数字电子钟的闹钟系统和整点报时功能。

实验28　电子秒表

一、设计任务与要求

(1)设计一个显示0.1～0.9 s,1～9.9 s计时的电子秒表。

(2)利用中规模的集成电路设计电子秒表,并在数字电子技术实验箱上进行组装和调试。

(3)绘制电路原理框图和逻辑电路图,撰写实验报告。

二、设计方案

电子秒表的原理图如图28-1所示。它由Ⅰ、Ⅱ、Ⅲ、Ⅳ4个单元——基本RS触发器、单稳态触发器、时钟发生器以及计数译码显示电路组成。

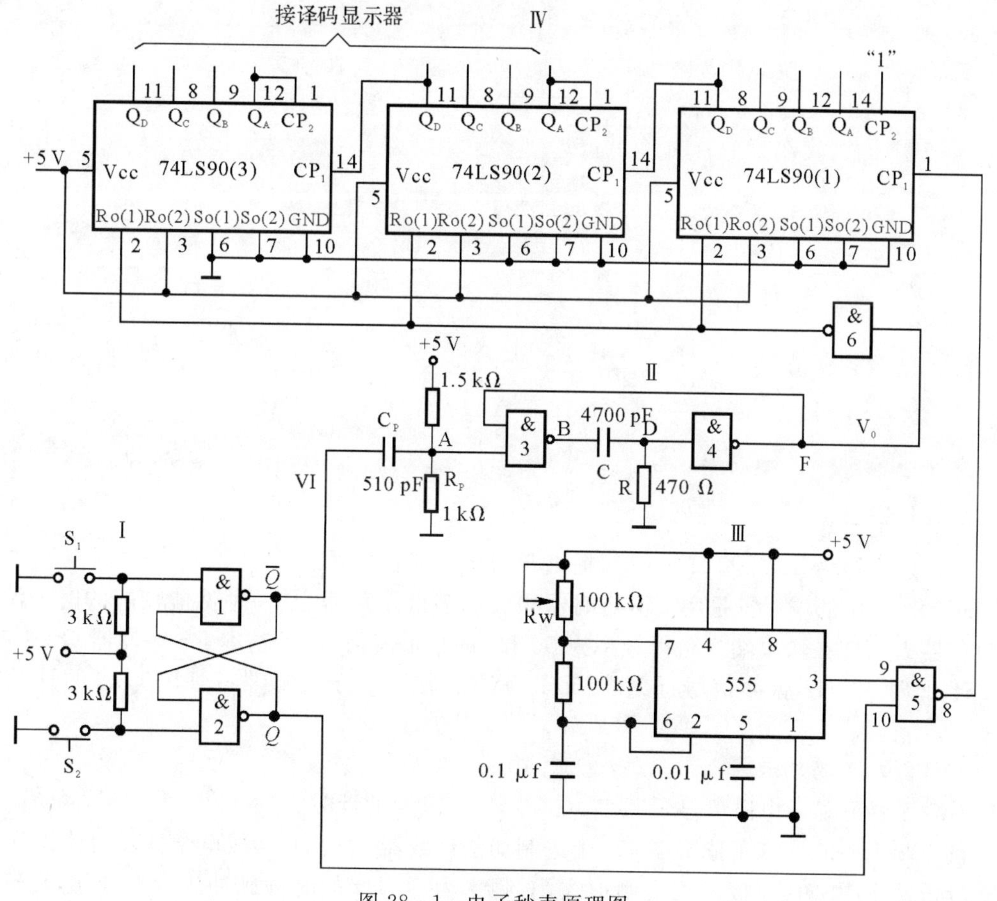

图28-1　电子秒表原理图

1. 基本 RS 触发器

基本 RS 触发器在电子秒表电路中构成启动和停止开关电路。

图 28 - 1 中的Ⅰ单元是用集成与非门构成的低电平触发的基本 RS 触发器，有直接置位、复位的功能。

基本 RS 触发器的输出 $\bar{Q}$ 端作为单稳态触发器的输入，输出 Q 端作为与非门 5 的输入控制信号。按动按钮开关 S_2（接地），则门 1 输出 $\bar{Q}=1$；门 2 输出 $Q=0$，S_2复位后 Q 和 $\bar{Q}$ 状态保持不变。再按动按钮开关 S_1，则 Q 由 0 变为 1，门 5 开启，为计数器启动做好准备。$\bar{Q}$ 由 1 变 0，送出负脉冲，启动单稳态触发器工作。

2. 单稳态触发器

单稳态触发器在电子秒表电路中为计数器提供清零信号。

图 28 - 1 中的Ⅱ单元是用集成与非门构成的微分型单稳态触发器，图 28 - 2 所示为各点波形图。

单稳态触发器的输入触发负脉冲信号 V_i由基本 RS 触发器 $\bar{Q}$ 端提供，输出负脉冲 V_o通过非门加到计数器的清除端 $R_{1(0)}$。

静态时，门 4 应处于截止状态，故电阻 R 必须小于门的关门电阻 R_{off}。定时元件 RC 取值不同，输出脉冲宽度也不同。当触发脉冲宽度小于输出脉冲宽度时，可以省去输入微分电路的 R_P和 C_P。

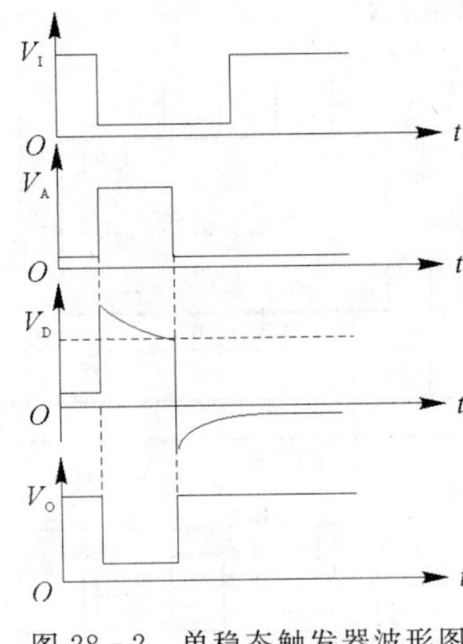

图 28 - 2 单稳态触发器波形图

3. 时钟发生器

时钟发生器为计数器 74LS90(1)提供 50 Hz 的时钟信号。

图 28 - 1 中的单元Ⅲ是用 555 定时器构成的多谐振荡器，是一种性能较好的时钟源。调节电位器 R_W，使在输出端 3 获得频率为 50 Hz 的矩形波信号，当基本 RS 触发器 $Q=1$ 时，门 5 开启，此时 50 Hz 脉冲信号通过门 5 作为计数脉冲加于计数器 74LS90(1)的计数输入端 CP_2。

4. 计数及译码显示

计数及译码显示电路可显示 0.1～0.9 s，1～9.9 s 的计时。

图 28 - 1 中的Ⅳ单元是用二-五-十进制加法计数器 74LS90 构成电子秒表的计数单元。

计数器 74LS90(1)接成五进制形式，对频率为 50 Hz 的时钟脉冲进行五分频，在输出端 Q_D取得周期为 0.1 s 的矩形脉冲，作为计数器(2)的时钟输入。

计数器(2)及计数器(3)接成8421码十进制形式，其输出端与实验装置上译码显示单元的相应输入端连接，可显示0.1～0.9 s，1～9.9 s计时。

5. 其他说明

(1)时钟源：除了本实验中所采用的时钟源外，还可选用另外不同类型的时钟源供本实验用，可参考实验27。

(2)测试表格：自己拟定并画出电子秒表单元电路的测试表格。

(3)调试步骤：自己拟定并列出调试电子秒表的步骤。

(4)实验准备：由于实验电路中使用器件较多，实验前必须合理安排各器件在实验装置上的位置，使电路逻辑清楚，接线较短。

(5)实验顺序：按照实验任务的次序，将各单元电路逐个进行接线和调试。

先分别测试基本RS触发器、单稳态触发器、时钟发生器及计数器的逻辑功能，待各单元电路工作正常后，再将相关电路逐级连接起来进行测试，直到测试电子秒表整个电路的功能正常。这样的测试方法有利于检查和排除故障，保证实验的顺利进行。

三、实验仪器及设备

(1)DCL—VI型数字电子技术实验箱。

(2)TDS1001型双踪示波器。

(3)FLUKE17型数字万用表。

(4)数字频率计。

(5)七段共阴极数码管。

(6)两输入端与非门74LS00。

(7)显示译码器CD4511。

(8)555集成定时器。

(9)74LS90(异步二-五进制计数器)。

(10)电位器、电阻、电容以及导线。

四、实验报告要求

(1)根据参考设计方案，自主设计完整的电子秒表电路，并利用Multisim仿真软件进行电路仿真，进而在数字电子技术实验箱连线测试。

(2)分析调试中发现的问题及故障排除方法。

(3)实验报告内容包括设计思想，电路原理，仿真电路及分析，实物测试结果等。

(4)建议增加针对不同电路设计方法的对比分析，包括不同元器件的选用，不同参数的测试等等。

实验29　数字频率计

一、设计任务与要求

(1)设计一个具有八位十进制数字显示的频率计数计，要求测显范围为1 Hz～10 MHz，具备4挡量程：×1 000、×100、×10、×1。

(2)利用中规模的集成电路设计数字频率计,并在数字电子技术实验箱上进行搭接和调试。

(3)绘制电路原理框图和逻辑电路图,撰写实验报告。

二、设计方案

数字频率计实质上是一脉冲计数器,即统计单位时间内脉冲的个数。频率是指在 1 s 内通过与门的脉冲个数。数字频率计主要由输入整形电路、时钟振荡器、分频器、量程选择开关、计数器以及显示器等组成,结构如图 29-1 所示。

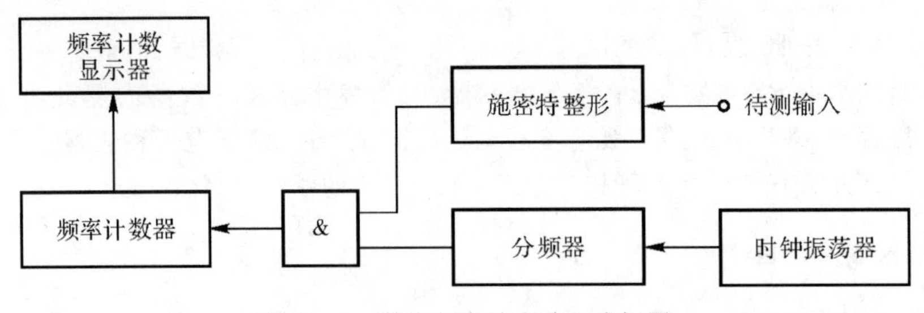

图 29-1　数字频率计电路组成框图

将待测输入信号经过施密特触发器整形为方波信号,同时构建时钟振荡器,通过分频器输出 1 Hz 信号,这样脉冲加到与门上,就能够检测待测信号在 1 s 内通过与门的脉冲个数,最后通过计数、译码显示具体的频率数。

数字频率计的逻辑控制电路如所图 29-2 所示。

1. 整形电路

待测输入信号多种多样,可能是三角波、正弦波或是方波,为了使计数器准确计数必须将输入波形进行整形,通常采用施密特集成触发器。

其中施密特触发器也可以用 555 电路或其他门电路代替。本节采用的是 7555 电路进行待测电路整形,其频率输入给 CL102 进行计数。

2. 分频器

分频器可参考实验 27,如利用十进制计数器分频,获得 1 Hz。图 29-2 中的时钟振荡器输出的信号经过计数器电路 74LS93 和 74LS390 分频后分别获得 10^6 MHz、10^5 Hz、10^4 Hz、10^3 Hz、10^2 Hz、10^1 Hz、1 Hz。其中 74LS93 为八分频器、74LS390 为双十进制计数器。

1 Hz 控制计数器的计数时间,在计数器清零前,将计数器所计的数送到显示器。

3. 量程选择

74LS123 是单稳态触发器,其主要作用:U1 是将 1 Hz 脉冲变成窄脉冲,将 CL102 计数器数据寄存显示;U2 产生的窄脉冲是计数器的清零脉冲,相对于送数脉冲延迟了 100 ms 左右,以保证寄存器的数据正确。其频率有开关 K 分别置于 4、3、2、1 位置,即可实现×1、×10、×100、×1 000 四种不同量程的转换。

4. 显示电路

CL102 是具有计数、寄存、译码和显示的 CMOS 电路,也可以采用自己熟悉的显示电路实现。

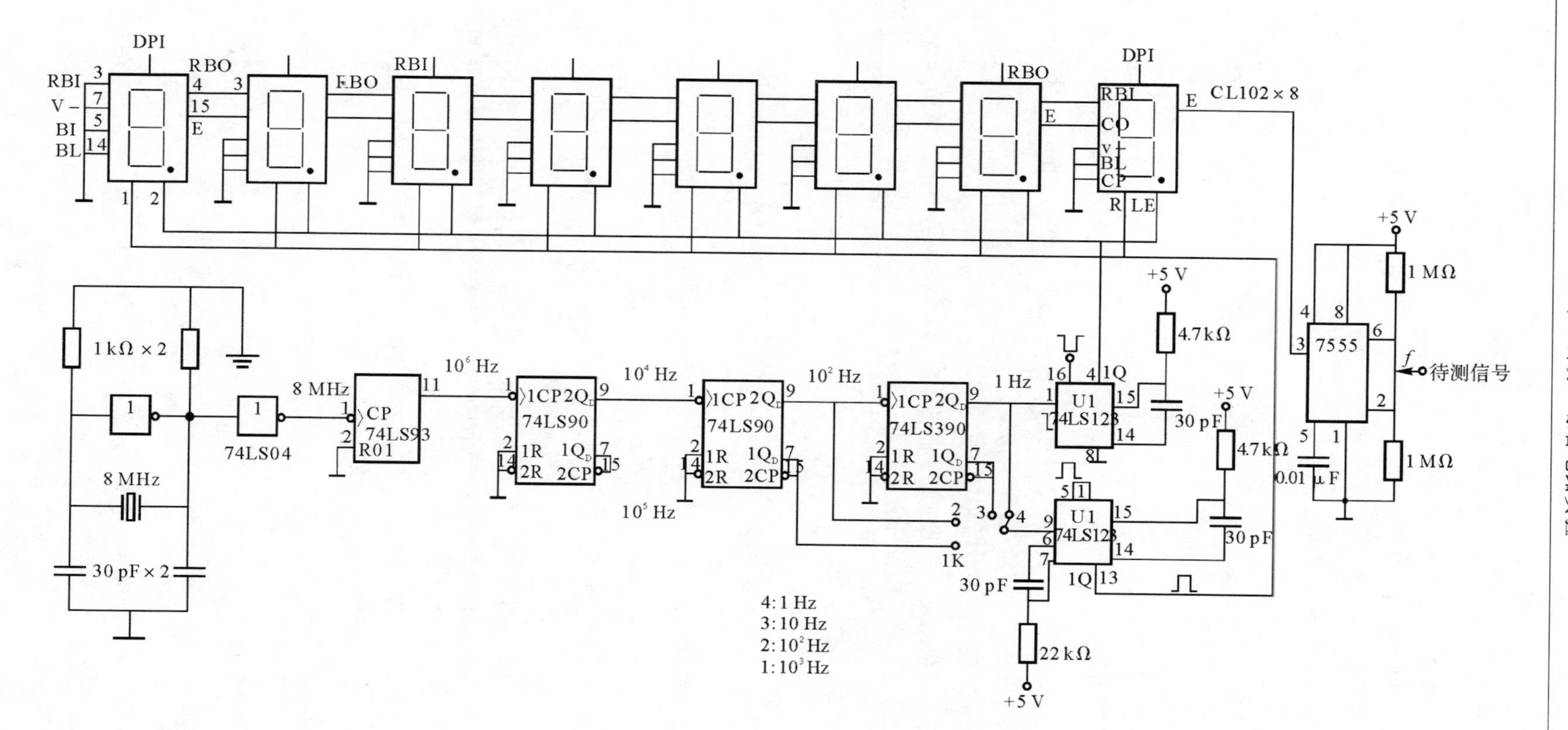

图29-2　数字频率计逻辑控制电路

三、实验设备及仪器

(1)DCL - VI 型数字电子技术实验箱。
(2)异步八-二进制计数器 74LS93。
(3)单稳态触发器 74LS123。
(4)双四位十进制计数器 74LS390。
(5)六反相器 74LS04。
(6)555 集成电路。
(7)十进制计数、译码驱动显示器 CL102。
(8)电阻、电容以及导线。

四、实验报告要求

(1)根据参考设计方案,自主设计完整的电子秒表电路,并利用 Multisim 仿真软件进行电路仿真,进而在数字电子技术实验箱连线测试。

(2)分析调试中发现的问题及故障排除方法。

(3)实验报告内容包括设计思想,电路原理,仿真电路及分析,实物测试结果等。

(4)建议增加针对不同电路设计方法的对比分析,包括不同元器件的选用,不同参数的测试等等。

实验 30 数字温度计

一、设计任务与要求

温度作为常用的物理量在生活、工业、农业、环境等各个领域广泛使用,对温度的监控与显示非常重要。现有最常用的测量方法是利用各种温度传感器,采用数字方式将所测量的值进行显示,有助于实现温度的实时监控。本实验要求设计一个测量自然室内温度的数字温度计,测量精度在±1℃。通过本实验的练习,学生可以学习现代测量方法、传感技术,学习根据工程需求选择技术方法,掌握选择元器件的注意事项,构建测试环境等。具体要求如下:

(1)学习不同量程、精度要求下温度的测量方法。

(2)查找不同种类的温度传感器,了解其选择参数,比如温度测量范围、精度、信号输出形式、线性范围等,并选择满足要求的传感器。

(3)设计、搭建并调试电路。

(4)实现温度的数字显示。

(5)撰写设计总结报告。

二、设计方案

本实验的方案原理结构如图 30 - 1 所示。

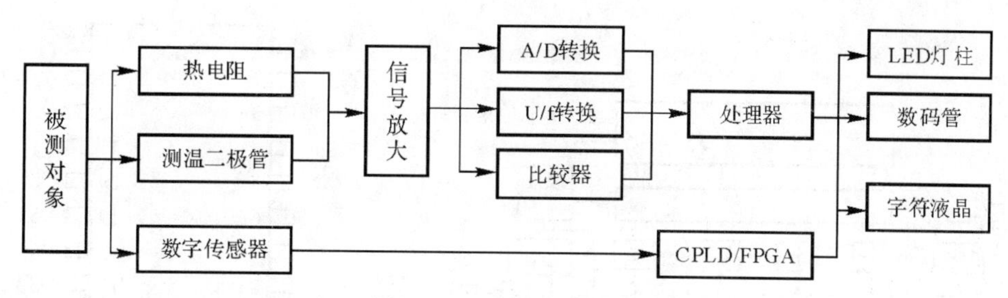

图 30－1　电路原理结构

1. 温度测量电路

可供选择的传感器有热敏电阻、PT 系列热电阻，二极管，集成传感器(LM35、LM45)，基于绝对温度电流源型 AD590，数字式集成传感器(LM75、DS18B20)。不同传感器的输出信号有数字、模拟或者电流、电压等不同形式，与之对应的信号调理和控制电路也各不相同。选用数字式集成传感器，宜采用单片机或在 PLD 器件中设计控制器，以串行总线的方式获取温度数据；选用 AD590 时，需要将电流信号放大并转换为电压信号，并减去 0℃时的基准值。选用普通二极管作为温度传感器，是利用其 PN 极电压 10 mV/℃的特性，在设计放大电路时应减去 600～700 mV 的基准值。采用 AD590 实现温度测量电路如图 30－2 所示。

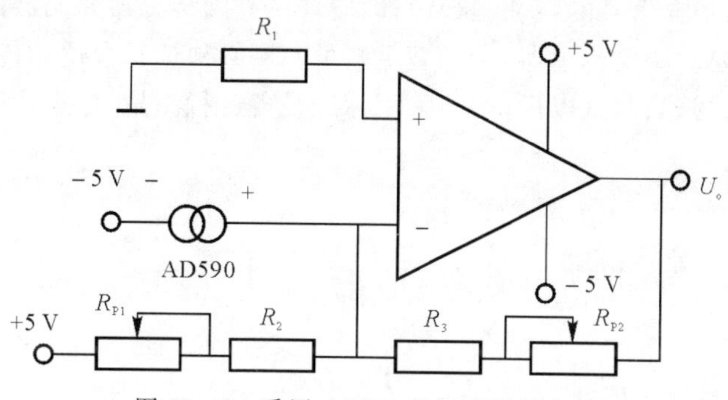

图 30－2　采用 AD590 的温度测量电路

2. 模数转换电路

在将模拟信号转化成数字量时，常用的方式有常规逐次逼近型 8 位 ADC、双积分型 MC14433、ICL7106/07 等；或者由控制器输出 PWM 波，经整流滤波后与温度信号比较的方式。以 MC14433 芯片为核心，由 MC1413、MC1403、译码器 CD4511 以及周围元件构成 A/D 转换、数字显示电路。其中，MC14433 芯片的工作原理和引脚介绍如图 30－3 所示。

3. 数字显示电路

在温度的数字显示上也有多种形式，比如数码管、字符型 LCD 等。可以借助数字式电压表显示，也可以采用 ICL7106/7107，将 A/D 转换和数字显示结合；也可以将模拟信号通过一组比较器直接驱动灯柱显示。

在设计其增益时，显示的电压值恰好与测量的温度值在数值上相符合或相差 10 倍，比如当温度为 28.5℃时显示为 285、28.5 或者 2.85，用数字电压表或者用 ICL7107 直接驱动 LED 数码管则非常方便。

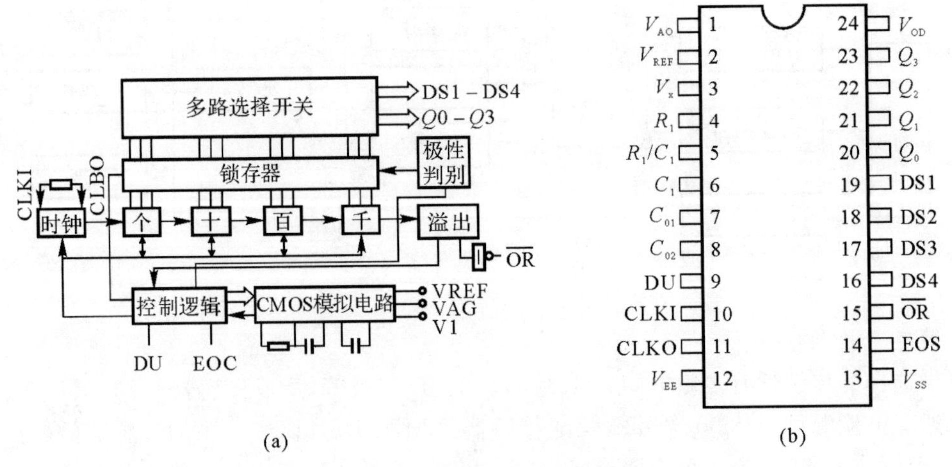

图 30-3 MC14433 工作原理和引脚介绍

(a)工作原理图； (b)引脚图

在设计和选择芯片时应注意以下几点：

(1)不同传感器输出信号的形式、幅度、驱动能力、有效范围、线性度等都有差异，信号调理电路和方法电路需要根据信号的特征进行设计，应详细查阅传感器和元器件使用说明。

(2)测量精度主要取决要传感器，为了满足测量精度必须选择合适的传感器。

(3)在电路设计、搭建、调试以后，必须采用标准设备进行测量，标定所完成的温度计误差。

三、实验设备及仪器

(1)AD590 温度传感器。

(2)LM358 双运放。

(3)微调电位器。

(4)MC14433A/D 转换器。

(5)MC1403 高精度稳压电源。

(6)CD4511 七段译码驱动器。

(7)MC1413 显示驱动器。

(8)四位共阴型数码管。

四、实验报告要求

(1)实验需求分析。

(2)实验方案设计。

(3)理论计算与分析。

(4)电路设计、器件选择与参数选择。

(5)电路调试与数据处理。

(6)结果分析。

实验31 声光双控延时灯

一、设计任务与要求

随着电子技术的发展，采用数字电路技术有助于实现灯的自动发亮、节能节电、寿命延长等，也越来越贴近现实生活。采用声光信号进行灯的控制广泛用于走廊、楼梯等公共场合，将声音和光作为控制量，实现灯的亮和灭。通过该项目的设计，学习声光双控的电路工作原理、光敏电阻的使用方法以及声光双控延时开关电路的设计方法，掌握检测方法。具体设计要求如下：

(1)白天正常光照下，无论有无声音，灯均不亮。

(2)夜晚无声音的时候，灯不亮；有声音触发时，开关动作，灯亮。

(3)灯亮一定时间以后，自动熄灭。

(4)根据要求设计、搭建并调试电路。

二、设计方案

1. 总体方案设计

声光双控延时灯电路原理图如图31-1所示，主要由桥式整流电路、降压滤波电路、声音信号输入电路、光信号输入电路、延时控制电路以及负载电路6部分组成。

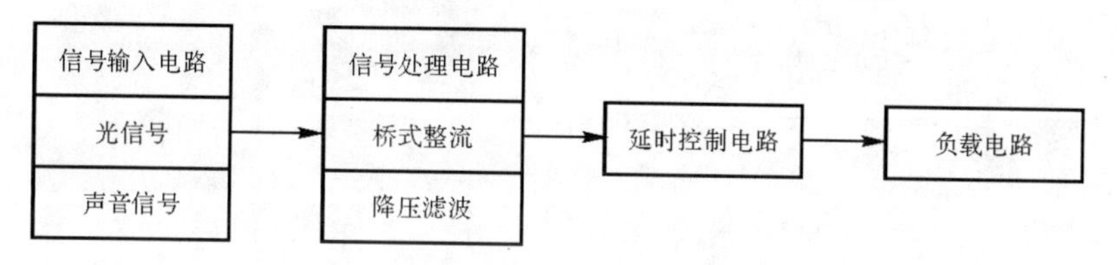

图31-1 声光双控延时灯方案原理

系统采用CD4011为核心控制晶闸管的通断，驻极话筒MIC的声音信号和光敏电阻RG感受到的光信号以“与”的关系来控制CD4011输出高低电平，经过延时电路实现自动延时，然后CD4011的输出控制晶闸管的导通和断开，从而控制灯泡的亮与灭。

2. 降压滤波电路

降压滤波电路由电阻、电容和稳压管组成。电路中灯泡也起到了很重要的降压作用。桥式整流电路输出的脉动直流电压经过限流降压、滤波，从而得到比较小的直流电压加到稳压管上，作为控制电路的直流电源。

3. 声音信号输入电路

声音信号输入电路由驻极话筒MIC、电阻、电容和三极管组成。驻极话筒的基本结构由一片单面涂有金属的驻极体薄膜与一个上面有若干小孔的金属电极(背称为背电极)构成。驻极体面与背电极相对，中间有一个极小的空气隙，形成一个以空气隙和驻极体作绝缘介质，以背电极和驻极体上的金属层作为两个电极构成一个平板电容器。电容的两极之间有输出电极。由于驻极体薄膜上分布有自由电荷，当声波引起驻极体薄膜振动而产生位移时，电容两极板之间的距离发生改变，从而引起电容的容量发生变化，由于驻极体上的电荷数始终保持恒定，当 C 变化时必然引起电容器两端电压 U 的变化，从而输出电信号，实现声-电的变换。由于实际电容器的电容量很小，输出的电信号极为微弱，输出阻抗极高，可达数百兆欧以上。因此，它不能直接与放大电路相连接，必须连接阻抗变换器。通常用一个专用的场效应管和一个二极管复合，组成阻抗变换器。

4.光信号输入电路

该部分的主要原件为光敏电阻，其工作原理是基于内光电效应。在半导体光敏材料两端装上电极引线，将其封装在带有透明窗的管壳里就构成光敏电阻，如图 31－2 所示。为了增加灵敏度，两电极常做成梳状。构成光敏电阻的材料有金属的硫化物、硒化物、碲化物等半导体。半导体的导电能力取决于半导体导带内载流子数目。当光敏电阻受到光照时，价带中的电子吸收光子能量后跃迁到导带，成为自由电子，同时产生空穴，电子-空穴对的出现使电阻率变小。光照越强，光生电子-空穴对就越多，阻值就越低。在光敏电阻两端加上电压后，流过光敏电阻的电流随光照增大而增大。随着入射光消失，电子-空穴对逐渐复合，电阻也逐渐恢复原值，电流也逐渐减小。

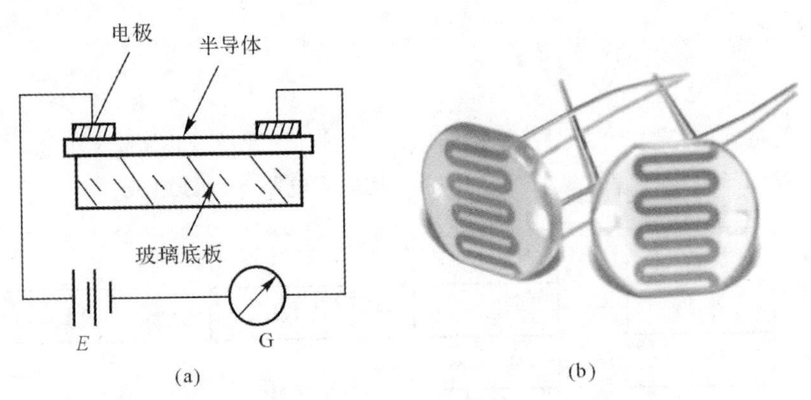

图 31－2 光敏电阻

(a)光敏电阻工作原理；(b)光敏电阻实物图

5.延时控制电路

延时电路由二极管、电阻和电容组成。控制电路由集成电路 CD4011、电阻和可控硅组成，可控硅的作用是控制开关的通断。集成电路 CD4011 是整个电子开关的核心原件。

CD4011 是应用广泛的数字 IC 之一，内含 4 个独立的 2 输入端与非门，其逻辑功能是：输入端全部为“1”时，输出为“0”；输入端只要有“0”，输出就为“1”，当两个输入端都为 0 时，输出是 1。其引脚结构如图 31－3 所示。

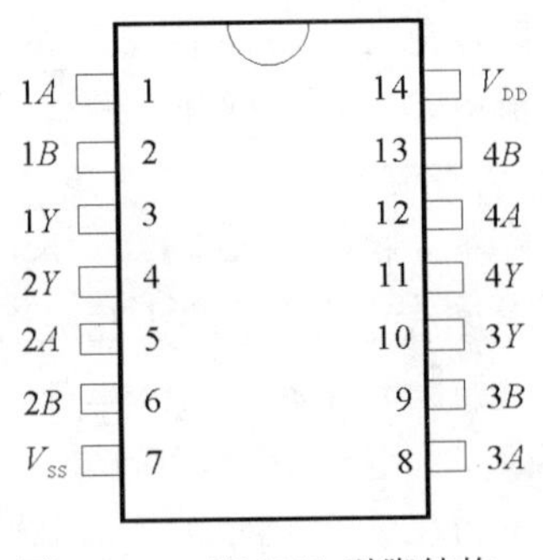

图 31－3 CD4011 引脚结构

引脚功能介绍：$1A$～$4A$ 为数据输入端；$1B$～$4B$ 为数据输入端；V_{DD} 电源正端；V_{SS} 接地端；$1Y$～$4Y$ 数据输出端。

延时控制电路的工作原理：在白天时，输入端 1 脚为低电平，则 3 脚被锁定为高电平，与 2 脚的输入高低电平无关，所以电路封锁了声音通道，使声音信号不能通过，即灯泡亮灭不受声音控制。这时，3引脚输出的高电平经过3次反相后成低电平，晶闸管无触发信号不导通，灯不亮。当在夜晚同时有声音信号时，输入端1脚和2脚都为高电平，则其输出为低电平，再经反相输出高电平，通过隔离二极管给电容充电，当充电电压达到一定值时可控硅使其导通，主回路便有较大的电流通过白炽灯使其发光。当声音消失后，输入端的2脚变为低电平，则其输出端为高电平，从而输出为低电平。当交流电过零点时，可控硅自动关断，白炽灯熄灭。

可以采用单向可控硅 MCR100－6 作为控制开关，其导通条件：一是可控硅阳极与阴极间必须加正向电压，二是控制极也要加正向电压。以上两个条件必须同时具备，可控硅才会处于导通状态。另外，可控硅一旦导通后，即使降低控制极电压或去掉控制极电压，可控硅仍然导通。起到开关的开通作用，从而控制灯泡点亮；可控硅关断条件：降低或去掉加在可控硅阳极至阴极之间的正向电压，使阳极电流小于最小维持电流以下。可控硅的导通与断开控制灯泡的亮灭。

三、实验设备及仪器

(1)光敏电阻。
(2)CD4011。
(3)MCR100－6（控制开关）。
(4)驻极话筒 MIC。

四、实验报告要求

(1)实验需求分析。
(2)实验方案设计。
(3)理论计算与分析。
(4)电路设计、器件选择与参数选择。
(5)电路调试与数据处理。
(6)结果分析。

实验32　水温控制器

一、设计任务与要求

(1)设计一个能对水温进行测量并指示读数的水温控制器。
(2)水温控制范围为0～100℃。

二、设计方案

1. 设计原理框图

水温控制器的组成原理框图如图32－1所示，主要由温度传感器、放大电路、比较器、发热元件、指示器、温度控制设置等组成。温度传感器可以将温度信号转化为电压信号输出，经放大电路放大，送往电压表构成的指示器进行温度指示。同时，由温度传感器输出的电压信号送往比较器，与设置的温度进行比较，控制发热元件的工作，实现水温在一定范围内的控制。

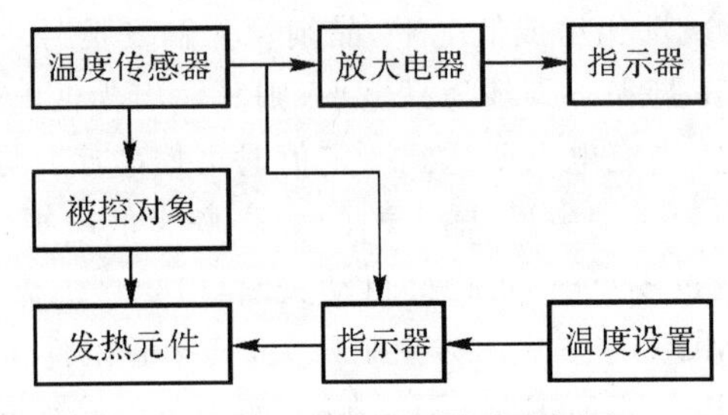

图 32-1　水温控制器原理框图

工作原理：合理选择加热元件，经过一定时间，若干水温超过预先设定的温度值，则关断加热电路，可以使用晶体管的关断功能。此后温度慢慢下降，当降到低于预先设定值时，晶体管导通，开始加热。如此周而复始，使水温保持恒定值，从而达到控制温度的目的。发热二极管LED用于显示二极管加热情况。加热时，LED灯亮；恒温时，LED灯灭。

2.温度传感器

LM35是一种得到广泛使用的温度传感器，有LM35DZ[见图32-2(a)]和LM35CZ可供使用。由于它采用内部补偿，所以输出可以从0℃开始。LM35有多种不同封装型式，图32-2(b)所示为TO-46封装形式。在常温下，LM35不需要额外校准处理：LM35封装外的校准处理即可达到±1/4℃的准确率。其电源供应模式有单电源与正负双电源两种，正负双电源的供电模式可提供负温度的量测。

LM35是电压输出型集成温度传感器，其性能特点如下：

(1)线性温度系数：+10.0 mV/℃；

(2)精度：0.5℃(在25℃时)；

(3)额定温度范围：-55～+150℃；

(4)工作电压范围：4～30 V；

(5)低功耗，(小于60 μA)；

(6)在静止空气中，自热效应低(小于0.08℃的自热)；

(7)非线性度：±1/4℃；

(8)输出阻抗，通过1 mA电流时仅为0.1 Ω。

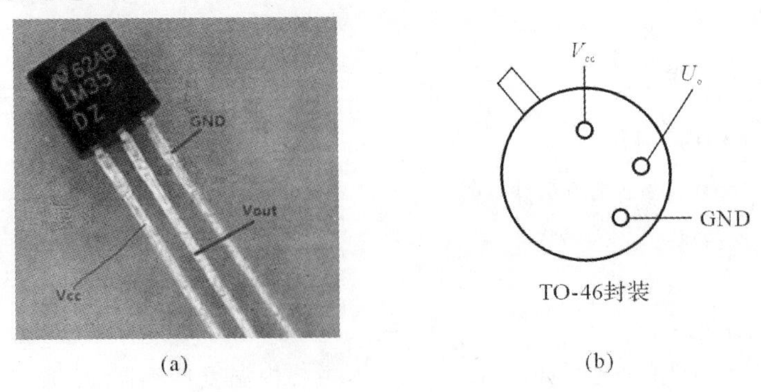

(a)　　(b)

图 32-2　LM35的实物与封装

(a)实物图；(b)封装方式

3. LM35的基本应用电路

LM35的基本应用电路如图32－3所示。图32－3(a)所示为采用LM35构成的单电源温度传感器电路，其中U_o为相应温度的输出电压。图32－3(b)所示为采用LM35构成＋2～150℃温度传感器电路。图32－3(c)所示为采用LM35构成的满程摄氏温度计，输出U_o＝＋1 500 mV，相当于＋150℃；U_o＝＋250 mV，相当于＋25℃；U_o＝－550 mV，相当于－55℃。

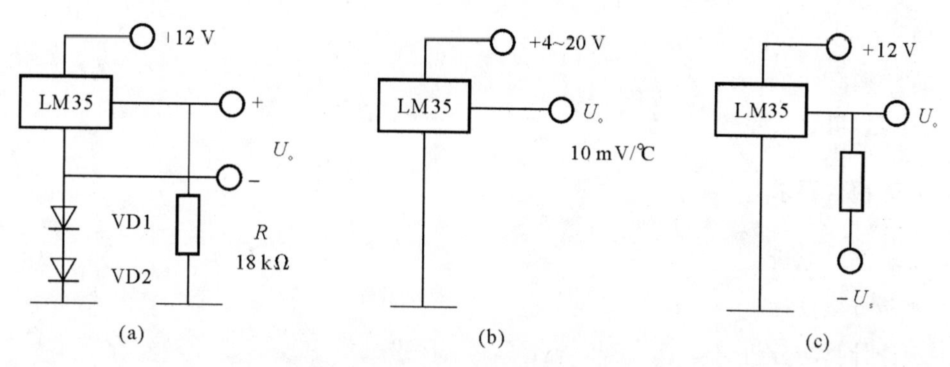

图32－3　LM35的基本应用电路

(a)单电源温度器；(b)＋2～＋150℃的传感器；(c)满程摄氏温度计

因LM35输出的电压信号较为微弱，需要通过放大才能推动电压表进行温度指示，可以采用集成运算放大器作为放大器件，比如LM393。

4. 比较电路

采用LM393构成电压比较电路，如图32－4所示。其中U_R为参考电压，作为控制温度的设定电压。R_f为反馈元件，可以改善比较器的迟滞特性，提高温度控制精度。

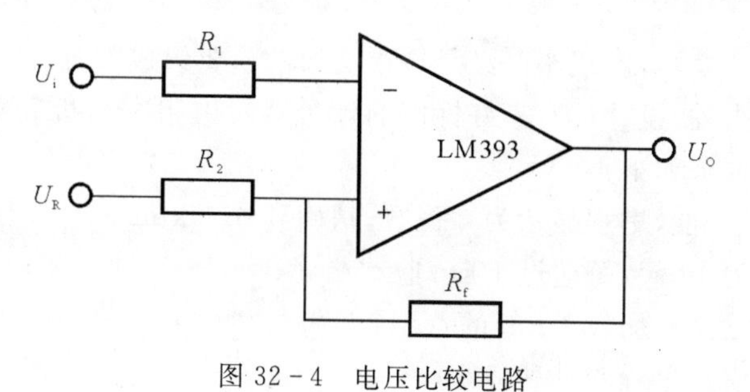

图32－4　电压比较电路

5. 调试要点

调试需要0℃冰水和100℃的沸水，准备一只高精度的电压表。将传感器分别置于上述水中，对应的刻度分别记录电压值为0 V和10 V。

三、实验设备及仪器

(1)直流稳压电源。

(2)万用表。

(3)集成运放 LM35。

(4)集成运放 LM393。

(5)功率三极管。

(6)小功率 PCP 型三极管。

(7)发光二极管。

(8)2.2 kΩ 电位器。

(9)加热丝。

(10)电阻、电容及导线。

四、实验报告要求

(1)实验需求分析。

(2)实验方案设计。

(3)理论计算与分析。

(4)电路设计、器件选择与参数选择。

(5)电路调试与数据处理。

(6)结果分析。

实验 33　出租车计价器

一、设计任务与要求

随着出租车行业的发展,出租车已经是城市交通的重要组成部分,从加强行业管理以及减少司机与乘客的纠纷出发,设计具有良好性能的计价器对出租车司机和乘客来说都是很必要的。该项目设计具体要求如下:

(1)具有里程显示功能,里程显示为 3 位数,精确到 0.1 km;

(2)5 km 起步价为 10 元,每超过 1 km 收费 2 元;

(3)等候时间每 10 min 加收 1 km 的费用;

(4)按下复位键,实现里程和计费清零。

二、设计方案

本项目的设计方案原理图如图 33－1 所示。

1.出租车里程计数与显示

因出租车转轴上加装有传感器,所以可以获得行驶里程信号数据。假设每走 10 m 计时电路发出一个脉冲,当里程为 1 km 时,发出 100 个脉冲。所以,对里程计数要设计一个模为 100 的计数器,如图 33－2 所示。里程的计数显示用十进制计数、译码、显示电路。计数器采用 74LS290,显示可由译码、驱动、显示三合一器件 CL002 或共阴、共阳极显示组件(74LS248、LC5011 或者 74LS247、LA5011－11)。

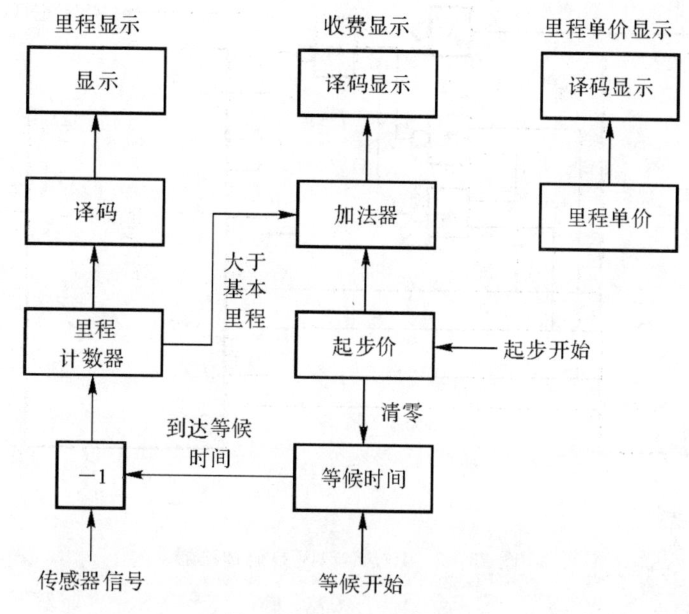

图 33-1 设计方案原理

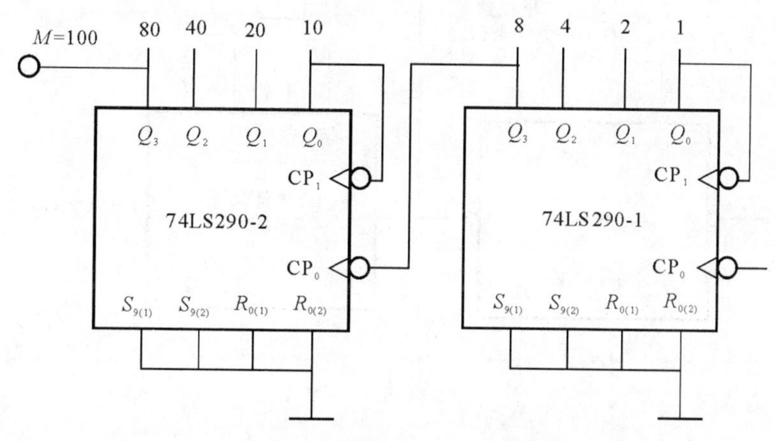

图 33-2 模数为 100 的计数器

2. 计价电路

计价电路由两部分组成，分别是里程计价和等候计价。在起价里程(3 km)以内，按照起步价计算；当超过起价里程时，则每走 1 km 计价器加 2 元。另外，出租车运行时，自动关断计时等待，当要等候计数时，需要手动按动等候计费开关进行计时，时间到达 10 min，则输出 1 km的脉冲，相当于计价收取 1 km 的费用。数字显示均为十进制数，因此，加法也要以 BCD 码相加。

1 位 8421BCD 码相加的电路如图 33-3 所示。当 2 位二进制 8421BCD 码数字相加超过数值 9 时，有进位输出。

当设置的起价里程数到时，触发器翻转。里程判别电路如图 33-4 所示，里程为5 km时触发器动作。

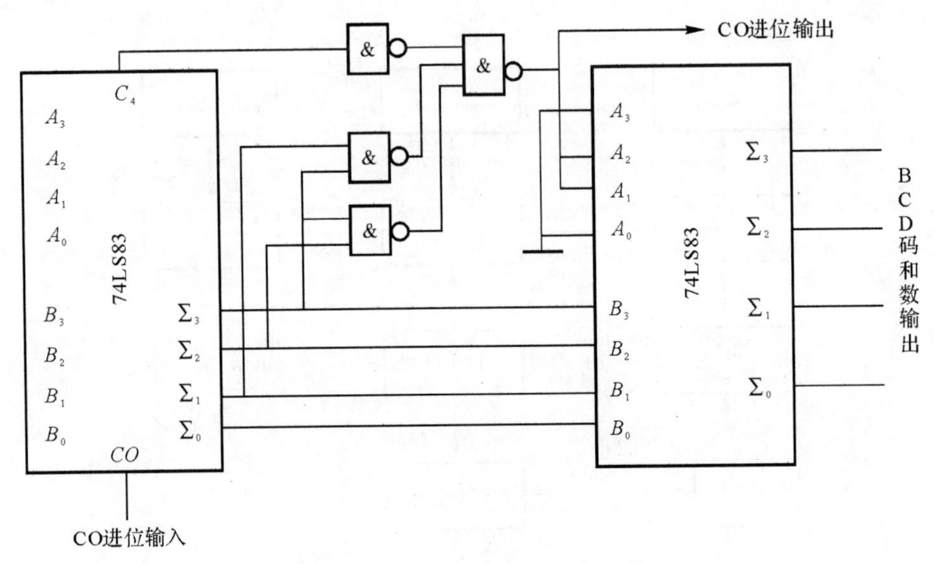

图 33-3　1 位 8421BCD 码加法器

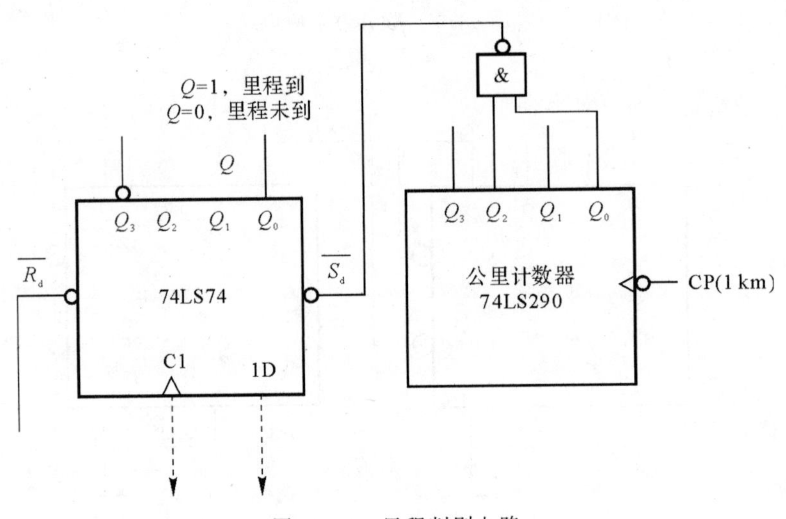

图 33-4　里程判别电路

3. 秒信号发生器及等候计时电路

秒信号可以用 32 768 Hz 石英晶体振荡器经 CD4060 分频后获得，也可以采用 555 定时器近似获得。

等候计时电路每 10 min 输出一个脉冲。各位秒计数器为六十进制，分计数器为十进制，这样就组成了六百进制计数器。

4. 复位清零

复位清零后，要使各计数均清零，显示器中仅有单价和起步价显示外，其余均显示为 0。出租车启动后，里程显示开始计数，当出租车等候时，等候时间开始显示。运行计数和等候计数二者不同时工作。

三、实验设备及仪器

(1)74LS74(双 D 触发器)。
(2)74LS83(4 位二进制加法器)。
(3)74LS248(七段译码驱动器)。
(4)74LS290(异步 2－5－10 进制加法计数器)。
(5)CL002(数码管)。
(6)555 定时器。
(7)74LS32(四 2 输入端或门)。
(8)74LS08(四 2 输入端与门)。
(9)74LS273(八 D 触发器)。
(10)74LS224(三态门)。

四、实验报告要求

(1)实验需求分析。
(2)实验方案设计。
(3)电路设计、器件选择与参数选择。
(4)电路仿真过程与结果。
(5)电路调试与数据处理。
(6)结果分析。

附　　录

附录1　STEP 7 - Micro/WIN 软件操作说明

1. 打开 STEP 7 - Micro/WIN 软件

打开软件的方式有以下3种：①在桌面双击 STEP7 - Micro/WIN 图标；②从"所有程序"中 Siemens Auotomation/Simatic/STEP7 - MicroWIN，单击，如附图1-1所示；③双击用该软件创建并保存的任意程序，如附图1-2、附图1-3所示。

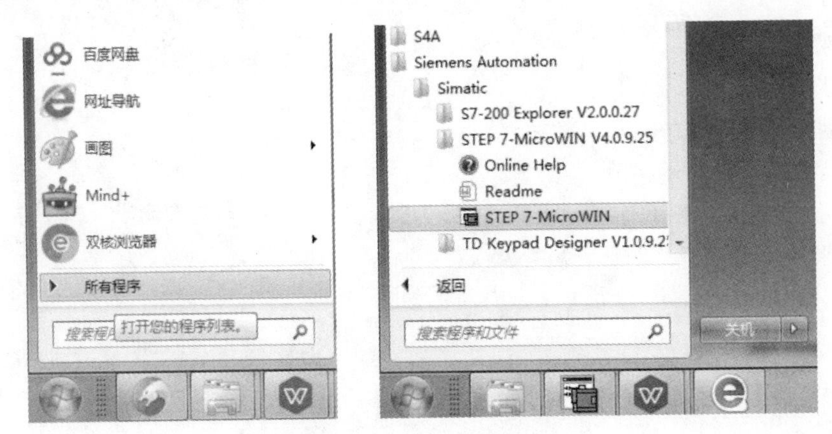

附图1-1　程序中的位置

附图1-2　快捷方式图标

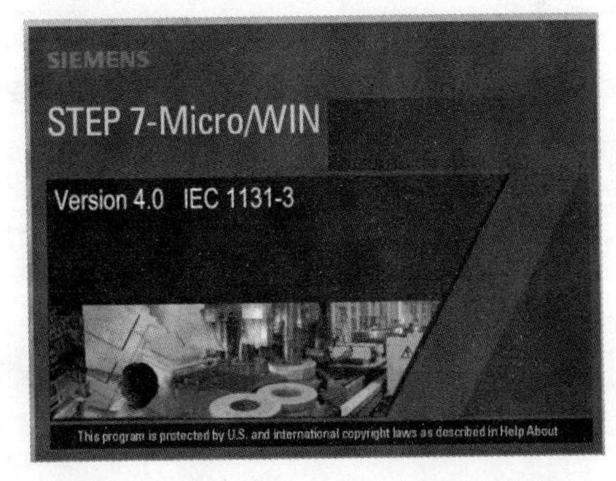

附图1-3　STEM7 - Micro/WIN 启动界面

2. 修改软件菜单显示语言为中文（可选）

打开 Tools/options，出现 options 对话框（见附图1-4），点中对话框单击树状图最上面的

General,在当前页的语言栏中选择 Chinese,点击 OK,如附图 1-5 所示。软件将出现附图 1-6所示的对话框:软件为了修改选项将退出。选择确定,软件将保存参数并退出。

重新开启软件,所有菜单将为中文显示,如附图 1-7 所示。

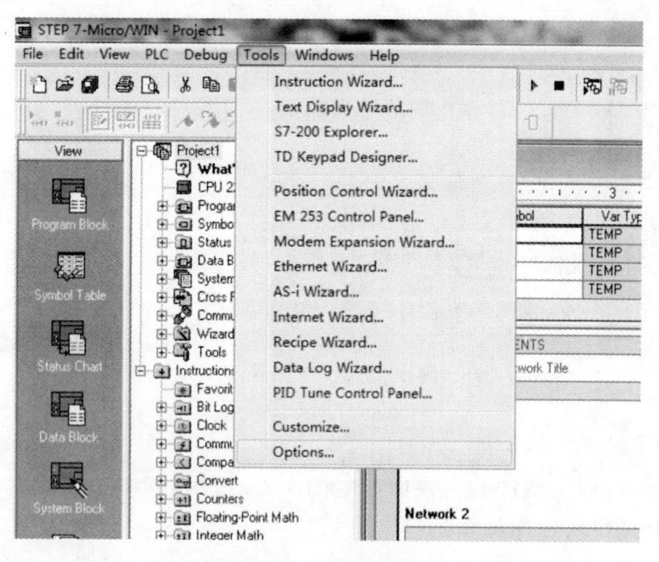

附图 1-4　打开工具栏

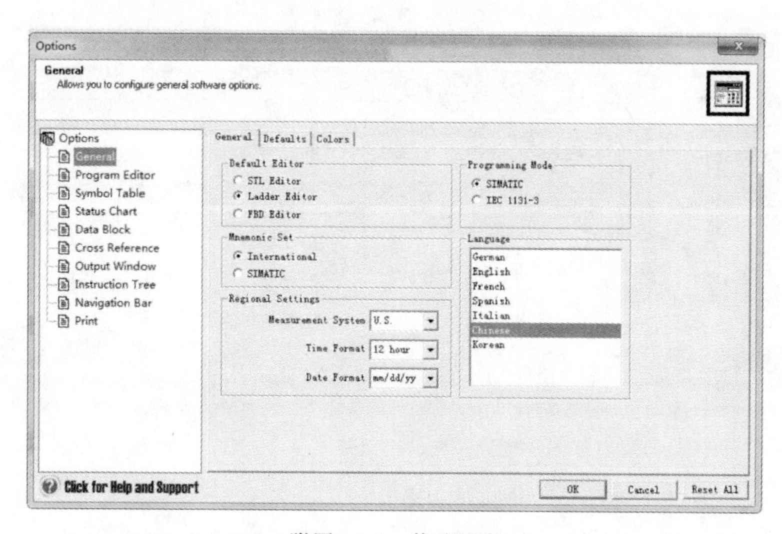

附图 1-5　修改语言

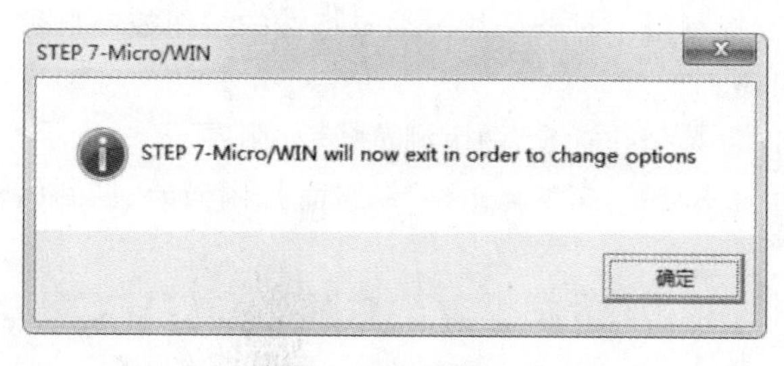

附图 1-6　确定界面

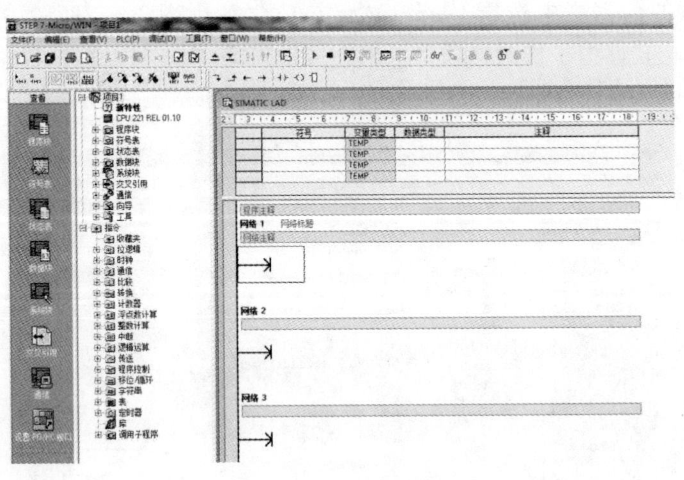

附图 1－7　中文界面

3. 软件界面

STEM 7－Micro/WIN 软件的主界面如附图 1－8 所示，其中包含控制组工具条、工具栏、指令树、菜单栏、输出窗口、程序编辑器等。

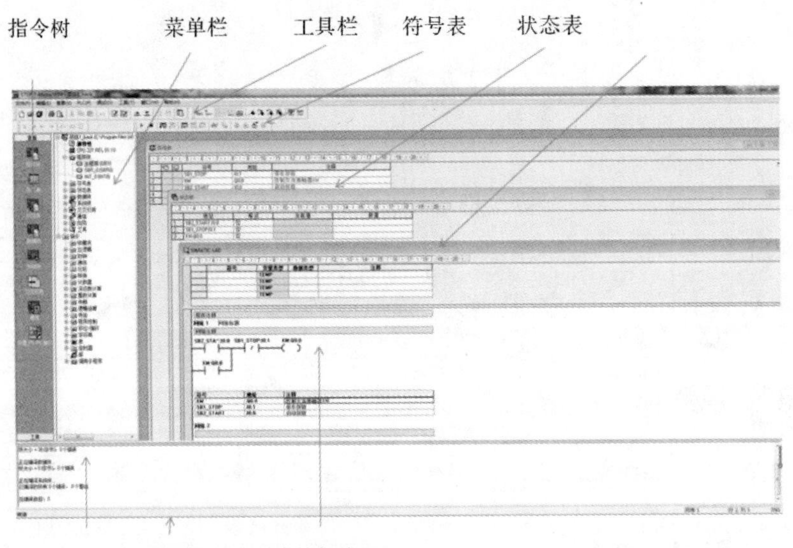

附图 1－8　STEP 7－Micro/WIN 软件界面

(1)控制组工具条。控制组工具条是显示编辑特性的按钮控制群组，在编译程序时使用它比使用菜单更加方便快捷。

控制组浏览条中有“工具”和“查看”两个浏览条，如附图 1－9 所示。

“工具”浏览条中有指令向导、文本显示向导、位置控制向导、控制面板和调制解调器、扩展向导等控制按钮。

“查看”浏览条中有程序块、符号表、状态表，数据块、系统块，交叉引用及通信等控制按钮。

(2)指令树。指令树提供了所有项目对象和为当前程序编辑器提供所有指令的树形视图,用户可以双击指令树中的指令节点或单个指令,系统将自动将所选指令插入到程序编辑器中的光标位置处。

(3)工具栏。指令工具栏如附图 1-10 所示,输入梯形图指令时,可以使用指令工具栏中的按键。

常用工具栏如附图 1-11 所示,其中,插入网络和删除网络比较常用,点击此按钮,可以在程序中插入一个空白的新网络,或者删除一个网络。

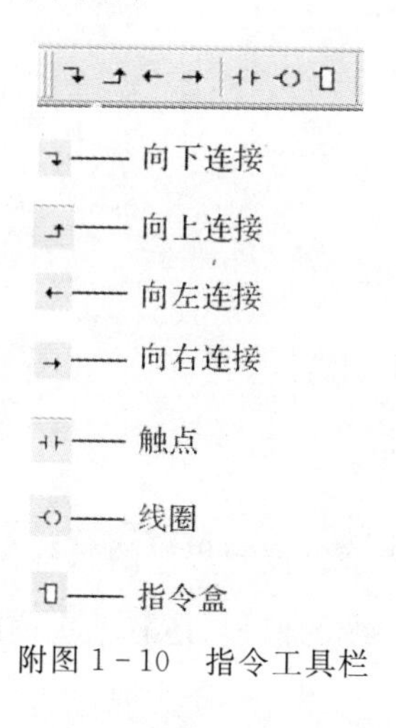

附图 1-10　指令工具栏

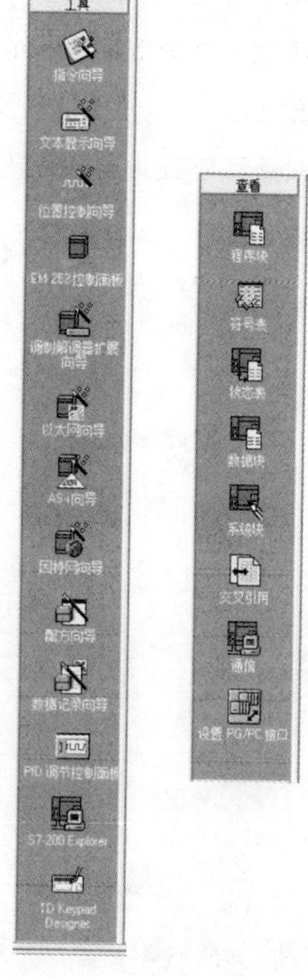

附图 1-9　控制组工具条

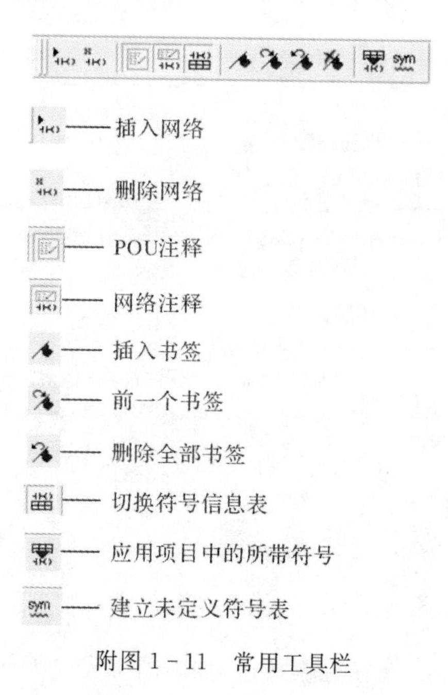

附图 1-11　常用工具栏

标准工具栏如附图 1－12 所示。其中“编译程序或数据块”和“全部编译”的区别是：前者是在任意一个激活窗口中编译程序块或数据块，是局部编译，而后者则是对程序、数据块和系统块的全部编译，建议多使用全部编译。上载是将项目从 PLC 上载到 STEP 7－Micro/WIN，而下载是将项目从 STEP 7－Micro/WIN 下载到 PLC。

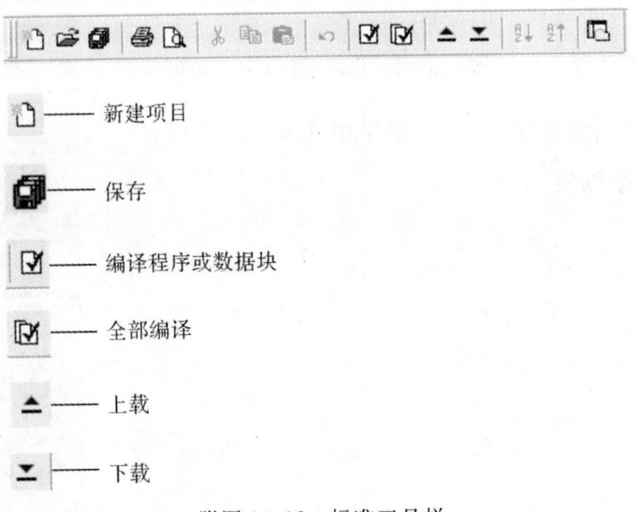

附图 1－12　标准工具栏

调试工具栏如附图 1－13 所示。通过此工具栏可以控制程序的运行/停止、程序状态的监控、状态表的状态监控、趋势监控等功能。针对状态图的监控，还有单次读取、全部写、强制、解除强制、解除所有强制以及读所有强制等功能。

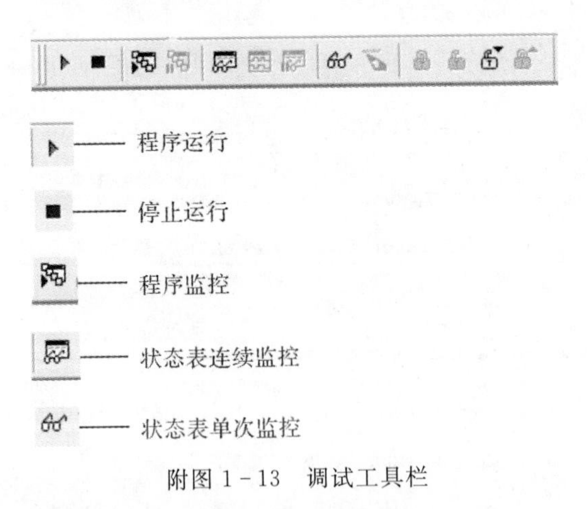

附图 1－13　调试工具栏

4. 以梯形图方式编写程序

(1)新建工程。单击菜单栏中的文件→新建，或者单击软件界面左上角工具栏中的 即可新建工程，并单击软件界面左上方的 按钮，如附图 1－14 所示。

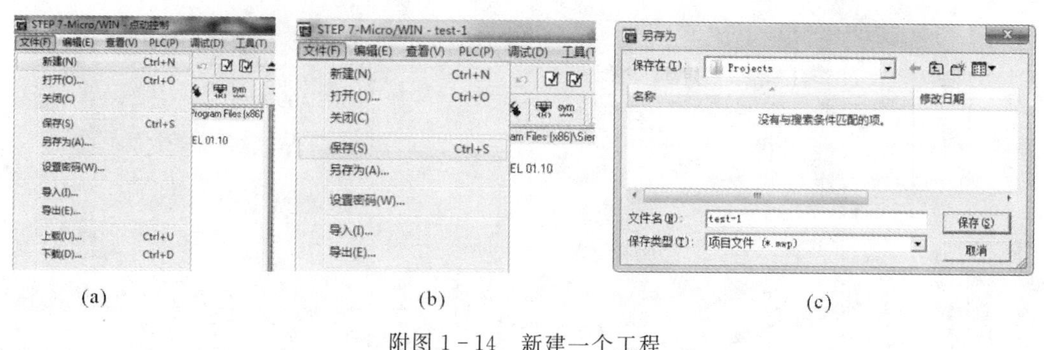

(a)　　　　(b)　　　　(c)

附图 1-14　新建一个工程

(a)新建；(b)保存；(c)命名

(2)画梯形图。从指令树选择指令并双击，该指令就会自动添加到梯形图中。也可以直接从图所示的指令工具栏按钮中，选择触点、线圈以及指令画出梯形图(见附图 1-15 和附图 1-16)。

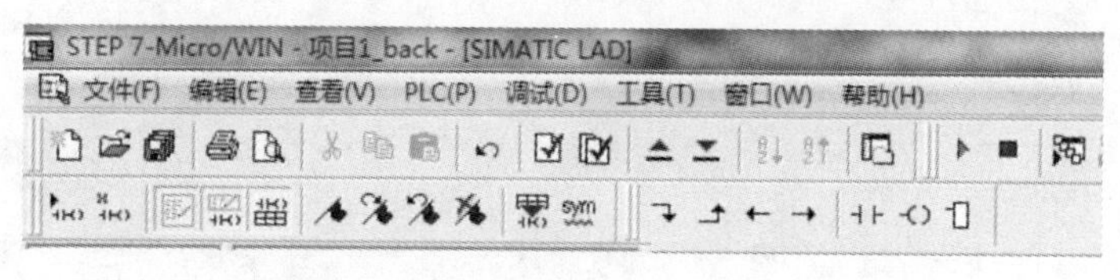

附图 1-15　快捷按钮输入指令方法

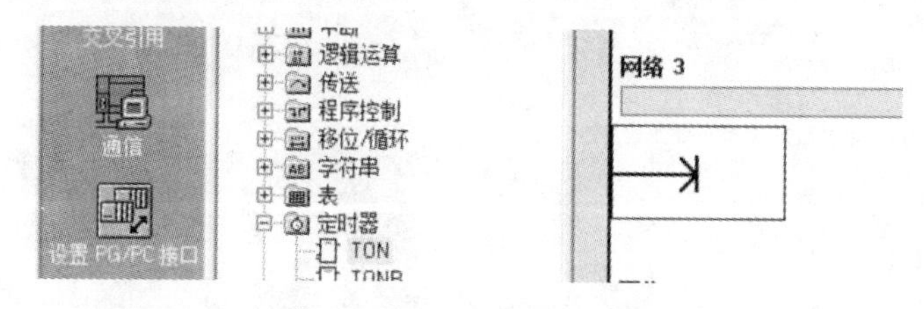

附图 1-16　选定输入位置

下面以加入一个常开触点为例，首先用鼠标选中要加入指令的地方，然后选择上方的触点按钮 ⊣⊢(见附图 1-17)，这时在梯形图编辑器中鼠标选定的位置处，会出现如如附图 1-18 所示的触点下拉菜单，在菜单中用鼠标滚动选择需要的指令符号，并单击确定，常开触点就会自动插入编辑器中。

如果选择的是线圈或者指令快捷键，则出现的下拉菜单如附图 1-19 所示，都是指令，既可以用鼠标上下滚动查找需要的指令，也可以敲出指令的助记符，加快查找速度。找到需要的指令后单击确定。

当有两个触点或分支并联时，可以选择上方的向上连线"↑"，会自动将两个分支并联，如附图 1-20 所示；

当需要分支时，选择分支前的触点，按下向下连线"↓"，自动产生分支，如附图 1-21 所示。

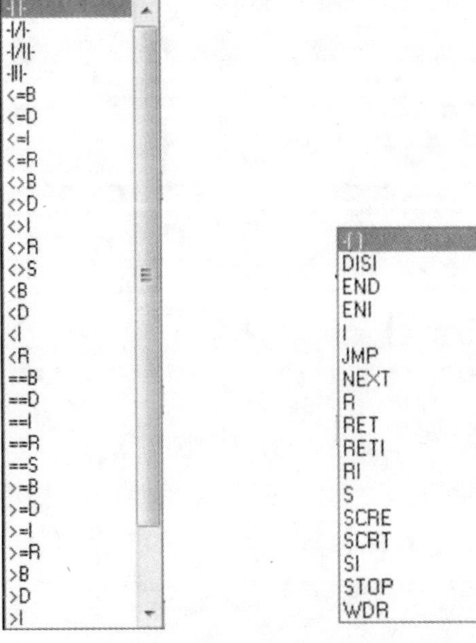

附图 1-17　触点下拉菜单

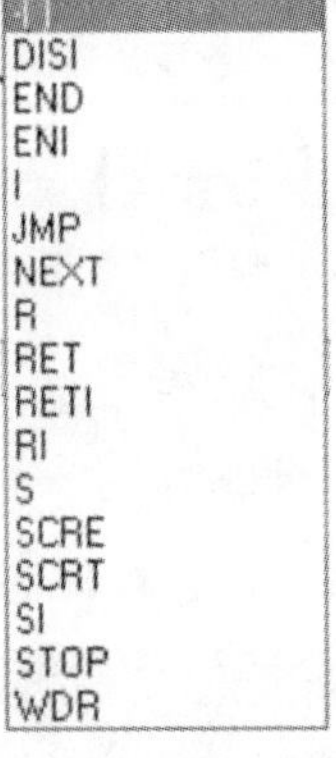

附图 1-18　线圈下拉菜单

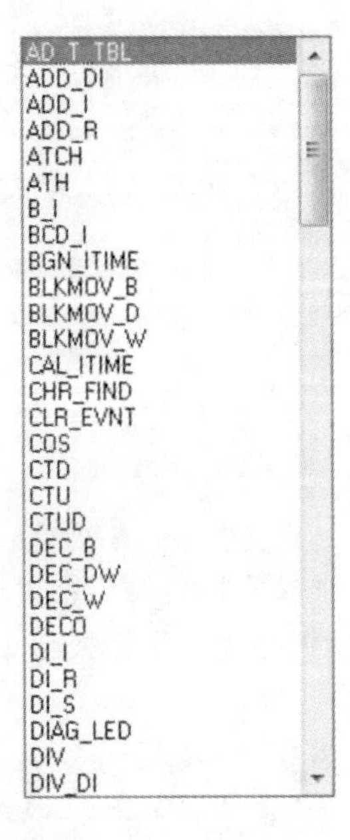

附图 1-19　指令下拉菜单

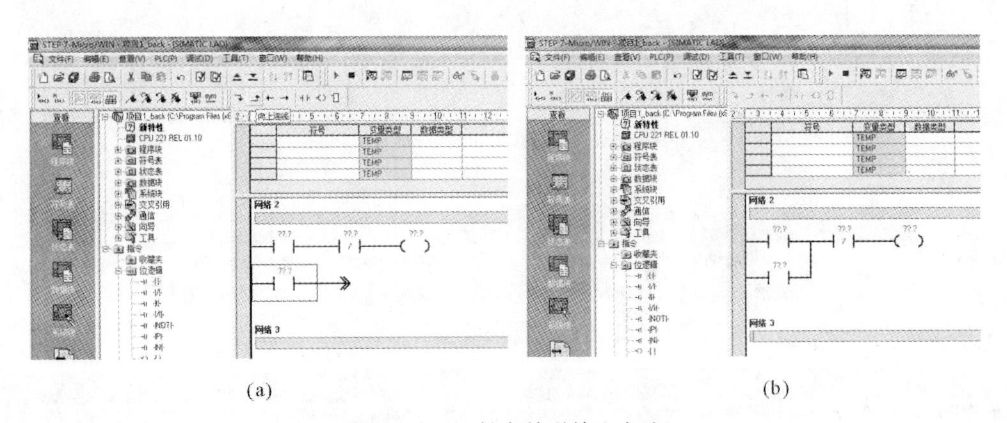

(a)　　　　　　(b)

附图 1-20　触点并联输入方法

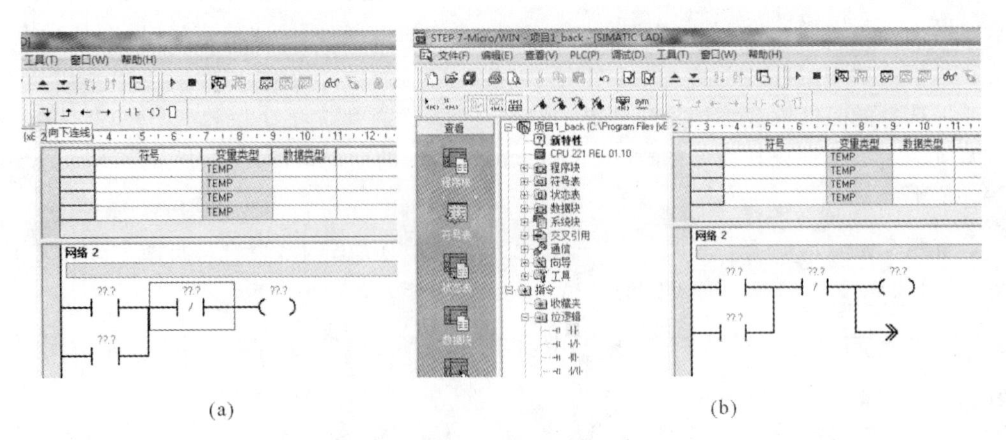

(a)　　　　　　(b)

附图 1-21　触点分支输入方法

可以在程序段的左侧拖动鼠标，选中一个或者多个程序段，进行复制或者删除。也可以单独选择一个触点或者指令，点鼠标右键，在菜单中选择删除行、列或者整个网络段，如附图1-22所示。

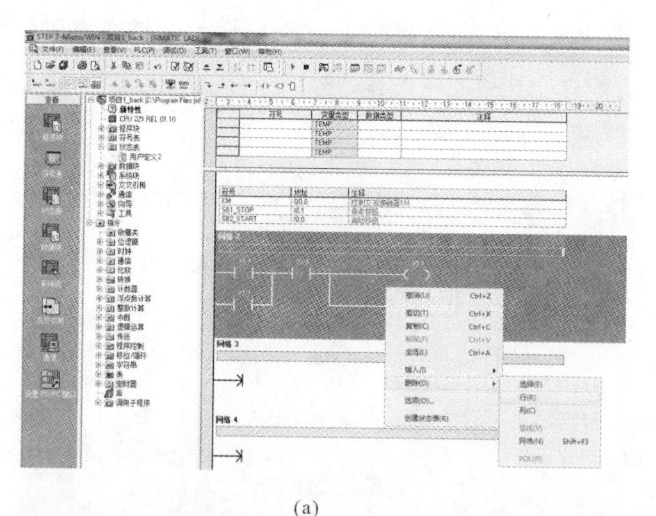

(a)

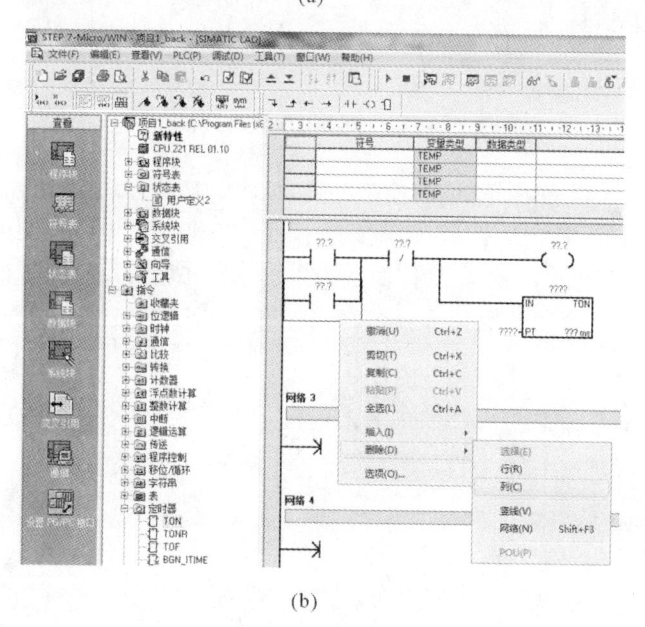

(b)

附图1-22　程序删除

梯形图中有很多红色的问号，这些都是没有设定的变量或参数，可以在画好梯形图后统一填写地址以及参数，也可以在选择指令时就填写好，如附图1-23(a)所示。

欲指定一个常数数值(例如100)或一个绝对地址(例如I0.1)，只需用鼠标或ENTER键选择键入的地址区域，键入所需的数值。

所有参数赋值以后，才有可能正确编译。

红色文字显示非法语法。例如附图1-23(b)中，触点地址I0.200就是一个错误的地址，自动用红色显示；而I0.2是正确地址，颜色为默认字体颜色—黑色。当用有效数值替换非法地址值或符号时，字体自动更改为默认字体颜色。

一条红色波浪线位于数值下方[见附图 1-24(a)]，表示该数值或是超出范围或是不适用于此类指令。

一条绿色波浪线位于数值下方[见附图 1-24(b)]，表示正在使用的变量或符号尚未定义。STEP 7-Micro/WIN 允许您在定义变量和符号之前写入程序。可随时将数值增加至局部变量表或符号表中。

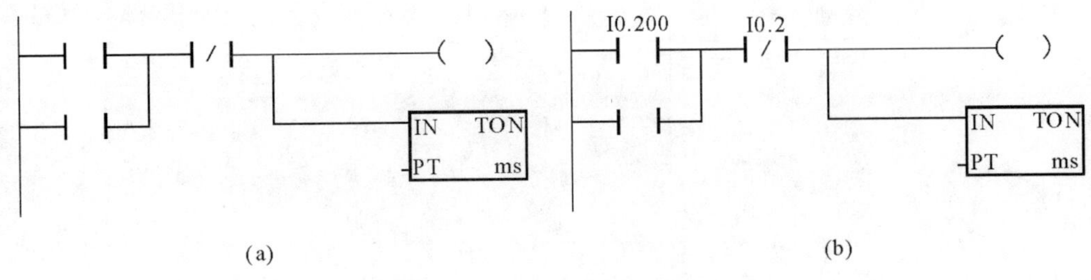

附图 1-23 部分有误的梯形图

附图 1-24 梯形图中出现波浪线情况

(3)建立符号表。依据实际 PLC 的控制电路，可将 I/O 地址与控制量等建立一个对应符号表，控制关系看起来会更加清楚。下面就以附图 1-25 所示的电机控制的梯形图为例，创建对应的符号表，如附图 1-26 所示。具体做法为单击界面左侧的浏览条中的符号表，或者单击指令树中的符号表，再选择用户定义 1 表，就可以在右侧的表格中对应填写地址和符号的对应关系。

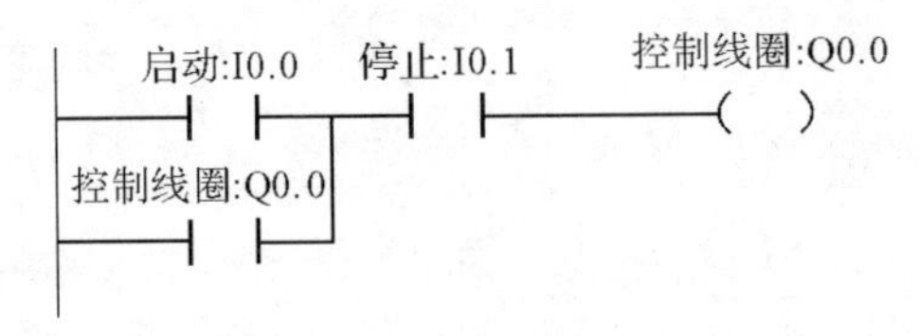

附图 1-25 电机启/停控制梯形图

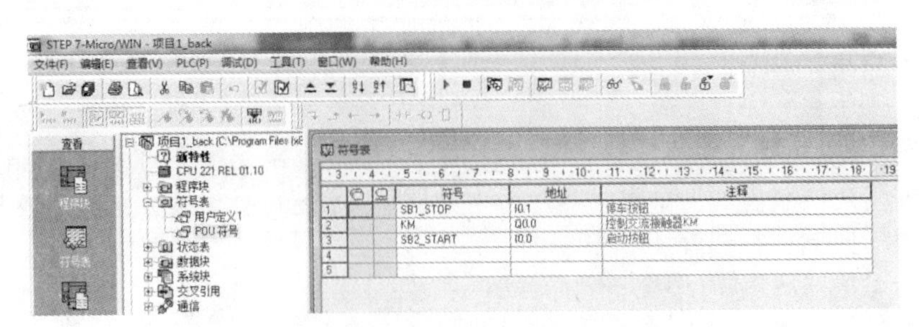

附图 1-26 符号表

然后如附图 1－27 所示在指令表这一列左键选中符号表，点击右键，选择“将符号表应用于项目”，如附图 1－28 所示，可看到原来梯形图中的地址立刻加上了对应的符号。

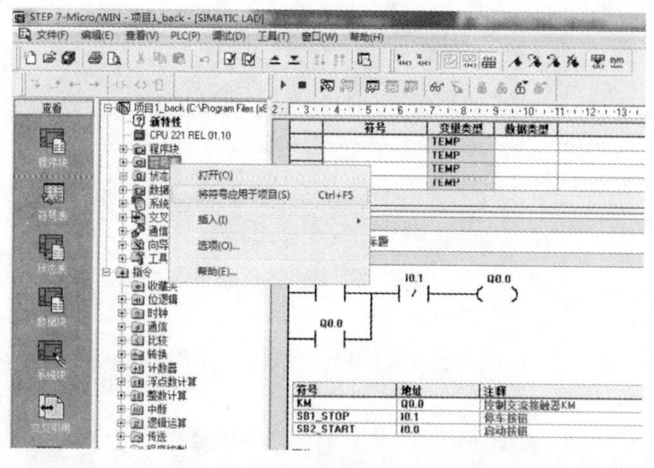

附图 1－27　符号表作用于梯形图

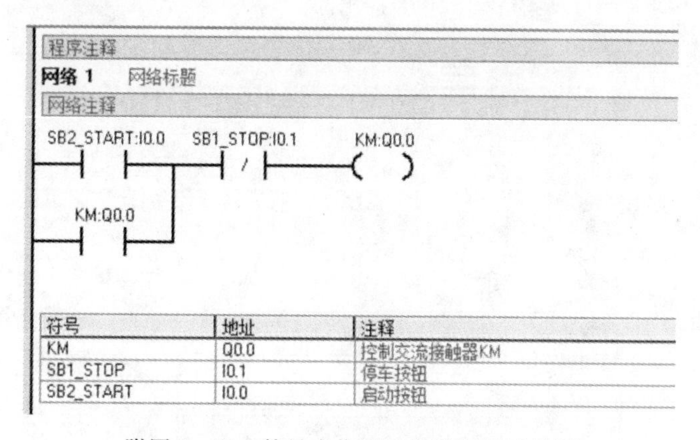

符号	地址	注释
KM	Q0.0	控制交流接触器KM
SB1_STOP	I0.1	停车按钮
SB2_START	I0.0	启动按钮

附图 1－28　符号表作用于梯形图显示结果

5. 程序编译

(1)设置 CPU 类型。程序编译前需要设置 PLC 的 CPU 类型。设置方法如下：选择指令树最上方的 CPU 双击，出现 PLC 类型的选择对话框。可在 PLC 类型选框中选择 CPU 的型号，也可以连接上通信线缆后，选择“读取 PLC 型号”自动获取 CPU 型号，如附图 1－29 所示。

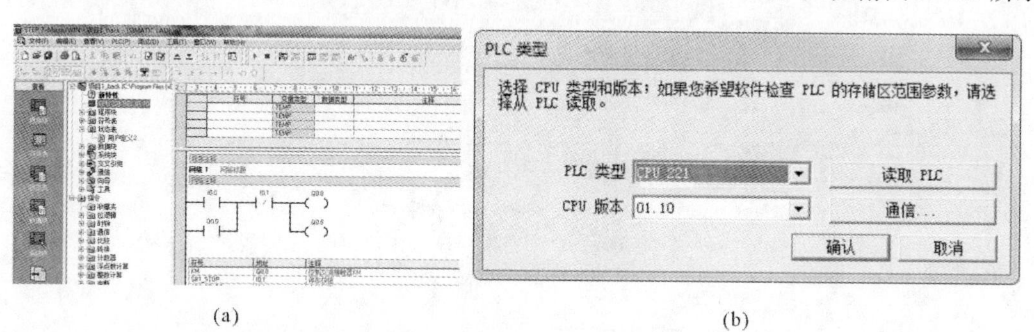

(a)　　　　　(b)

附图 1－29　CPU 类型设置

(2)编译。选择标准工具栏中的全部编译按钮 ，系统进行编译。编译结果显示在界面最下方的输出窗口中，如果编译无错误，可以认为编译通过，如附图 1－30 所示。如果有错误，双击错误信息所在的行，会自动定位到梯形图中对应的错误之处。

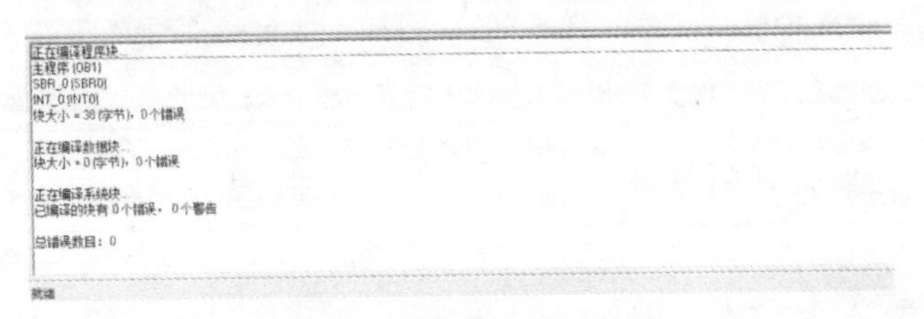

附图 1－30　程序编译结果

编写梯形图时须注意：一个网络中，只能有一个线圈输出，并联输出线圈除外。否则，编译会通不过，提示网络过于复杂，不认识。

例如，当只有网络 1 时，编译正确；当加上网络 2 时，编译显示网络 2 有一个错误，原因就是因为网络中有两个非并联输出的线圈 Q0.0 和 Q0.2，如附图 1－31 和附图 1－32 所示。

编译以及修改，直至编译错误为 0，编译完成。

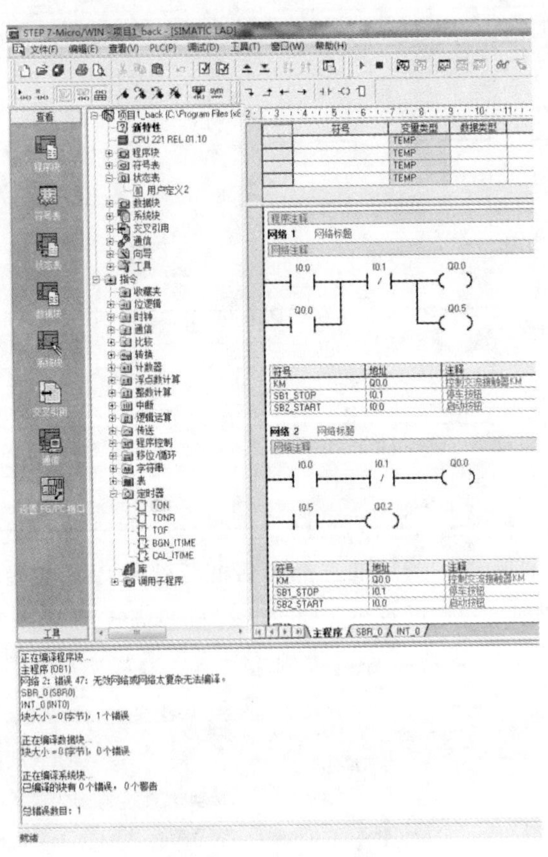

附图 1－31　错误程序编译

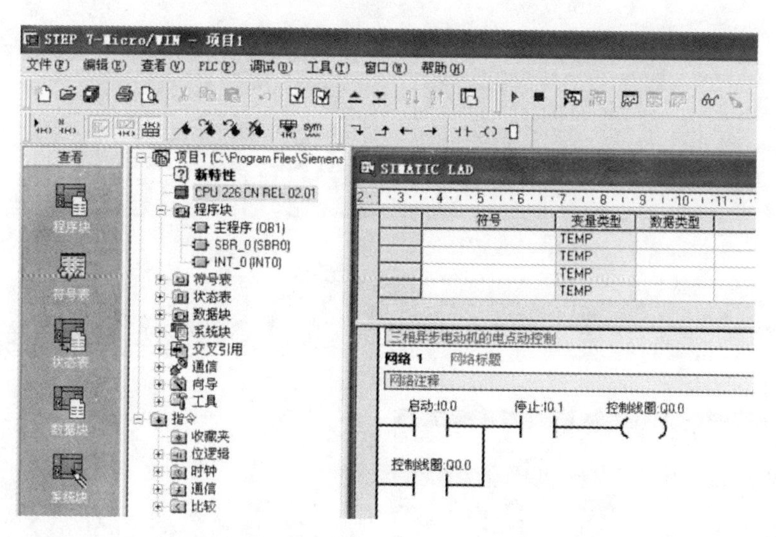

附图 1－32　错误程序示例

6.通信设置

(1)通信线缆设置。使用 PC/PPI 线缆将 PLC 与计算机连接时,在左侧浏览条最下方选择“设置 PG/PC 接口”图标,在出现的当前设置界面下方选择 PC/PPI cable. PPI. 1,如附图 1－33(a)所示。按下界面中的“Properties”按钮,核实通信速率和站点地址,如附图 1－33(b)所示。

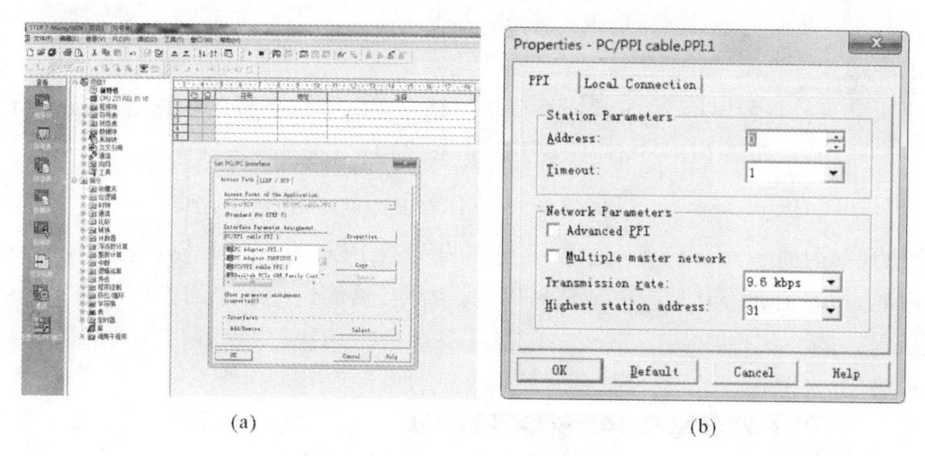

(a)　　　　　　　　　　　　(b)

附图 1－33　通信线缆及协议设置

(2)通信测试。单击左侧的通信图标,出现通信界面,单击右方的蓝色双箭头的“双击刷新”,如果成功地在网络上的个人计算机与设备之间建立了通信,会如附图 1－34(c)显示一个设备列表及其模型类型和站址。如果如附图 1－34(d)所示出现黄色的三角形,则无法进行通信。

请注意,PLC 通信时必须上电。PLC 的默认地址相同,当多台 PLC 通信时,需要更改 PLC 地址,以免出现不同 PLC 使用相同地址。另外通信时波特率必须相同。

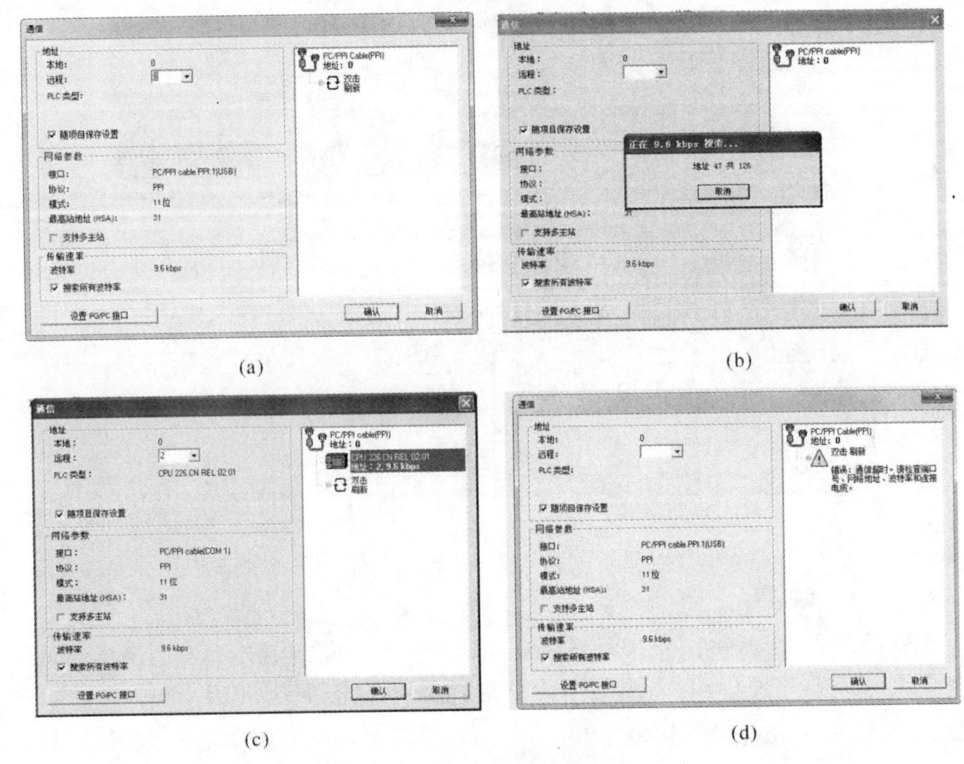
(a) (b) (c) (d)

附图 1-34　通信设置及测试

7. 程序下载

从个人计算机将程序块、数据块或系统块下载至 PLC 时，下载的块内容会覆盖当前 PLC 存储器中的块内容(如果 PLC 中有)。在开始下载之前，核实希望覆盖 PLC 中的块。

下载程序时，按下 按钮，将出现如附图 1-35(a)所示的界面。再按下界面中的下载按键，将会出现如附图 1-35(b)所示的提示：您希望设置 PLC 为 STOP 模式吗？

下载时，PLC 必须停止运行。请选择确定，软件会接着进行程序的下载。如果下载成功，一个确认框会显示以下信息：下载成功。并且系统会自动提醒：设置 PLC 为 RUN 模式吗？如果选择确定，则 PLC 开始运行刚刚下载的程序。

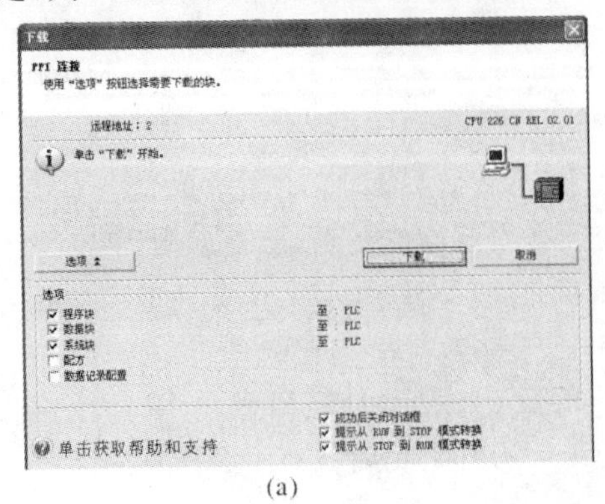

(a)

(b)

附图 1-35　程序下载

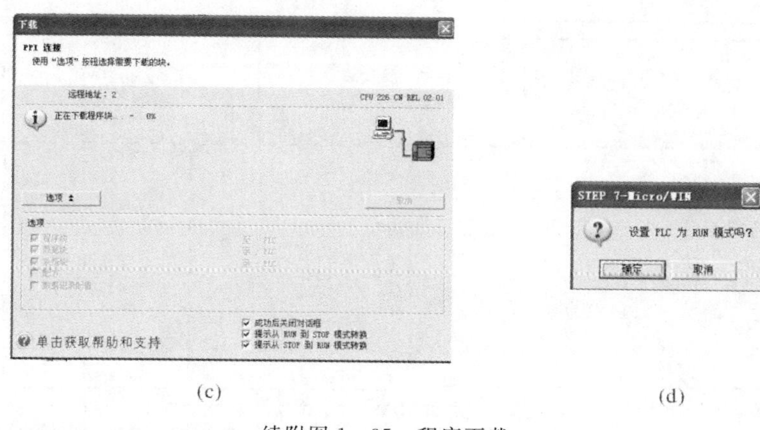

(c)　　　　　　　　　　　　　　　　(d)

续附图 1－35　程序下载

8. 程序调试和监控

按下调试工具栏中的 按键(见附图 1－13)，程序开始运行；再按下 按键，则 PLC 在程序执行时可以看到触点状态以及变量的变化。

接着对 PLC 进行输入，可以看到实时触点、线圈的状态变化，如附图 1－36 所示。

还可以设置程序状态表，将感兴趣的变量列在表中进行监控，可以看到变量的状态。更为详细的介绍请查阅其他相关书籍。

按照以上步骤就可以完成小型 PLC 的编程、编译、下载、运行及监视等工作。

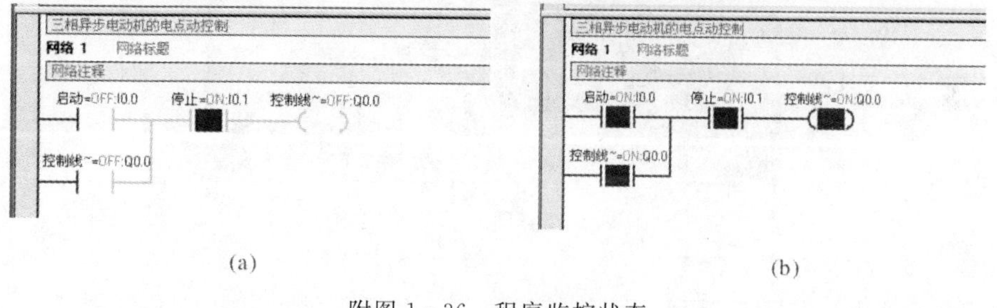

(a)　　　　　　　　　　　　　　　　(b)

附图 1－36　程序监控状态

附录 2　西门子可编程控制器实验箱介绍

1. 实验箱布局

西门子可编程控制器实验箱采用西门子 S7－200 系列的小型 PLC 控制器、以及按钮、指示灯等模拟控制系统，以便进行 PLC 的控制实验。实验箱面板布置示意图和实物图如附图 2－1、附图 2－2 所示。

2. CPU226CN PLC 接口简介

实验箱中采用的 PLC 控制器为 CPU226CN AC/DC/RLY 型，交流电供电、继电器型输出，共有 24 点输入、16 点输出。为了接线方便，将 PLC 上的输入、输出端子以及公共端专门引了出来。此款 PLC 自带 24V 直流电源输出。附图 2－3 所示为 PLC 的端子示意以及接线图。

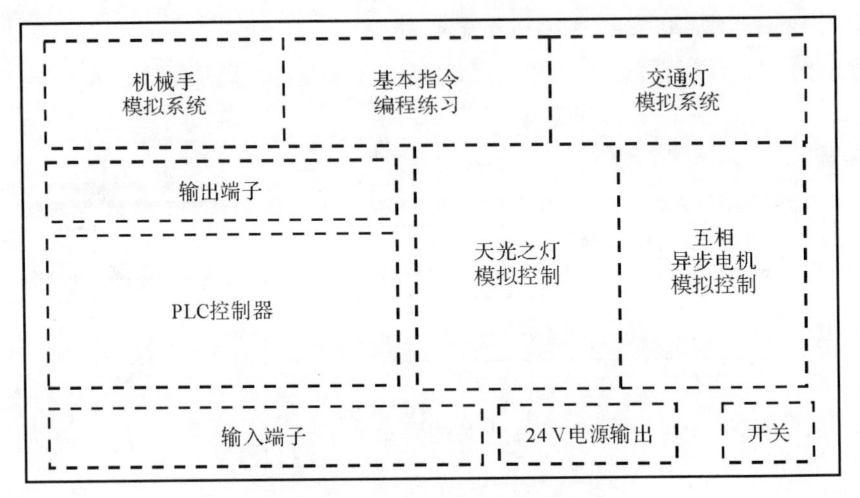

附图 2－1　PLC 实验箱布局示意图

附图 2－2　PLC 实验箱实物

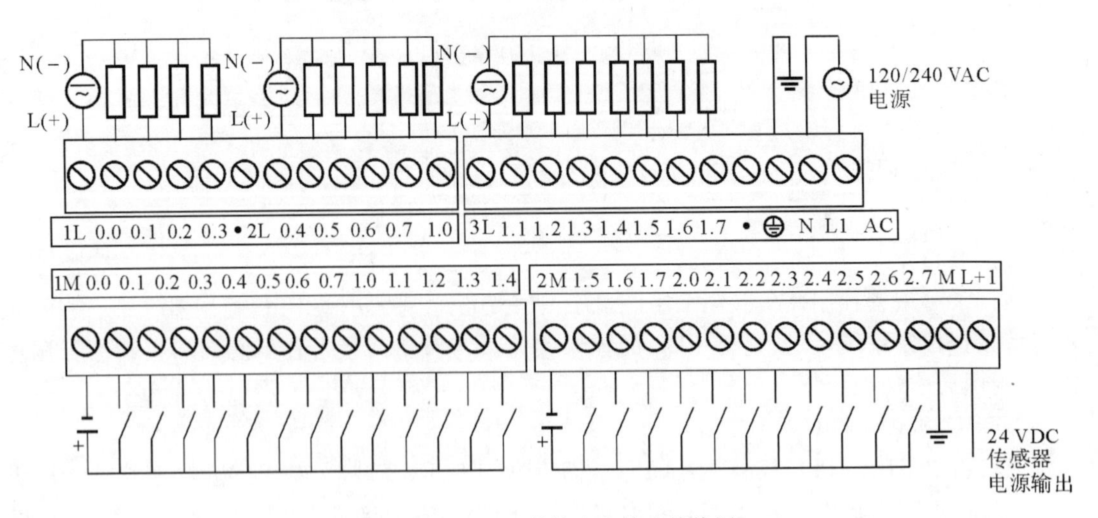

附图 2－3　PLC 的输入和输出接线图

从附图 2-3 可看出，输入端 0.0～1.4 对应的这 13 个输入电路合用一个公共端 1M；而 1.5～2.7 这 11 个输入输入电路共用了一个公共端 2M。同样，输出端 0.0～0.3 对应的输出电路合用公共端 1L，输出端 0.4～1.0 对应的输出电路合用公共端 2L，输出端 1.1～1.7 对应的输出电路合用公共端 3L。

附图 2-4 和附图 2-5 是此款 PLC 的输入和输出电路，方框内的是 PLC 内部的电路，外部电路是根据实际需要自己连接的。

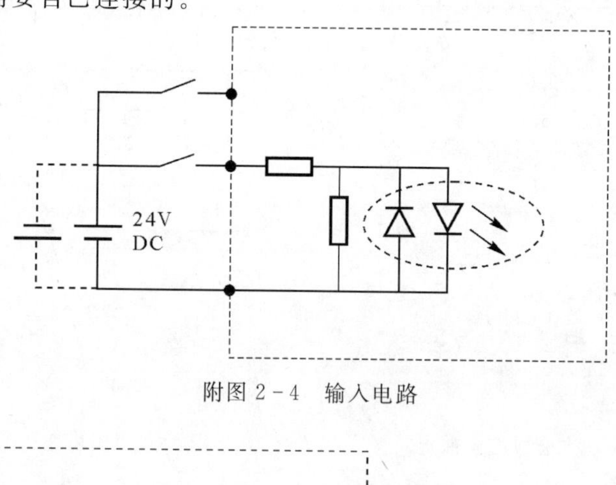

附图 2-4　输入电路

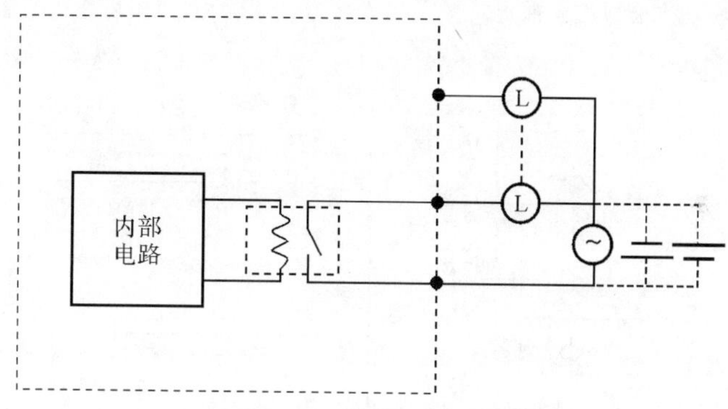

附图 2-5　继电器输出电路

3. 模拟系统以及接线

无论是基本指令练习模块还是其他模拟系统，均采用开关、按钮和 LED 指示灯等构成。实验箱上所有的 LED 灯、开关及按钮都是同一种接法。下面以实验箱上的天塔之光模拟控制系统为例来说明 LED 灯、电路以及接线。

从附图 2-6 和附图 2-7 可看出，同一个模拟控制系统的所有按钮一端接到一起后，并引出接线端子 COM，按钮的另一端都是独立的，引出接线端子，标有 SB_1、SB_2。将按钮的公共端 COM 接到开关电源的 0V 端，将 SB_1、SB_2 分别对应接到 PLC 的输入端 0.0 和 0.1，PLC 输入公共端 1M 接到开关电源的 24V 端。这样输入电路就完成了，只要按下按钮，就接通电源，有信号输入 PLC。

如从附图 2-8 所示，同一个模拟控制系统的所有 LED 的阳极一端接到一起后，并引出接线端子＋24V，每个 LED 的阴极一端串联一个限流电阻后引出接线端子，标有 L_1、L_2 等等。将天塔之光控制面板上的＋24V 接到开关电源的＋24V 上，L_1、L_2 对应接到 PLC 输出的 Q1.0、Q1.1端，再将 1L 接到开关电源的 0V 端，就构成了完整的输出电路。只要通过程序使得输出 Q1.0 对应的继电器输出触点闭合，就可以点亮 LED 指示灯 L_1。

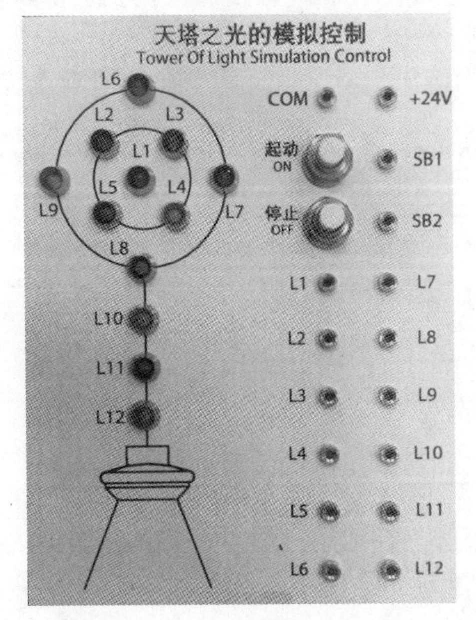

附图 2-6　天塔之光模拟控制面板

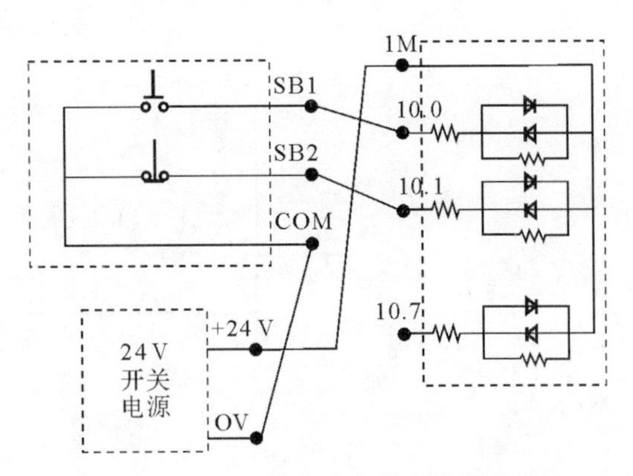

附图 2-7　天塔之光的输入控制电路

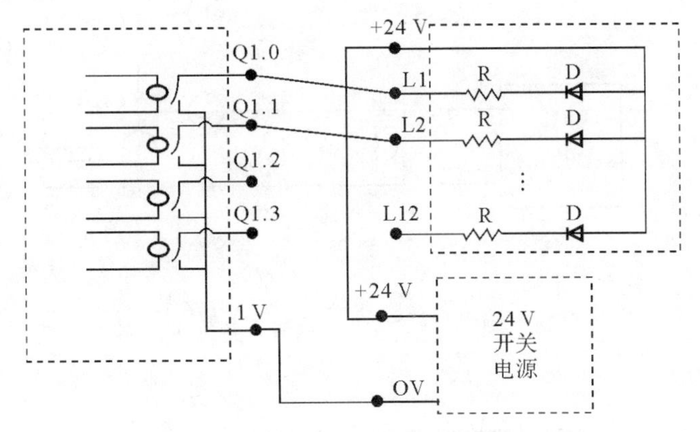

附图 2-8　天塔之光的输出控制电路

4. 编写程序

在编写程序之前，需要了解一下 226 CPU 的存储器范围以及特性，见附表 2-1。

附表 2-1　西门子 226 CPU 的存储器范围

描　述	CPU226	实验箱上 PLC 可用的存储器范围
输入映像寄存器(I)	I0.0～I15.7	I0.0～I1.7
输出映像寄存器(Q)	Q0.0～Q15.7	Q0.0～Q2.7
通用辅助存储器(M)	M0.0～M31.7	M0.0～M31.7

续表

描　述			CPU226	实验箱上 PLC 可用的存储器范围
256 个定时器 (T0 ～ T255)	保持接通延时	1 ms	T0,T64	T0,T64
		10 ms	T1～ T4,T65～ T68	T1～T4,T65～ T68
		100 ms	T5～T31,T69～ T95	T5～T31,T69～T95
	开/关延时	1 ms	T32,T96	T32,T96
		10 ms	T33～T36,T97～T100	T33～T36,T97～T100
		100 ms	T37～T63,T101～T255	T37～T63,T101～T255
计数器			C0～C255	C0～C255

依然以天塔之光为例,PLC 分配的输入点:I0. 0—SB1,I0. 1—SB2;PLC 分配的输出点:Q1. 0—L1,Q1. 1—L2 。

编写一个程序,实现如下功能:按下按键 SB_1,L_1 亮;按键恢复,L_1 灭。按下按键 SB_2,L_1 亮;按键 SB_2 恢复,L_1 延时 2 min 灭。

满足以上功能的梯形图如附图 2-9 所示。

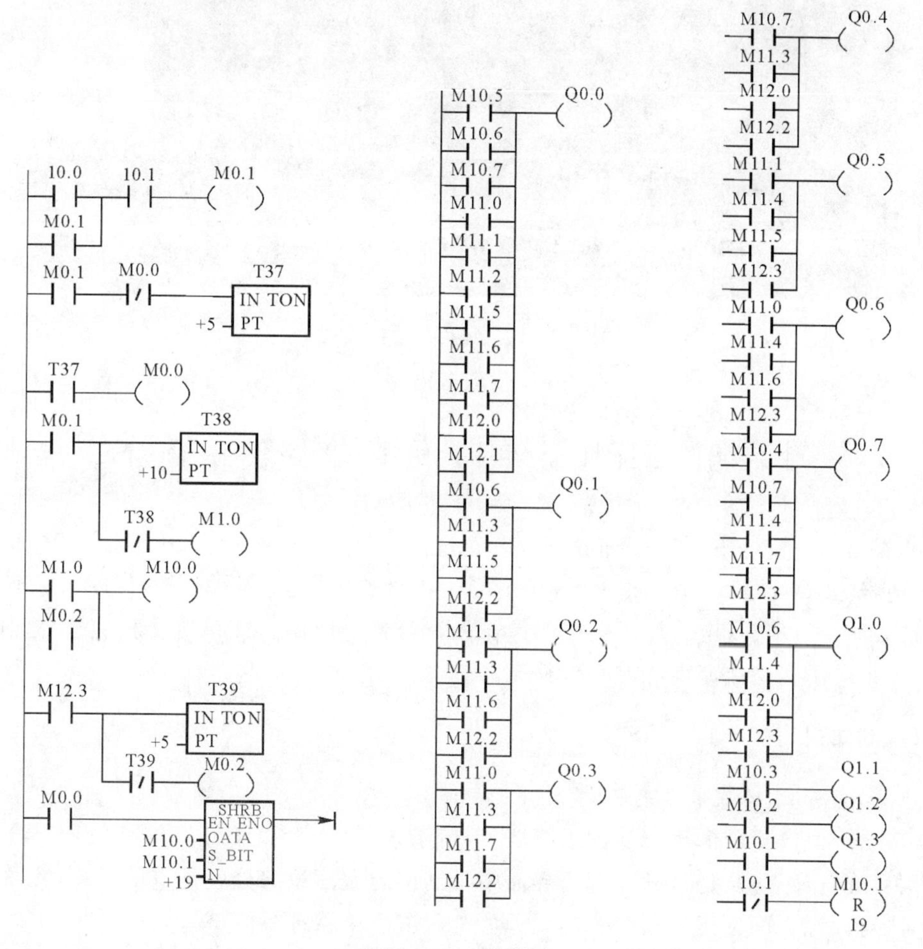

附图 2-9　梯形图

5. 编辑、编译及下载程序

输入输出电路接好后，用软件 STEP 7 Micro/WIN 编写附图 2－9 所示梯型图。将通信线缆如附图 2－10 所示接到 PLC 上，另一端接到计算机的 USB 接口上，下载程序到 PLC 中。再通过 STEP 7 Micro/WIN 将程序下载到 PLC 控制中，就可以实现用 2 个按键来控制 L_1、L_2 这两个 LED 指示灯。

软件 STEP 7 Micro/WIN 的使用方法以及程序下载方法见《附录 1　STEM 7－Micro/WIN 软件操作说明》。

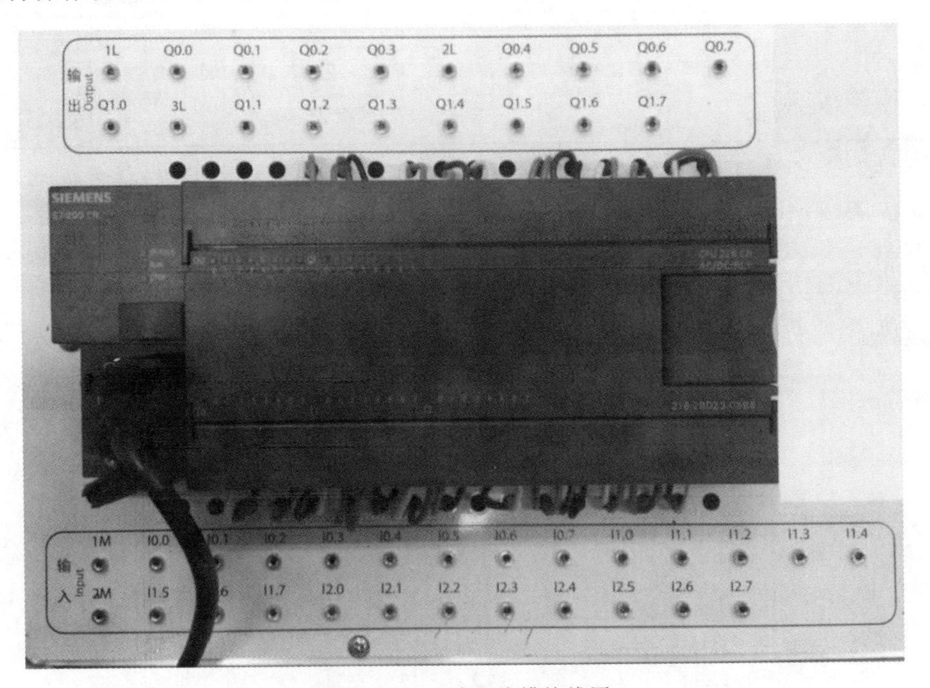

附图 2－10　编程线缆接线图

附录 3　Multisim 14 仿真软件使用简介

Multisim 14 是 National Instruments 公司推出的 NI Circuit Design Suite 中的重要组成部分，其前身为 EWB(Electronics Workbench)。该软件包含了大量的元器件库和标准化的仿真仪器仪表库，可以实现电路原理图的图像输入、电路仿真分析、测试等多种应用，操作简单，功能强大，是电子实验技能训练的有力补充。

一、基础知识

1. Multisim 14 的基本界面

Multisim 14 汉化版的主界面如附图 3－1 所示，主要包含以下几个部分：标题栏、主菜单栏、工具栏、元件库、仿真运行开关等。界面中带网格的大面积部分就是电子平台，就像一个实验平台，既可以在上面创建电路，又可以仿真、利用虚拟仪器进行测试。

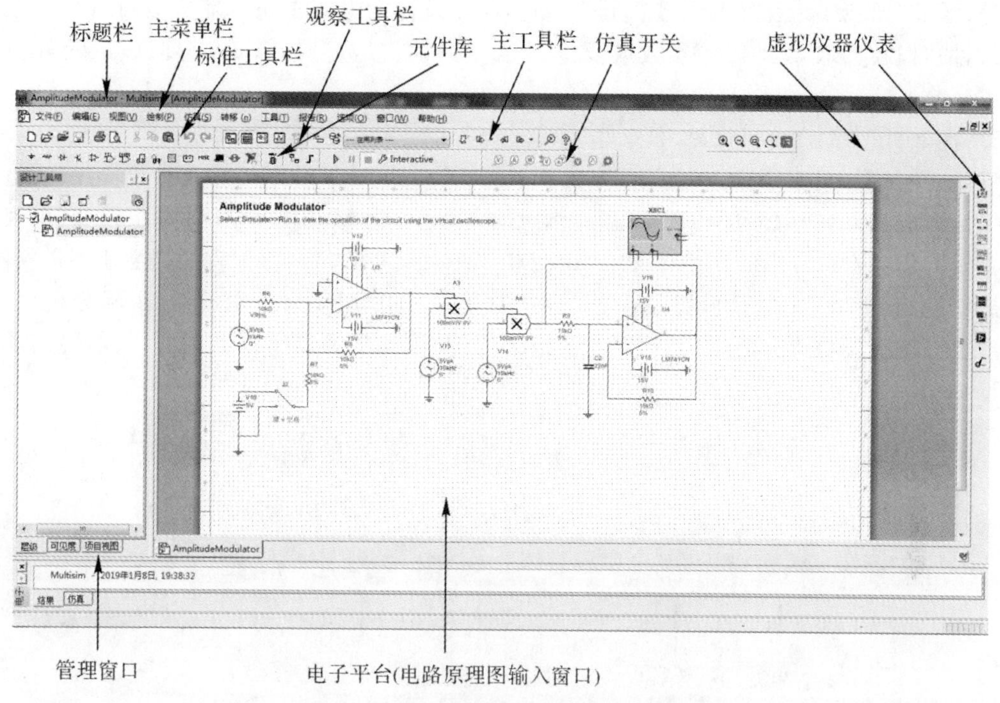

附图 3-1　Multisim 14 汉化版的主界面

Multisim 14 的主菜单(见附图 3-2)由文件、编辑、视图、绘制、仿真、转移、工具、报告、选项、窗口、帮助等下拉菜单构成,这些菜单提供对电路进行编辑、视窗设定、添加元件、仿真、生成报表、系统界面设定以及帮助信息等功能。

文件(F)　编辑(E)　视图(V)　绘制(P)　仿真(S)　转移(n)　工具(T)　报告(R)　选项(O)　窗口(W)　帮助(H)

附图 3-2　Multisim 14 的主菜单

2. Multisim 14 的元器件工具栏

元器件库是进行电路设计最基本的部分,Multisim 14 提供了丰富的元件库,分门类建立了 18 个元器件库,如附图 3-3 所示,从左到右依次是:电源库、基本元器件库、二极管库、晶体管库、模拟元器件库、TTL 元件库、CMOS 器件库、其他数字元件库;模数混合器件库、指示器件库、电源器件库、MISC 其他器件库、高级外设、射频器件库、机电类元件库、NI 元器件库、单片机模块、层次化模块、总线等。每个元件库中具体包含哪些元器件,请读者打开元器件库查看。

附图 3-3　Multisim 14 提供的元件库

Multisim 提供的元件有实际元件和虚拟元件(元件箱名称带有_VIRTUAL)两种:虚拟元件的参数可以修改,而每一个实际元件都与实际元件的型号相对应,参数不可改变。在设计电路时，尽量选取实际元件，可在市场上购买到，这样设计的电路在仿真完成后可直接转换为PCB文件。但在选取不到某些参数或要进行温度扫描、参数分析等时，选取虚拟元件更加方便。

3. Multisim 14 的虚拟仪器、仪表库

仪器、仪表是在电路测试中必须用到的工具，Multisim 14 提供了 9 常用种仪器仪表、电流检测探针 1 个以及 7 种 LabVIEW 仪器，如附图 3－4 所示。Multisim 14 的虚拟仪器、仪表包揽了一般电子实验室常用的测量仪器外，还拥有一些一般实验室难以配置的高性能测量仪器，如安捷伦的 Agilent33120 型函数发生器、泰克的 TDS2040 型 4 通道示波器、逻辑分析仪等。这些虚拟仪器不仅功能齐全，而且它们的面板结构、操作几乎和真实仪器一模一样，使用非常方便。

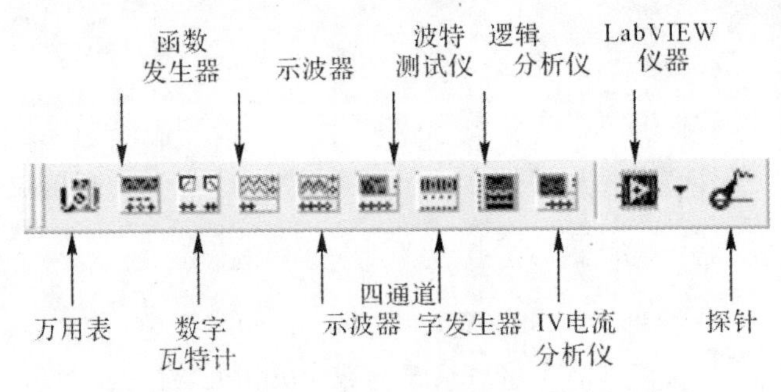

附图 3－4　Multisim 14 提供的仪表工具栏

当点开以上的 LabVIEW 仪器按键时，会出现如附图 3－5 所示的工具栏，从左到右分别为 BJT 分析仪、阻抗分析仪、麦克风、扬声器、信号分析仪、信号产生器、流信号产生器。

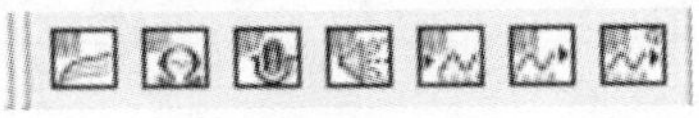

附图 3－5　Multisim 14 提供的 LabVIEW 仪器

Multisim 14 将探针独立作为一个工具栏，提供了电压探针、电流探针、功率探针、查分电压探针、电压电流探针、参考电压探针、数字探针，还可以通过最后一个按钮对探针进行设置。探针工具栏如附图 3－6 所示。

当对电路中的电压、电流以及功率等进行测量时，采用探针，不仅可以实时看到测量量大小，而且电路不会引入过多测试仪器而显得凌乱。

附图 3－6　Multisim 14 提供的放置探针工具栏

这里仅介绍在电子测量中最常用的数字万用表、瓦特表、函数发生器和双踪示波器。

(1)数字万用表。Multisim 中的仪器仪表都有图标和面板两个界面。图标用来调用仪器，而面板用来显示测量结果。数字万用表的图标和面板如附图 3－7 所示，连接方法和实际万用表的接法相同。在电子平台上双击数字万用表的图标，会出现如附图 3－8 所示的面板。

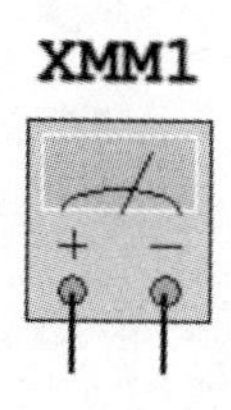

附图 3-7　数字万用表的图标和面板

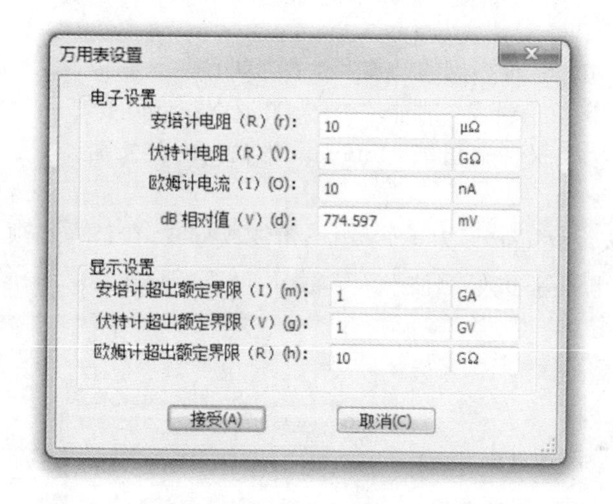
万用表设置

电子设置

安培计电阻（R）(r):	10	μΩ
伏特计电阻（R）(V):	1	GΩ
欧姆计电流（I）(O):	10	nA
dB 相对值（V）(d):	774.597	mV

显示设置

安培计超出额定界限（I）(m):	1	GA
伏特计超出额定界限（V）(g):	1	GV
欧姆计超出额定界限（R）(h):	10	GΩ

接受(A)　取消(C)

附图 3-8　数字万用表的设置界面

选择面板上的按钮，可以设置万用表的不同功能。选择 A 按钮，设置为电流表；选择 V 按钮，设置为电压表；选择 — 按钮，设置为直流表；选择 ∼ 按钮，设置为交流表；选择 设置... ，可以对万用表的参数，如内阻、量程，进行设置。

(2)瓦特表。附图 3-9 所示为瓦特表的图标和面板，附图 3-10 为瓦特表连接示意图。瓦特表不需要设置参数，但是注意它的连接方法：电压输入端和电流输入端的两个"+"端子要短接，并且两个电压输入端要和支路并联，而两个电流输入端要和支路串联。打开仿真按钮后，瓦特表面板上可显示功率以及功率因数的值。

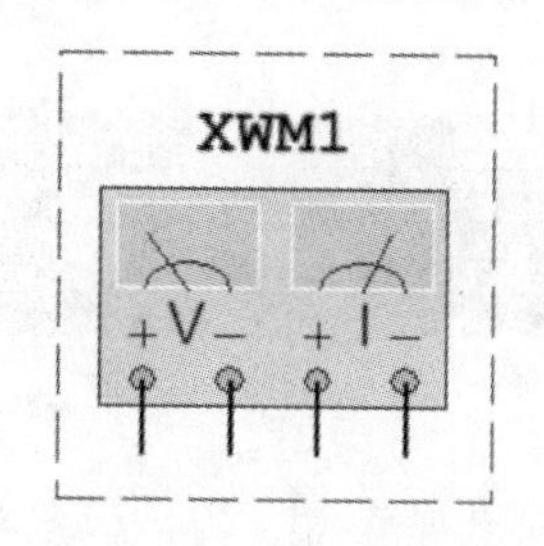

附图 3-9　瓦特表的图标和面板

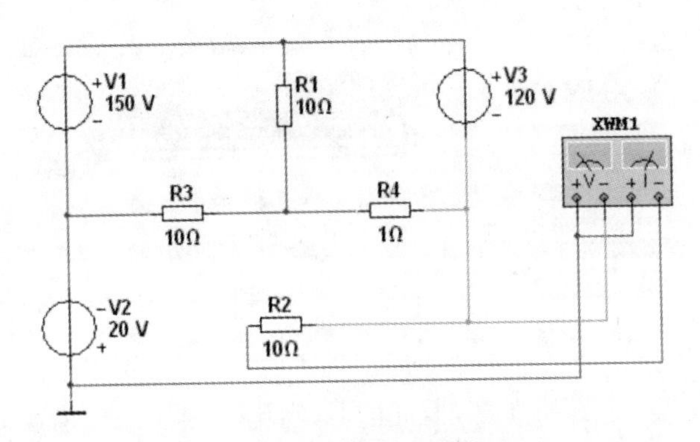

附图 3-10　瓦特表的连接示意图

(3)函数发生器。Multisim 提供的函数发生器是可产生正弦波、三角波和方波,图标和面板如附图 3-11 所示。函数信号发生器上有“+”,普通(Common),“—”三个接线端子。“+”为正极性输出端、“—”为负极性输出端,Common 为输出的公共端。“+”和“—”输出两个幅度相同、极性相反的信号。

在波形区可通过按键设定波形为正弦波、三角波或方波;在信号选项区可设置信号的频率、占空比、幅度、偏置电压等参数;当波形为方波时,可选择 设置上升/下降时间 按钮设置方波的上升和下降时间。

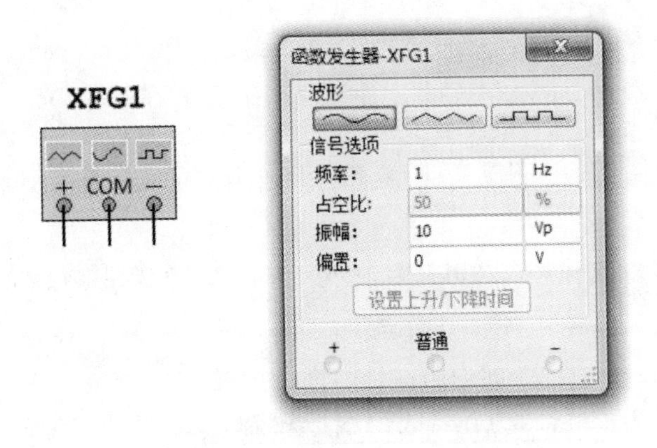

附图 3-11　函数发生器的图标和面板

低版本的 Multisim 中还提供安捷伦的函数发生器。它的面板非常逼真,操作方法也和实际的函数信号发生器相同。

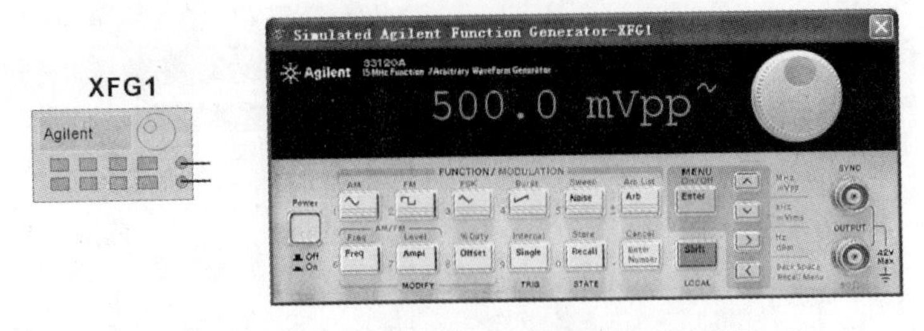

附图 3-12　安捷伦函数发生器的图标和面板

(4)示波器。示波器的图标如附图 3－13 所示，面板上有 A，B 两个通道信号输入端，以及外部触发信号端输入端。可在面板里分别设置两个通道 Y 轴的比例尺、两个通道扫描线的位置、X 轴的比例尺、耦合方式、触发电平等。示波器显示屏下方的几行数字中，第一行为测量光标 T1 和两个通道波形交点的时间坐标值以及电压坐标值；第二行为测量光标 T2 和两个通道波形交点的时间坐标值、两个电压坐标值；第三行为前两行坐标值对应相减的结果。由此可以测量出波形的一些参数，如峰值、周期等。附图 3－14 中有示波器面板显示的两个通道同时观察到的方波信号。

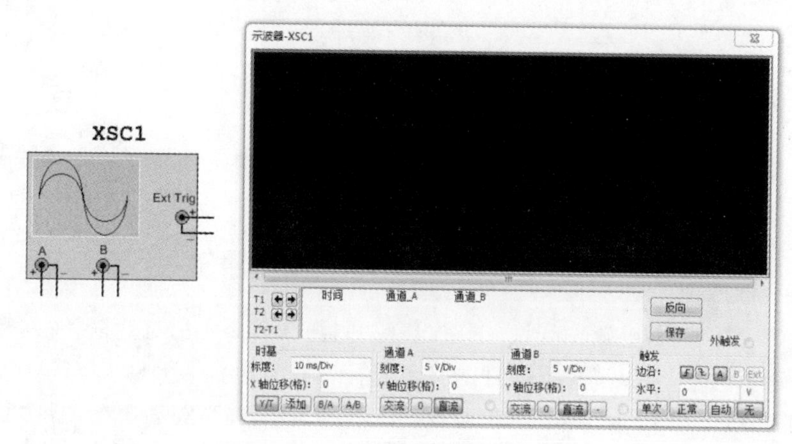

附图 3－13　示波器的图标和面板

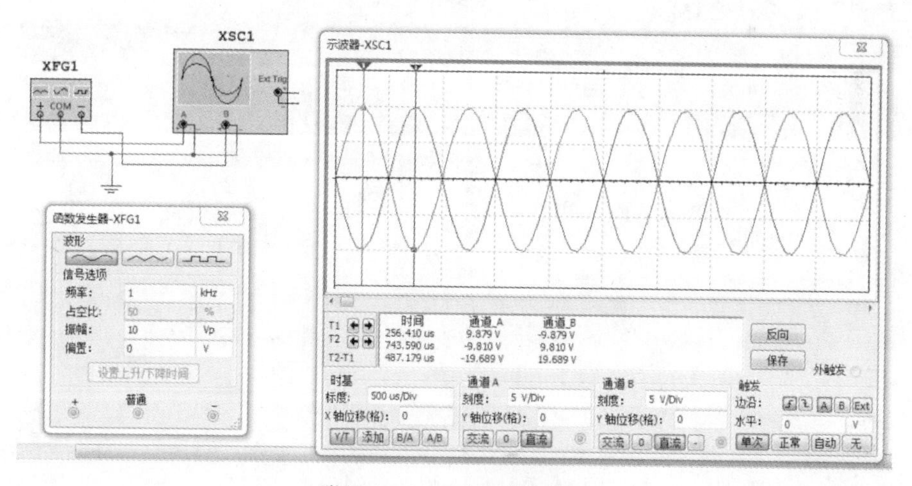

附图 3－14　示波器的使用

二、电路创建

在 Multisim 中创建电路之前，对工作环境以及电路图属性进行一些必要的设置，可使调用元件和绘制电路更加方便。

1. Multisim 14 工作环境设置

在菜单栏中选择“选项/全局偏好”项，将出现如附图 3－15 所示对话框。

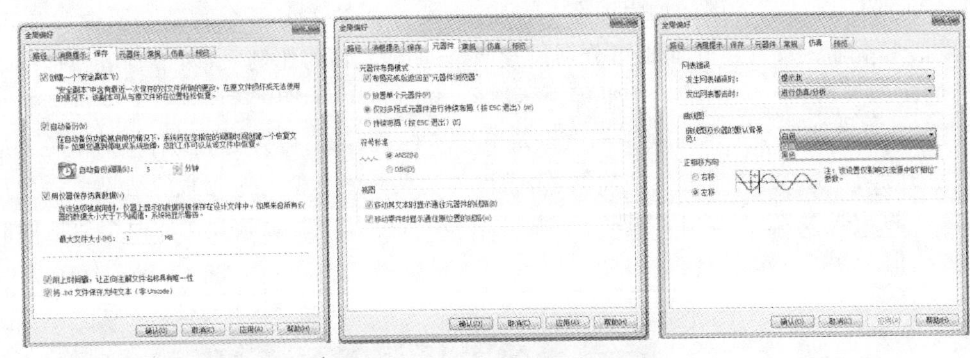

附图 3－15　“全局偏好”对话框

在保存标签页中，可以设置系统自动存盘相关参数。在元器件的元件布局模式区中设置元件放置方式。在符号标准区域可以选择符号采用美国标准(ANSI)或欧洲标准(DIN)，我国的现行标准比较接近于欧洲标准。其他标签页功能请读者自己了解。

2. 电路图属性设置

在菜单栏中选择选项/电路图属性项，将出现如附图 3－16 所示对话框。在电路图可见标签页的元器件选项组下，可以选择元器件的显示特征。在颜色标签页中可自定义背景、文本、导线、元器件的颜色。在工作区标签页中可设置图纸的大小，设置是否显示图纸的边缘、网格、边界。在布线标签页中可设置导线和总线显示的粗细。在字体标签页可设置字体以及字体的显示范围。

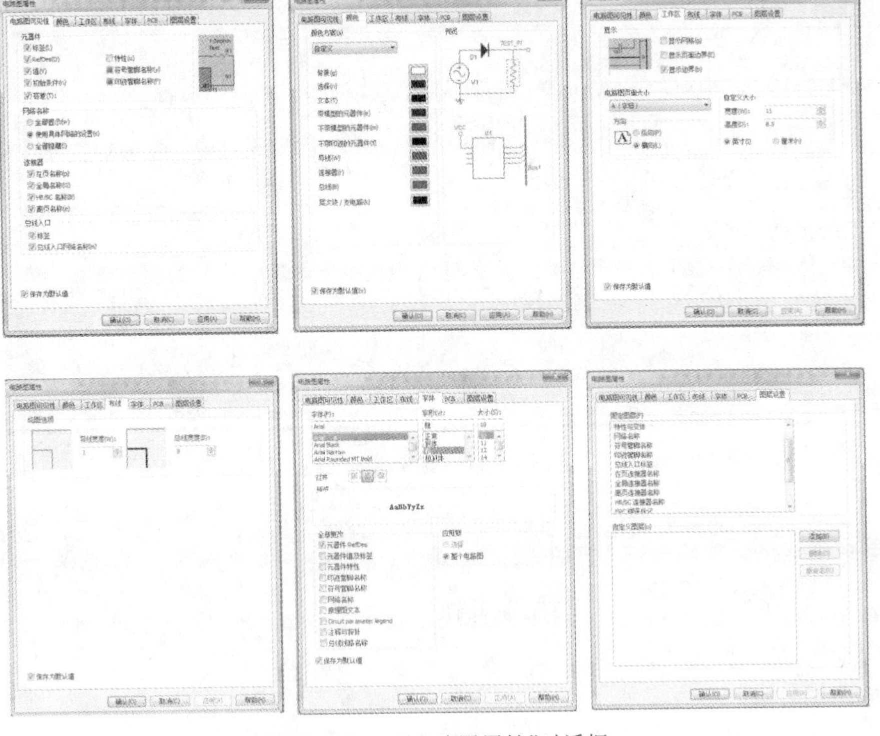

附图 3－16　“电路图属性”对话框

3. 元器件的基本操作和仪器的调用

(1)元器件的的调用。下面以调用一个 20 V 的直流电压源为例说明元件的调用方法。点击 ÷ 打开电源库，也可以单击菜单栏中的“绘制/元器件”，将出现如附图 3－17 所示的元件库对话界面。

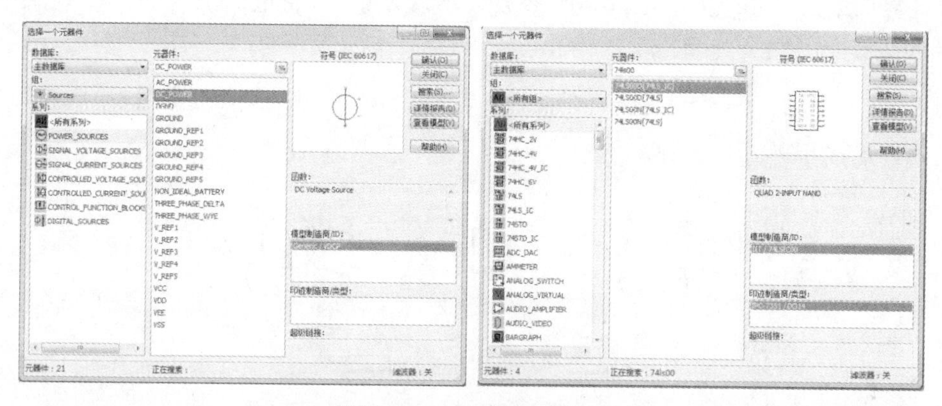

附图 3－17　元件库对话框

单击左侧的“组”下拉框中，所示的元器件分类库就与附图 3－17 一样，选择“source”元器件库。每一个分类库又进行细分，如系列中所示，选择“POWER _SOURCES”系列，再在右侧的元器件列表中选择“DC_POWER”，再点确定，图纸上就有了直流电源。

如果知道元器件的型号，可以将组选为 ALL，并且直接在元器件的空格里填写型号，按下搜索就可直接查到元器件，再双击调入元器件。

(2)元器件的移动、复制、删除。进行元器件的移动、复制、删除操作前，先要选中元器件。用鼠标左键单击元件图标，可选中元件。或者按住鼠标左键画框，在框内的所有元件都被选中。然后用鼠标左键点着被选中的任意元件就可以拖动所有元件。选中后直接按 Ctrl＋C 键可以进行复制；按 Ctrl＋V 键可以进行粘贴。选中后直接按 Delete 键可以删除所选元件。

也可以选中元件后单击右键，在弹出的快捷菜单(见附图 3－18)里选择相应的操作，如旋转、粘贴、复制、删除等。

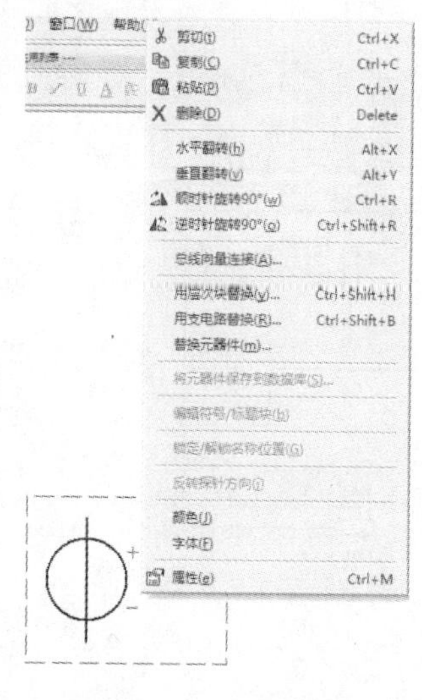

附图 3－18　元件操作

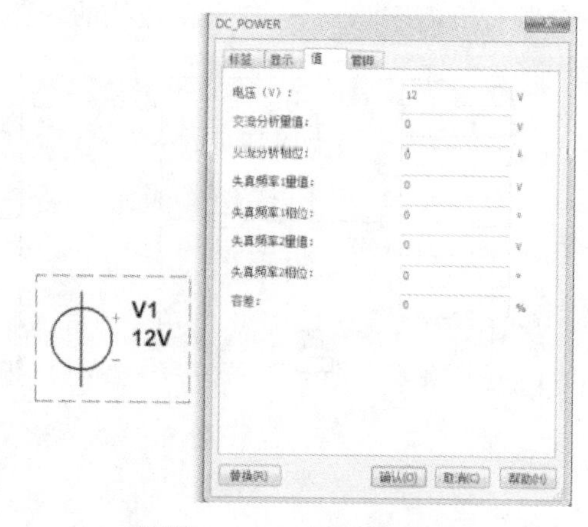

附图 3－19　元件参数修改

(3)元器件参数的修改。如果要修改直流电压源的电压值,可用鼠标双击元器件的图标,则会弹出其属性对话框(见附图 3-19)。该对话框中有很多项可以选择,可以对元器件的参数,如标识、显示方式、标称值等进行设置。

在此界面中的 Value 页中可以修改参数大小以及单位,将电压填为 20 V。元件的标号“V1”可以在标识(Label)页中修改。

附图 3-20 所示为一个已调入元件,并且调整好元器件相对位置的电路图,接着需要用导线将元器件连接起来。

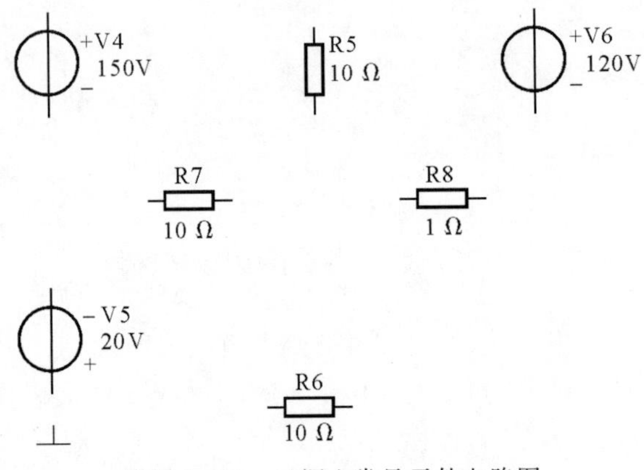

附图 3-20　已调入常见元件电路图

(4)元器件的连接。将鼠标指向所要连接元件的引脚,鼠标箭头会自动变为带十字的黑圆点,单击左键后将鼠标指向另一个元件的引脚,并单击左键,就连成了一根红色的连线(导线);若要删除连线,只需用鼠标点击连线(连线上出现蓝色的小方块表示选中了,如附图 3-21 中左图所示),再按 Delete 键删除;若要调整连线的位置,选中连线后,鼠标箭头变为很粗的左右双向箭头或上下箭头,按住鼠标左键上下/左右拖动导线即可调整;要在连接好的导线中间插入元件时,直接将元件拖到导线后释放即可插入。另外要注意地线和其他元件之间必须要用连线连接,不能直接放到其他元件的引脚处。用鼠标右键单击连线,在弹出的如附图 3-22 所示菜单中选择 Change Color,可以修改连线的颜色。

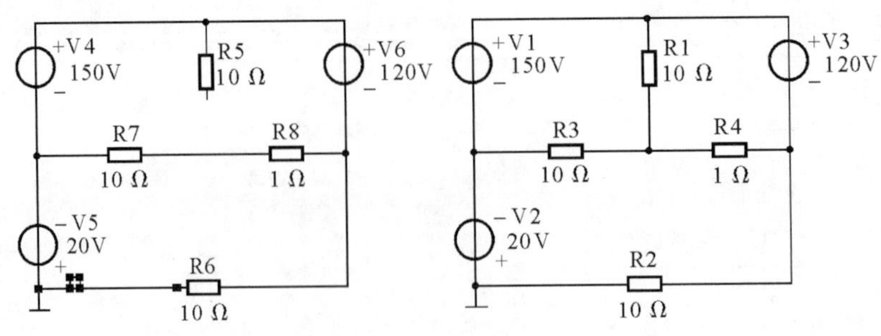

附图 3-21　元器件连接图

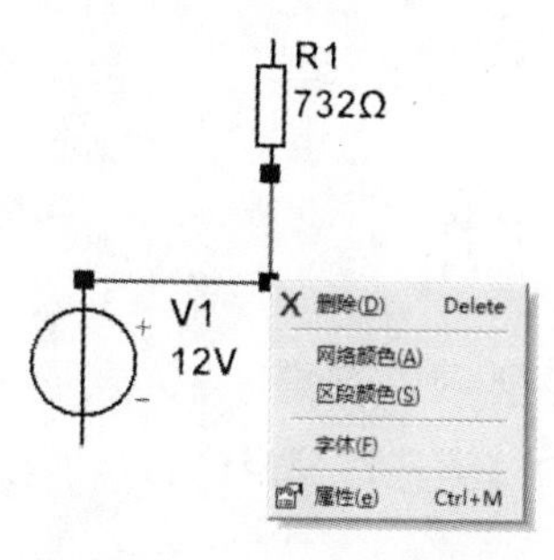

附图 3－22　连线颜色修改

若要检验连线是否连接可靠，可以拖动元件，如果连线跟着移动就是可靠的。仪器的调用及连接和元件的方法相同。在连接仪器时如果看不清楚仪器的端口，可双击仪器图标打开面板，对照着端口来连接。附图 3－23 是用功率表来测试直流电路的功率。

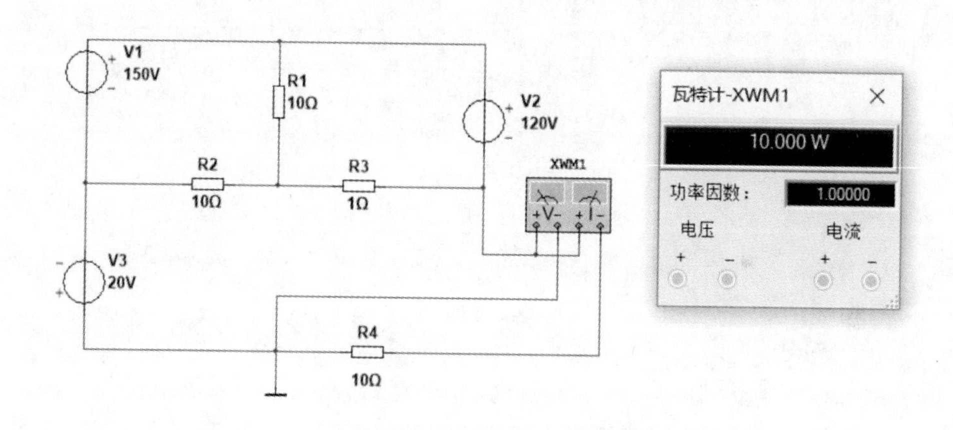

附图 3－23　功率表应用电路

在电路图创建成功，并且连上了测试仪器仪表后，就可以对文件进行保存，用于将来运行仿真、查看分析、测试结果等。